我们的选择
——气候危机的解决方案

OUR CHOICE
A PLAN TO SOLVE THE CLIMATE CRISIS

[美]阿尔·戈尔（Al Gore）/著　邵志军/译

湖南科学技术出版社

图书在版编目（C I P）数据

我们的选择 / (美) 戈尔著 ; 邵志军译. -- 长沙 :
湖南科学技术出版社, 2011.1
书名原文: Our choice
ISBN 978-7-5357-6523-9
Ⅰ. ①我… Ⅱ. ①戈… ②邵… Ⅲ. ①气候变化一研
究 Ⅳ. ①P467
中国版本图书馆 CIP 数据核字(2010)第 228997 号

版权登记号：18-2010-009

我们的选择——气候危机的解决方案
著　　者：[美]阿尔·戈尔
译　　者：邵志军
策划编辑：孙桂均　李　媛
文字编辑：刘　英
出版发行：湖南科学技术出版社
社　　址：长沙市湘雅路 276 号
http://www.hnstp.com
邮购联系：本社直销科 0731-84375808
印　　刷：长沙湘诚印刷有限公司
（印装质量问题请直接与本厂联系）
厂　　址：长沙市开福区伍家岭新码头 95 号
邮　　编：410008
出版日期：2011 年 2 月第 1 版第 1 次
开　　本：787mm×1092mm　1/16
印　　张：20.75
书　　号：ISBN 978-7-5357-6523-9
定　　价：58.00 元

OUR CHOICE

A Plan to Solve the Climate Crisis

AL GORE

MELCHER MEDIA

RODALE
LIVE YOUR WHOLE LIFE

“我将生死陈明在你面前，你可以拣选祸福。”

——《申命记》30：19（NIRV 版）

这张历史性的图像第一次把在月球地平线上升起的地球呈现在人们眼前，当时只有少数人见过这由无人月球轨道器捕捉到的地球形象。两年之后的 1968 年，在阿波罗 8 号行动中，比尔·安德斯拍摄了名为“地出”的著名照片。这张图像的分辨率极低，当时几乎没有引起什么反响。这张图像被埋没了 42 年之后，2008 年人们再次用数码技术改善了它的图像质量。同样的道理，尽管气候危机不是那么明显，但是我们多年来一直可以感觉到它的存在，却没有重视过它。

The author and publisher have made extensive efforts to ensure the accuracy of the information contained in this book. Any errors brought to the attention of the author or the publisher will be corrected in future editions.

Published by Rodale Inc.

RODALE
LIVE YOUR WHOLE LIFE™

33 East Minor Street
Emmaus, PA 18098
www.rodale.com

Rodale books may be purchased for business or promotional use or for special sales. For information, please write to: Special Markets Department, Rodale Inc., 733 Third Avenue, New York, NY 10017.

This book was produced by

MELCHER
MEDIA

124 West 13th Street
New York, NY 10011
www.melcher.com

Publisher: Charles Melcher
Associate Publisher: Bonnie Eldon
Editor in Chief: Duncan Bock
Production Director: Kurt Andrews
Project Editors: David E. Brown and Jessi Rymill
Editor: Megan Worman
Associate Editor: Lindsey Stanberry
Production Associate: Daniel del Valle

Illustrations by Don Foley
Design by mgmt. design

The typefaces used in this book are Akkurat designed at lineto in Zürich, Switzerland, and Brioni STD designed at Typotheque in The Hague, The Netherlands.

Printed in the USA

ISBN-13: 978-1-59486-734-7
ISBN-10: 1-59486-734-8
Library of Congress control number is available upon request.

09 10 11 12 / 10 9 8 7 6 5 4 3 2 1

献给卡伦那、克里斯汀、莎拉和阿尔伯特

CONTENTS
目录

危 机

我们的能量来源

032

有生命的系统

130

我们如何利用能源

186

我们必须逾越的障碍

232

加快行动

290

危机
THE CRISIS

序言

伊斯塔帕卢卡（Ixtapaluca），是墨西哥城边缘的一个新兴城镇。世界人口的迅猛增长是改变人与地球生态系统关系的因素之一。

20 多年前，有一个叫库尔特·冯内古特的美国小说家写道："我在美国度过了青春，可是难道除了青春本身，美国就没有什么让我想念得痛彻心扉的吗？很快这个湿润的蓝绿色星球将变得不再适合人类居住，我宁愿回到麻木状态。"

以他超现实主义、黑色幽默、愤世嫉俗的特有腔调，冯内古特继续说，"一百年后，假如驾驶飞碟的生物、天使或其他什么东西来到地球，有可能发现我们已经像恐龙一样消失，那么人类该给他们留下些什么有用信息呢？在大峡谷的峭壁上该凿些什么大写的字符呢？"

他建议我们的文明应该留下这样的信息：

"我们本可以自我拯救，但是却奇懒无比，不想费事……也太该死的卑俗了。"

全球环境已经遭到严重的破坏，人类文明赖以存在的正常气候平衡已经被扰乱，意识到这点后，无奈无助的绝望情绪开始弥漫。这种绝望使人无力及时重新把握自身命运，世人若不迅速改弦更张，地球将大难临头，这场超乎人类想象的灾难将无法扭转。

然而，大部分气候危机专家有共识，他们认为我们可能还有时间来防止气候变化出现最坏的结局，我们还有时间来为气候平衡和最终成功恢复生态系统完整性确定行动步骤。这个恢复过程很漫长，但是气候平衡和生态完整性对于人类文明的存续至关重要。

无论如何，现实中还有希望，绝望情绪无济于事。弃绝希望不过是另外一种自卑的表现，结果就是消极无为。我们没有时间绝望，我们有自我拯救的办法！我们现在选择立即行动！

有一句古老的非洲谚语这么说："想要走得快，就单独上路；想要走得远，就结伴同行。"

我们必须奋力走远……步伐必须迅速！

本书将讨论解决气候危机的方法。在《难以忽视的真相》一书发行 3 年半后，我组织并主持了 30 多场耗时费力的"解决方案高峰论坛"。来自全球的顶尖专家汇聚一堂，就气候危机解决方案所涉及的学科知识各抒己见，交流心得。除了主办这样的团体性会议，我还在其他世界顶尖专家的多次个别会谈中为有效的行动方案而继续切磋。

为了弄清楚如何开展全球行动并且规划一张卓有成效的路线图，来自生物科学、经济学、信息技术、农业等各个学科的世界一流学者调用各自的学科知识热忱地阐释很多貌似千差万别的主题。《我们的选择》一书是参与者经年对话后超伦智慧的结晶。这些专家使一种我闻所未闻的独特新鲜方法的建构成为可能。

所以，我写下了这本书，选择了这些图片，委托设计了那些图表，目的就是要在这本书里集中展现所有能找到的最有效的解决之道，这些方法汇聚成一种合力，就能解决目前的危机。本书的用意就在于激励读者积极行动，发挥一己之力，更要参与各国、全世界的政治行动，作出我们无法回避的选择！

想要走得快，就单独上路；
想要走得远，就结伴同行。

——非洲谚语

2008 年印度学童在海得拉巴（Hyderabad）参加大众植树运动。植树计划可以对砍伐森林起到补偿作用，而砍伐森林是全球变暖的重要原因。

就个人而言，这是一段振奋人心的光明旅程，因为用来解决 3 个或 4 个气候危机的所有条件都触手可及，而且我们只要解决一个危机便足矣，问题就是如此明朗。万事俱备，只欠东风，众志成城的意志是唯一缺失的要素。但是，我们离政治的破冰时刻已经很接近了，过了这个临界点，关键的国家会有足够多的人意识到这全球危如累卵的现实，迎接为了拯救人类文明而并肩奋战的挑战！

我们一定能够解决这场危机。毫无疑问，道路坎坷，但是，我坚信，只要我们决意要解决它，我们必定成功！

除此之外，我们还应当感到喜悦，生于当世的人们有一种前所未有的优越条件来承担值得人类全力以赴的历史性使命。我们的作为将决定人类文明的未来走向，生于此时，理当幸甚！

在应对气候危机挑战的过程中，我们会发现新的证据，来证明人类文明的存亡取决于全球人民在保护地球宜居性方面的有效协作，取决于全球人民为更为公正，更为人道，更加繁荣的世界夯实基础的有效协作。

如果理性地全面分析，气候危机其实也是一次千载难逢的机遇，许多痼疾般的痛苦根源，曾遭长期的忽略，可借此一劳永逸地予以解决，未

“我们一定能够解决这场危机。毫无疑问，道路坎坷，但是，我坚信，只要我们决意要解决它，我们必定成功！”

来的世代借此可以拥有更健康、更繁荣的生活，而新的一代人都可以拥有更多的成功机会来追求幸福。这种系统性的必要变革将带来额外的好处，那就是为许多长期存在的问题提供非常有效的解决方案，这是下定决心要解决气候危机所具有的光辉前景。赤贫、危险疾病、大范围的饥馑、营养不良都是历史上困扰了大多数人类的痛苦根源。毋庸赘言，如果我们能够成功地将全球经济转化为低碳模式，将使过去千百年来如脓疮般溃烂、蔓延的问题得到必要的解决。

要解决气候危机，关键的第一步是：我们必须选择。我们，就是指我们整个星球的文明世界。因此，借用莎士比亚的话来说，这个“难处”就产生了——要想象人类作为一个物种能够作出一个有意识的集体决议，这看来荒谬。不过，这就是摆在我们面前的任务。

本书聚焦于我们现在所面对的集体决议：将挽救我们的文明作为我们政治、经济、社会行动的核心组织原则。

我们已经到了一个人类历史上前所未有的时刻，我们的家园面临深重的危机。当然，绝非地球本身面临毁灭，而是地球将不再适合人类居住。

虽然我们选择的必然性简单看来是如此明了，但是决定迈出第一步却是如此艰难，严格来讲，是因为要改变的东西太多，完全史无前例；而且我们必须迅速决定，这种决议的速度也是人类文明所罕见，历史中罕有所匹。

这是一种错误的观点，认为作为解决方案基本组成部分的所有不同学科的传统知识之间必须壁垒森严。这个议题跨越了学科界限、国土疆域、意识形态，还有政治分野。

这是一种天真的观点，认为解决方案可以由单独的个人戮力承担。为了解决气候危机，我们必须承认全球一致的必要性。每一个人都理应责无旁贷，我们在生活中、家庭中还有工作中的环保行为都具有极端重要意义。这些活动累加起来，加强了我们的希冀，保证了我们的承诺，这些对于成功都是必要的。但是，我们要换掉的不只是我们的灯泡和窗户，我们还必须改变我们的法律和政策。

凡是渴望成为这个方案的参与者的个人必须积极行动起来，作为公民倡言最终将产生全球性解决方案的新法律和条约，并为之奋斗。因而，本书不关注个人选择的日程表，而注重为解决方案提供线路图，这方案需要人类更高层面的齐心协力。

我常听某些心存疑虑的人说，这样的共同承诺就算是在美国也不现实，更不用说推广到全球范围内。然而即使现在，我们正开始朝着正确的方向大步前进了。不管这种迹象来自何方，是对觉察到的市场机会作出反应的公司也好，还是下定决心要为“制止全球变暖”出点力的五年级学生也好，我们所需的变化迹象现在正在我们周围涌现。

永冻土层的融化致使米娜·韦伊欧安娜从小在阿拉斯加希什马廖夫居住的住所倒塌了，同时还向大气层释放出甲烷和二氧化碳。

例如，全球人口增长早已放慢了速度，并且已经开始出现稳定性趋势，尽管今后几十年人口的绝对增长将很可能是 20 世纪初人口的 5 倍半之多。过去 3 年里还有一个让人振奋的新的积极变化，那就是在全球范围内人类开始对气候危机转变了看法，并对气候危机与其他人类面临的严峻挑战之间的关联有了新的认识。

全球范围的经济危机出现于 2008 年的秋季，全球协调一致、经济刺激方案的价值体现了出来：创造了就业机会，并终结了常常是深度的、全球同步经济衰退效应。同时，阿富汗地区军事冲突的恶化和为了稳定伊拉克局面的持续努力都在不断地提醒我们面临的安全危机。因为世界上最大的石油储备由中东地区的主权国家所掌控，

假如美国和全球经济的其他成员一如既往地仰仗石油资源的话，这场危机可能会持续笼罩波斯湾地区。

地理学家和经济学家一直就“石油峰值”问题纠缠不休，可是大量证据充分表明我们现在可能正位于或者即将面临全球石油生产的高峰期——至少以接近世界过去为石油付出的代价所产生的效益来看是如此。去年，国际能源署在首份对世界上 800 个大型油田作的深度分析中指出世界上这些大型油田的主体都早已过了产能的峰值期，产量的下降速度是 2007 年的预期下降速度的两倍。

2008 年 8 月，T·布恩·皮肯斯，这位美国石油天然气巨子说在他看来全球石油产量实际上在 2006 年就达到了峰值。不管他和他的支持者正确与否，世界最终不得不面对现实，这只是一个时间问题。这个现实就是新油田的发现速度与新兴经济体如中国和印度不断增长的石油需求之间的差距越来越大。

只要美国每年依然要花费将近万亿美元用于购买外国原油，美国当前的财政赤字就无法得到控制，美元的价值将江河日下。位于全球最动荡地区的能源储备挟制了全球经济的局面一日不变，我们还将继续经历周期性的石油价格飙升，比如 2008 年夏石油的价格曾经达到 145 美元一桶的高度。

而中国一直都在使用其庞大的经常账户顺差在全世界吃进能源公司、控股油田，此外还启动了意在太阳能板生产上独占鳌头的宏伟计划，借此中国想要给自己以及全世界提供一种向低碳能源生产转变的途径。同时，中国还很快将成为世界上最大的风能利用国，目前正在建设中的 800 千伏的超级电网实现了全国各地最尖端的输电网和配电网的并网，这是全球史无前例之举。

相比之下，由于美国对外国石油依赖程度高得荒谬可笑，使美国的经常账户逆差居高不下。前商贸部长皮特·皮特森的皮特森基金会认为这样一种局面将酝酿成一种灾难性经济后果。2009 年第一季度，美国的经常账户逆差停留在 1015 亿美元（由于经济衰退低于通常水平），花费 460 亿美元用于进口石油和石油产品，是这个赤字背后的推手之一。

安全危机、经济危机、气候危机，这三个危机似乎无法解决也互不相干。但是审视之下，我们看到这三个危机是由一条共同的线索串联起来的，简单得如同讽刺，那就是我们对于含碳燃料的危险过度依赖，这

中国戈壁滩边缘的沙丘威胁着黄河附近的肥沃农田。联合国表示全球变暖是沙漠扩大的主要原因。

是三个危机背后的根本原因。

假如我们紧抓这根绳子并猛拽它，所有这些复杂问题将如拉开的线团一样开始被理出头绪，我们将发现问题的答案就在我们手里，我们承担着一个历史使命，那就是促使人们为了实现一个从煤炭、石油和天然气到可再生能源的宏大并迅速的转换而努力，去建设这个转换所需的基础设施，去夯实科技的基础。

巴拉克·奥巴马总统在促进美国的可再生能源基础设施建设方面走出了第一步，他推出的刺激方案取得了令人印象深刻的成绩。但是到作者写作本书为止，石油、煤炭、天然气公司和依赖化石燃料的电力公司、受意识形态左右的气候危机论反对者，他们对国会的决议程序施加了控制力，竭力阻挠美国参议院通过新的气候和能源立法。

目前，美国依然从中国口袋里借钱购买、燃烧产自波斯湾的石油，来毁灭地球。所有这些必须立刻停止。

最近衡量气候危机影响的科学研究还在沿用至少过去 20 年里效果明确的模式。每一个全面而深入的新评估都发现，之前对最糟糕结果的预期，低估了气候危机的严重程度和气候危机蔓延的速度。全球气候危机问题权威组织，气候变化政府间委员会在经过 20 年的详细研究和作了四个见解一致的报告之后，指出气候危机的证据“不容置疑”。

过去用来严格区分已知和未知的那条理性的黄金界线已经被人们习惯性地冷落。过去，印刷机的诞生给我们带来了报纸、书籍、识字的普及、“理性的原则”、平等主义，还有代议制民主，应运而生的就是“公共领域”，但是，在某

卡特里娜飓风将这座近海石油钻探平台刮到了 60 多英里之外阿拉巴马的海滩。创纪录的暴风雨频频来到，使气候危机变得清晰可感。

美国依然向中国
借钱购买产自波斯湾的石油，
燃烧的方式能毁灭地球。
所有这些不能再继续下去。

亚特兰大的 1-75 号高速公路交通高峰时期的轿车和卡车。交通运输排放的温室气体至少占全球变暖污染物排放总量的 10%。

41
Cobb Pkwy
Dobbins AFB
75
Chattanooga
Atlanta
SPEED LIMIT 55

种程度上由于“公共领域”的变形，我们置身其中的政治文化正在趋于疯狂。

早期的启蒙哲学家描述的“知识界”已经屈服于电子图像，这些电子图像漫不经心地将新闻和娱乐掺杂一处，呼吁和广告难以分辨，公益和私利混为一谈。已故德国哲学家西奥多·阿多诺，在 58 年前首次描述过这种变形，那时的情形和现在大不一样，他说：“把所有追求真理的勇气都变成了追求权力的野心……这威胁到了真和伪、对与错的明确区分。”

这里我们可以看到该现象的一个琐碎但是具有说明性的例子：去年夏天在美国，有一些奥巴马总统的政敌宣称奥巴马实际上不是美国出生的公民，因此并没有资格继续做美国总统。奥巴马总统出生地夏威夷州的州长，虽然不属于奥巴马总统所在党派，却以个人的名义调查并证实了总统 48 年前的官方出生证明。夏威夷的图书馆为两家火奴鲁鲁的报纸提供了同时期的出生证明的副本，证实了总统出生证明里面陈述的事实。然而，还是有众多人继续死缠烂打纠缠正确无误的事实；甚至还有人提出这里面可能有一个黑暗的、涉及几代人的、精心策划的阴谋，一度还拿出了一份手法拙劣、明显伪造的肯尼亚出生证明。

这种稀奇古怪、子虚乌有的说法几乎不值一提，但这个事例说明了一个问题，与这个例子非常类似，总是有那些所谓的气候变暖怀疑论者和存心不愿意接受气候危机的事实，尽管气候变化政府间委员会在过去 20 年里通过了 4 个完备的评估，尽管气候危机的结论是由全球大国的国家科学机构一致通过的，这些国家包括美国、中国、英国、印度、俄罗斯、巴西、法国、意大利、加拿大、德国和日本。

2007 年 11 月，墨西哥南部城市维亚艾摩沙（Villahermosa）遭遇 50 年来最严重的水灾。

已故参议员帕特·莫尼汉曾经说过一句名言："每个人都有权表达自己的观点，但是无权捏造事实。"为了在全球范围内达成充分的共识，以此来支持关乎人类生存的大胆决策，我们必须找到办法来寻求最佳的证据，通过公开的热烈的讨论来加以验证，在此之后，一旦理性的人们达成一致意见、以坚定的信念同意这样确立的事实要远比任何其他的说法更真实，我们就必须接受这样的事实，并进一步考虑其含义。

谈"出生证明"事件的第二个原因是为了再一次比较人们对气候科学的处理。让人感觉困扰的是，有些著名的新闻机构——也许是他们对报道新闻和提供虚构的娱乐来提高收视率之间的界限并不清楚，他们对虚假的争议煽风点火，在大众面前假装真相还有争议，事实还需要穷追猛打。

妇女在乍得的古鲁库取水，这个村庄成了苏丹达富尔难民的营地，气候变化冲击造成的动乱蹂躏了他们原来的家园。

每个人都有权表达自己的观点，但是无权捏造事实。

——参议员帕特·莫尼汉

在这样一种氛围里，反对改良的人对灾难的警告已经心生厌倦，而这又是动员人们支持政策变化的基础。因此，他们习惯性地忽视科学证据。这同时也说明为什么很难说服政、商两界的领导人相信气候危机不是危言耸听，他们原本应该更清楚这一点。

自律所依赖的审议过程的诚实性现在岌岌可危，这是由于不断有人故意针对众所周知、无可非议的事实捏造所谓的争议，妨碍对这场重大而深刻的气候危机的认知。有时，作伪证等于谋杀，自欺等于自杀。在《圣经》箴言书里面，所罗门警告以暴力为生的人，"这些人蹲伏，是为自害己命"。

公元前6世纪，伊索讲了一个关于放羊孩子的故事，因为他好几次欺骗附近的农夫说"狼来了"，以看他们跑来跑去取乐，最终自己照看的羊就在眼皮底下被狼吃掉了。

200多年前，中国的一位无名氏讲了一个寓言，有一位国君屡次敲响警钟，假意敌人来袭，要士兵迅速做好准备投入战斗，以此来取悦他的宠妃。当敌人真的发动攻击时，警钟却喑哑无声，于是城陷君死。在当代，权威的理论思想家和专谋一己私利的公司鼓吹对真理的追寻实质是对权力的追求。这种见解使人对真正的以事实为根据的警告产生了类似的懈怠和麻痹，而看不到前所未有的大悲剧正要席卷人类，有些人拒绝科学的结论，低估这场危机。他们认为我们最好的选择就是简单地适应已成之势，他们断言阻止这场危机的恶化不在我们的能力范围之内。其他人则将适应之说视为歧途畏路，人类压倒一切的任务是要防止地球生态被摧毁，因为地球生态曾经孕育了人类并对人类文明的延续至关重要。

但实际上，这是一个错误的选择。我们必须同时面对两个挑战。拯救正在遭受损害的，挽救人类文明的未来。任何其他的战略都理当受到摒弃。进一步而言，气候危机的早期受害者理应受到同情和资助，这对达成并巩固全球共识亦实属必者忽略了一个压倒一切的事实，我们假如不勇敢采取阻止地球环境毁灭的措施，适应一说将成镜花水月。

如无雄健举措，我们世世代代的子孙将遭受气候灾难带来的最严峻影响，以 10 年为期，气候灾难的毁灭力将不断地升级。我们不能等到灾难已成燎原之势再行动，否则自食后果悔之已晚。

事若至此，人类后裔最终会明白是由于我们的罪责才导致他们和他们子孙的生活前景不断恶化，他们完全有理由永世诅咒我们这代人为人类掘墓人。实实在在，拯救人类的后代迫在眉睫，就算我们伸手援救受难的当代人，我们亦无法否认这仅仅才是我们义务的开始。

某个消瘦的九月
将来不远
漂浮的大陆消逝在
正午的阳光

水汽蒸腾
病热降临酸海
海神的骨骼也消融

雪从高山滑落
冰块孕育了一季的洪水
大雨将至

大地焦干
引火的柴薪堆放在林中
等待闪电的庆祝

未知的生物
已经离去，没有人哀悼
骑手踩上了马镫

激情在寻找英雄和朋友
城市的钟声
在山头回响

牧人哭泣
选择的时刻已经到来
你的工具在这里

——阿尔·戈尔，纳什维尔，田纳西，2009

危机
THE CRISIS

第一章

升上去的必须降下来

以每千瓦时电力排放的二氧化碳计算，德国尼德豪森煤电厂是欧洲第三大二氧化碳排放源。

人类文明和地球的生态系统正处于冲突之中，气候危机就是这一冲突最明显、最具毁灭力、最具威胁性的表现。人们常将这一危机与其他生态危机相提并论，例如海洋鱼类资源和珊瑚礁遭到破坏、淡水资源匮乏、众多的农业发达地区地表土壤肥力下降、滥伐焚毁古老的森林（其中包括许多拥有丰富物种多样性的热带和亚热带森林）、生物灭绝危机、难以降解的有毒污染物被排入生物圈、化学加工和采矿等工业活动积累了有毒废物、空气污染以及水污染等。

这些人类文明对地球生态系统的粗暴干扰，已经累积成为一种世界范围的生态危机，正在影响并威胁地球的宜居性。对大气层的污染破坏还是迄今为止这一危机最严重的表现。这一危机本质上具有全球性，影响到了地球的每一处；它是造成其他大部分危机的影响因素或者罪魁祸首；假如不迅速应对这一危机，它就有可能终结我们所了解的人类文明。

尽管其表现非常复杂，气候危机的成因简单明了得让人错愕。

在世界各地，我们人类正在将 6 种不同的空气污染物排入大气层，这 6 种污染物数量惊人，它们能够吸收并阻止太阳热量的逃逸，提高空气、海洋和地表的温度。

这 6 种污染物一旦排入大气就会迅速上升，但最终所有这 6 种物质又会回到地球，或快或慢。因此，在我们最终决定要解决气候危机的时候，常为人引用的箴言“升上去的必须降下来”就成了我们最有用的指导原则。

确实，全球变暖成因如此简单，这意味着也许解决方案实行起来会困难，但原理同样简单，即我们必须大量减少排放，同时回收这些物质。本书讲述的就是这一原理。

二氧化碳，这一迄今最主要的全球变暖的因素，主要来自于燃煤取暖或者发电、交通运输中燃烧石油产品（汽油、柴油，还有航空煤油），工业活动中燃烧煤炭、石油和天然气。燃烧化石燃料产生的二氧化碳是空气污染的最主要原因，而空气污染又是全球变暖的成因。所以，很多关于如何解决气候危机的讨论通常都将重点放在能量的来源上，寄希望于能够有不附带排放危险的二氧化碳的能量来源。

但是，燃烧煤、石油、天然气不仅是最大的二氧化碳来源，无疑也是增速最快的全球变暖污染源。

继化石燃料，人为二氧化碳污染的第二大来源（几乎占总量的 1/4）是因为改变了土地的利用方式。由于焚烧森林主要集中在相对贫困的地区，而主要的工业活动集中在相对富裕的发达地区，还在草创阶段的全球协定的谈判者一般都想在急剧减少化石燃料的使用和减少滥伐森林这两者之间取得平衡。

关于二氧化碳的消息好坏参半。好消息是：假如我们停止继续排放过量的二氧化碳，那么将大约有一半人为释放的二氧化碳将在 30 年内从大气层消失，被海洋或者被植物吸收。

坏消息是：余下的二氧化碳回归地面的速度要缓慢得多，一年里面我们排入大气的二氧化碳中高达 20% 将在大气中停留 1000 年。而我们每天排入大气的二氧化碳就高达 9000 万吨！

好消息能激励我们立即采取行动，这样我们的子孙就有理由感谢我们。虽然气候危机的一些坏处开始显现，但最可怕的结果还能够避免。坏消息则会让我们鼓起勇气面对危机，因为“千里之行，始于足下”，中国古语如是说。

气候危机的第二个重要原因是甲烷。虽然释放到大气的甲烷总量要比二氧化碳总量小很多，比起二氧化碳，在一个世纪的时间跨度里甲烷将热量阻留在大气层里的能力要强大 20 多倍。再过 20 年，就是强 75 倍。

甲烷与二氧化碳的不同之处还有一个重要方面：甲烷在大气层里化学性质活跃。一般情况下二氧化碳不会和大气层里的其他分子发生相互作用，但甲烷却会，而且在与臭氧、微粒、大气层的其他组成部分相互作用方面扮演一个重要角色。甲烷与其他化学物质发生反应后就会在 10~20 年里分解为二氧化碳和水蒸气，这两者都能阻留热量，虽然这两者与甲烷分子对分子比较的话，并没有分解前的甲烷阻留热量的能力强。甲烷制造的全球变暖效果因这些相互作用而增

离泰国海岸不远的一座天然气开采平台正在燃烧多余的天然气。烧掉这些多余的天然气会产生二氧化碳，但是却将甲烷的释放量减到了最小。甲烷造成温室效应的潜力比二氧化碳还要大很多。不利用这些多余的甲烷是种浪费行为。

升上去的：温室气体

造成全球变暖的温室气体来自多种不同的活动，特别是发电、工业生产、农业生产、砍伐森林、交通运输。二氧化碳是最普遍的温室气体，它的来源包括：生产和燃烧煤（以及其他化石燃料）来发电、取暖；焚烧森林和农业废弃物；陆地、空中、海洋运输；永冻土层融化开始释放出冰冻的碳，等等，这些只是一部分而已。最优秀的科学家说我们必须减少大气中 350 百万分率的二氧化碳。甲烷，虽然其量不是很大，但是能造成强烈的温室效应，它的来源有牲口养殖、稻米种植、垃圾场腐败的废物以及生产煤、石油、天然气过程中的“逃逸性排放”。黑碳污染，现在被认为是全球变暖一个极其重要的因素，它来自于焚烧森林和草场、烹饪燃火等人类活动。有些国家和企业排放污染非常严重的温室气体，如卤烃气体，其中有些气体按分子对分子来比较的话，其温室效应是二氧化碳的几千倍。工业化农业是最大的一氧化二氮、一氧化碳和挥发性有机化合物（VOCs）的来源。

石油开采
焚烧作物
森林失火/焚烧森林
施肥
陆地运输
垃圾填埋场

加拿大阿尔伯塔省的油砂加工厂。提炼自油砂的燃料在其生命周期中释放的二氧化碳比煤和石油都多。假如以油砂提炼的汽油为燃料，丰田普锐斯的碳足迹堪比悍马。

强，是全球变暖更重要的原因，而科学家们以前并没有意识到这点。总而言之，科学家认为甲烷对全球变暖的影响是二氧化碳的 2/3。

超过一半的人类活动产生的甲烷来自农业。牲畜、牲畜的粪便和水稻的种植又是农业活动产生的甲烷的主要来源。剩下的那部分释放到大气的甲烷来自于石油和天然气生产、采煤、垃圾填埋、废物处理、燃烧化石燃料。

关于甲烷有一个好消息：由于甲烷有内在经济价值，受利益驱使人们采取有力的措施俘获甲烷并尽一切可能防止甲烷被释放入大气。例如，用来为众多的家庭供暖的天然气主要就是甲烷，所以采集到的甲烷可以物尽其用。另外，在加工、运输、处理和使用过程中，约有 1/4 的甲烷由于泄漏和蒸发逸入大气层。所以，针对这几个环节，可以比较容易地阻止某些情况下甲烷的逃逸。

但是，关于甲烷还有一些坏消息：由于北冰洋周边永冻土层的温度升高，以及海底沉积物的温度升高，含甲烷的冰冻结构开始融化，微生物开始消化苔原里面解冻的炭，巨量的甲烷逃逸到了大气层里。要阻止甲烷逃入大气层的唯一实际办法就是延缓并随之终止全球变暖：我们还有时间。

气候危机的第三大根源是黑碳，也称烟灰。黑碳和其他造成全球变暖的空气污染物不一样。首先，它从技术角度讲不是一种气体，而是由微小的碳微粒组成的，你在肮脏的烟尘里可以看到这种碳微粒，只不过黑碳要小一点。这也能解释为什么直到最近科学家才重点关注黑碳，他们发现黑碳在全球变暖中的角色大得惊人。第二，与其他 5 种全球变暖的因素不一样，黑碳吸收的是直射到地球的太阳光所携带的热量，而非由地球

加州贝克菲尔德附近的肥育场。与我们饮食相关的温室气体排放量中有一半来自肉类生产。

巴西，焚烧甘蔗田。焚烧农田和植被是黑碳污染和二氧化碳的一个主要来源。

1952年烟雾大污染之后的空气清洁运动

1952年12月，一场致命的烟雾降临伦敦，整整5天，城市被笼罩在厚实的污染性气体当中，一片灰暗。那个星期4000人死于非命，接下来的几个月里又死了8000多人，死因有呼吸道感染和窒息两种。

强冷天气持续之下，更多的人烧煤取暖，造成了这场悲剧。伦敦有100多万户家庭用煤取暖，增加的污染气体使当地工厂排放的工业烟雾更加浓密。一反常规的恶劣天气——包括气温的逆增——使得高密度的烟灰和焦油颗粒沉降到了地面，极大降低了可见度，并使城市实际陷于瘫痪。

在这场灾难之后，政府采取行动来提高全国的空气质量。1956年，英国国会通过了《空气清洁法》，禁止壁炉烧煤并鼓励以清洁能源如电力、煤气、燃油来替代煤。很快，美国等国家也发动了一场坚定的环保运动。

反射回大气的红外线所携带的热量。黑碳在全球变暖六大罪魁里面最短命。

黑碳的最主要来源是燃烧生物质，尤其是焚林烧草这种主要见于农业垦荒的行为。这个问题不成比例地集中在三个地区：巴西、印度尼西亚以及中非。西伯利亚和东欧的森林火灾和季节性烧荒产生的烟灰随着主导风被带到了北极，然后沉降在冰雪中，成为北冰洋冰壳不断消融的一个重要原因。实际上，有人估计北极升高的2.5摄氏度（4.5华氏度）温度中的1摄氏度（1.8华氏度）是由黑碳造成的。北美、澳大利亚、南非及其他地区的森林火灾也产生了大量的黑碳。除了生物质的燃烧，约有20%的黑碳来自于南亚地区和中国，前者在做饭和房屋供暖过程中烧木柴、牛粪、作物秸秆，后者烧煤取暖也是一个主要的黑碳来源。

1952 年伦敦特拉法尔加广场(Trafalgar Square)日间空气质量。

黑碳尤其对印度和中国构成了威胁，部分原因是印度次大陆的不同寻常的季节性天气模式，这种天气模式每年的季风季节之间很典型地有 6 个月缺少雨水。在该时间段里，南亚的温差逆增很普遍，黑碳在冰川和积雪中因此沉降下来，在喜马拉雅和西藏高原造成高纬度空气污染。在这些区域的某些地方，空气污染指数可以和洛杉矶相提并论。如此多的黑碳沉降在冰雪里面，大气层的暖化触发的冰消雪融又加速了这一过程。有人估计，在短短 10 年里，喜马拉雅不到 15 平方千米的冰川总量中将有 75%会消失。

黑碳和喜马拉雅的冰川

我们大气层中高达20%的黑碳来自于印度在家庭做饭和取暖过程中燃烧的柴禾、牛粪、作物秸秆，还有就是中国家庭大量烧煤。在雨季之间，棕色的携带污染物质的云层被困在喜马拉雅上空。黑碳沉降在冰川上，染黑了冰川表面，造成冰雪吸收而非反射太阳光，加速了冰雪的融化。科学家们预计，部分由于这个原因，很多喜马拉雅的冰川将在 2020 年前消失。

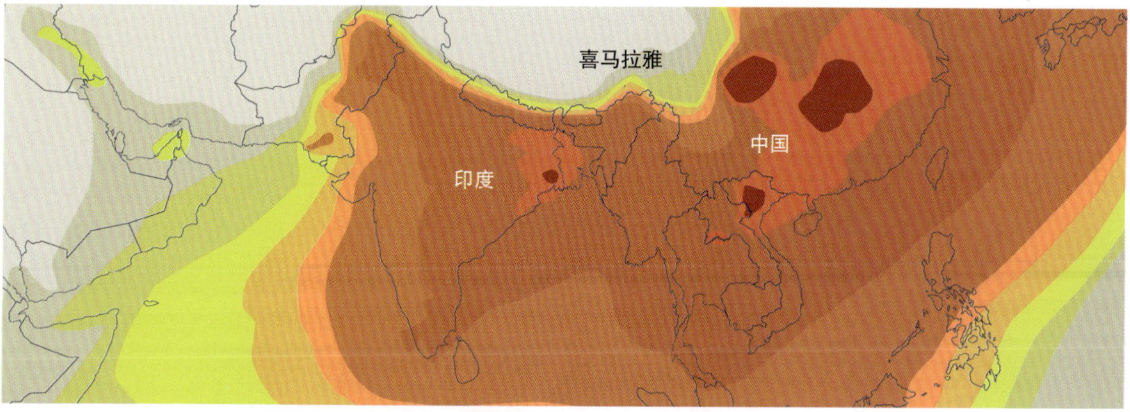

来源:《纽约时报》,"第三世界的烟灰是气候之战的目标",2009 年 4 月 15 日

印度的一半、中国和印度尼西亚的很大一部分的饮用水和农业用水都来自这些冰川的季节性融水，人类活动造成的后果将很快演变成一场灾难。例如，恒河的流水 70%都是喜马拉雅的冰雪融水。

黑碳也可以来自焚烧农业废弃物，比如焚烧甘蔗利用后的残余（甘蔗渣），玉米的残茎（秸秆），世界各地可见的烧木柴做饭、取暖现象也是黑碳的一个来源。

大气层中 1/3 强的黑碳来自燃烧化石能源，其中又主要来自无尾气净化装置的柴油卡车。虽然尾气净化装置已经在最近得到了推广，但是还没有普及。

值得一说的是，黑碳污染很多来自同时也产生二氧化碳的源头，包括亚洲低燃效的小型交通工具的发动机，还有浪费煤的火力发电厂。这些问题并非无法改观。例如，工业国家也用煤，排放二氧化碳，但是由于在过去几十年中采取了旨在提高燃烧率和控制本国空气污染的措施，所以并不产生多少黑碳。

黑碳造成全球变暖主要是因为黑碳吸收直射的太阳光。黑碳是覆盖亚欧大陆广袤区域的棕色云层的基本成分，这些棕色云层跨越太平洋向东漂移到达了北美，又向西从印度尼西亚出发越过

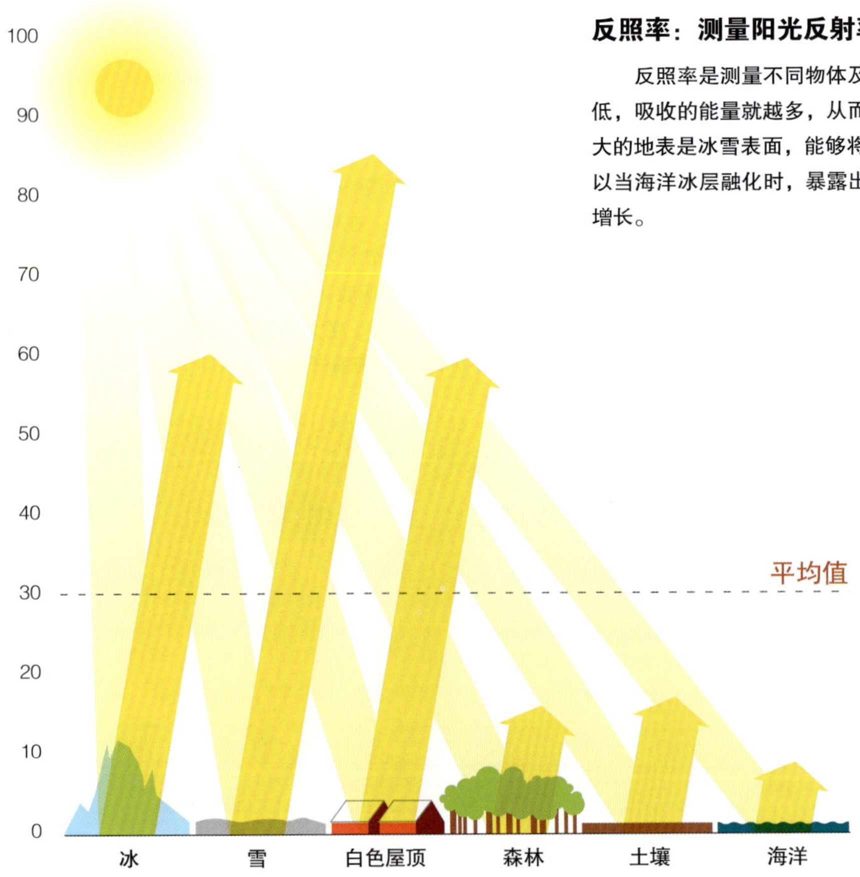

反照率：测量阳光反射率

反照率是测量不同物体及地表反射率的度量：数值越低，吸收的能量就越多，从而使全球变暖加剧。反射率最大的地表是冰雪表面，能够将 90%的阳光反射回太空。所以当海洋冰层融化时，暴露出来的海洋吸收的能量就翻倍增长。

来源：美国国家大气研究中心；劳伦斯·伯克利国家实验室；C·唐纳德·艾伦斯，《今日气象》

由人类活动造成的烟灰雾带沿着喜马拉雅山在尼泊尔、印度和不丹境内向东飘移

二氧化碳

甲烷

污染气体的黑碳

六氟化硫

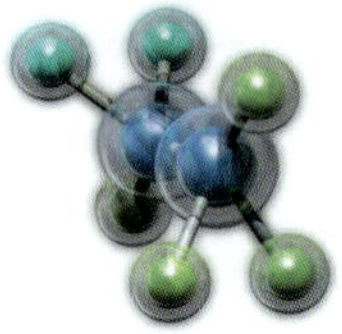

四氟化卤烃

一氧化碳

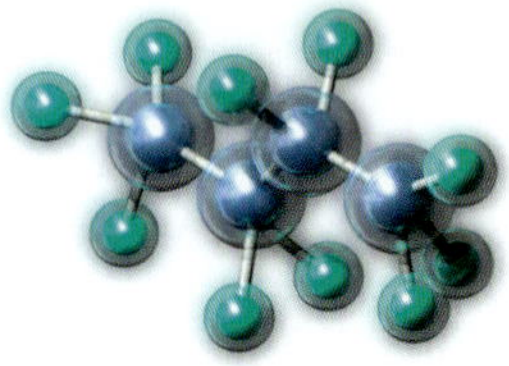

丁烷

一氧化二氮

全球变暖污染物介绍

所有全球变暖都是直接或者间接地由于六种污染物质造成的（参见“促使全球变暖的因素”，右）。二氧化碳是罪魁祸首，在温室气体中比例最大，增速最快。另外一种温室气体甲烷排第二位，接着是黑碳（烟灰）。20 世纪发明的工业化学品也扮演了一个重要角色：它们是含氯氟烃、卤烃，如四氟化卤烃、六氟化硫。所有这些化学物质都能够将热量阻留在大气中。一氧化碳和挥发性有机物比如丁烷并不直接阻留热量，但是会和其他污染物质发生化学反应生成阻留热量的化合物。最后，一氧化二氮这种主要来自富氮农业的副产品在暖化地球过程中扮演一个次级但依然重要的角色。

印度洋抵达了马达加斯加。这些棕色云与其他形式的空气污染一样，阻隔了阳光使其无法抵达较低的大气层，这样等于给地球戴上了一层面纱，减弱了全球变暖效果。通常黑碳不会在大气层逗留太久，因为它会被雨水冲刷掉。这些也许是黑碳按传统未被视为温室气体污染物的原因。因此只要我们停止排放黑碳，不过数周时间，大部分黑碳就不会再将热量阻留在大气中。可是目前我们将大量的黑碳日复一日地排入空气中，不断补充了被雨水冲掉的那部分黑碳。科学家们注意到在雨季长时间缺乏降雨的地区，黑碳的密度积聚到了特别高的水平。

科学家们越来越关心黑碳的另外一个原因是它以另一种方式加热地球。当黑碳降落到冰雪上时，被染黑了的白色冰雪不再反射太阳光，反而吸收太阳光，从而消融得更快。

要理解全球变暖的原因就必须考虑地球的总反射率。从云层顶端反射掉的阳光和从地球高反射率地区反射掉的阳光越多，被吸收而变成热量的太阳辐射就越少。当热以红外辐射的形式被反射回太空时，地球吸收的热量就会变少，因全球变暖而被阻留在地球的热量也就越少。

这让科学家们设想把数以百兆计的屋顶漆成白色，用这个办法和其他举措来增加地球表面的反射率。应该认真考虑这样的观点。但与此同时，由于地球，特别是北极和喜马拉雅地区冰雪层的融化，地球的自然反射在大量减少。

全球变暖的第四大成因是一族被称为卤烃的工业化学物质，包括臭名昭著的含氯氟烃（CFCs）。其中很多都在 1987 年的协定（《蒙特利尔议定书》）的约束下排放量受到了控制而减少了，该议定书之所以被世界各国接纳是因为同温层出现了灾难性的臭氧空洞，这是对第一次全球大气危机做出的反应。该议定书的额外收获就是使地球变暖的此类污染物质正在缓慢而持续地下降。但是这一族物质依然占到污染物质总量的大约 13%，这是一个很可观的比例，因此有必要继续加强力度执行《蒙特利尔议定书》。例如，很多科学家批评美国在 2006 年出于某种农业方面的用途坚持应当无定期缓行分阶段停止使用甲基溴化物的做法。另外，科学家们也更加关注作为卤烃替代品的化学品，尤其是被称为氢氟碳化合物的这种化学物质，认为它们也应当被置于《蒙特利尔议定书》的管辖之下，因为它们是导致地球变暖的恶性污染物，而且总量也在快速上升。

另外三种属于卤烃的化学复合物并不破坏臭氧层（所以并没有被包含在早期的议定书内），但也属于恶性温室气体。《京都议定书》（美国没有认可）把它们列入了管制的范围。有些卤烃物质可以在大气层中停留数千年而不消失（其中，令人震惊的是四氟化卤烃在大气中逗留的时间长达 5 万年，但很庆幸，它的排放量较小）。

我们有必要注意到世界各国保护位于同温层臭氧的努力是一种历史性的成就。尽管受到影响的企业开始不愿接受科学，但是科学对这个威胁的严重性作出了警示，虽然还有科学的疑难尚未解决，各个国家的领导人迅速走到一起，跨越了意识形态的界限，制定了有效的条约。议定书签订 3 年后，政治领导人重新审视了该主题，提高了原来的标准。自此之后又几次加强该议定书。有一点很意味深长，原来反对最初提出的条约的上述公司，在经历了寻求有害物质替用品的过程之后转而支持加强该议定书。因此，目前世界在解决这个特殊问题上一帆风顺。科学家们说要再过 50~100 年同温层臭氧空洞才能最终弥合，但我们的方向是走对了。他们警告我们，如果不阻止地球变暖，这个趋势又会逆转。据有的科学家说，南极上空的臭氧空洞又会因全球变暖而可能扩大。大气的持续升温（及同温层的降温）可能会重新破坏同温层臭氧，使其变薄到足以又一次严重威胁人类生命的程度。

导致地球变暖的另外一族空气污染物质包括一氧化碳和易挥发有机化合物（VOCs）。在美国一氧化碳主要来源是汽车，但是在世界其他地方，生物质的燃烧也排放出大量的一氧化碳。在世界各地，VOCs 主要来自工业生产，但是在美国，有一部分的来源是汽车和卡车的尾气。这些

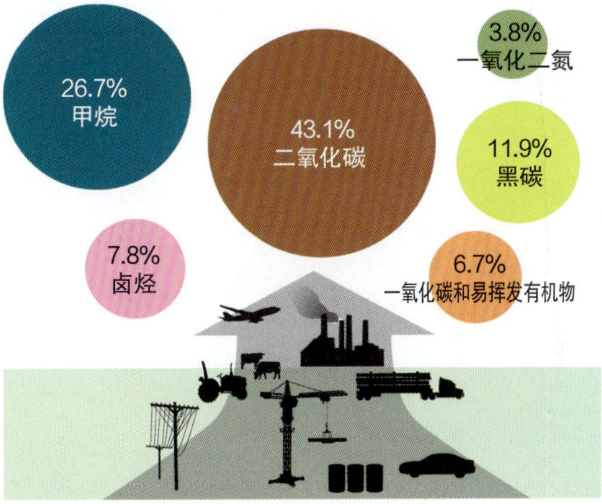

“促使全球变暖的因素”

全球变暖可溯源到六大类污染物质，它们在全球变暖中的作用的比重可见于上图。交通运输、农业生产、加热供暖等众多的人类活动排放了上述气体和黑碳。

来源：Drew T. Shindell 等，《科学》，正在评论中，2009 年

墨西哥北部农场上一位工人正在播撒颗粒状化肥。大部分排入大气的一氧化二氮来自于农业活动，对大量消耗石油燃料的颗粒状合成氮肥的依赖也是其中的一个来源。

污染物质实际上本身并不会阻留热量，但是却会生成低量的臭氧，臭氧是一种强力的温室气体，对人体有害的空气污染物质。

和黑碳一样，这些污染物质尚未被列入《京都议定书》管制化合物的正式名单中，但是科学专家把它们列为全球变暖的因素，因为它们会同大气中的其他化学物质（如甲烷、硫酸盐以及发生反应可能性较低的二氧化碳）发生化学反应，从而进一步阻留大量的热使得地球暖化加剧。因此任何试图解决气候危机的综合性策略在关注其他 5 种全球变暖成因的同时都非常重视这些污染物质。

此类策略在细节上必须注意使问题更复杂的其他大气中的化学物质，比如二氧化硫（会生成硫酸盐颗粒）、氮氧化物（是臭氧层空洞形成的原因之一）、硫酸盐、硝酸盐，还有有机碳。所有这些单独情况下都具有纯冷却作用，但是也会与其他促使地球变暖的污染物发生反应、影响公众健康和生态系统，影响问题的解决策略。

全球变暖的最后一个诱因是一氧化二氮。严重依赖氮肥的农业活动是一氧化二氮的巨大的、主要的来源，极大地放大了由于土壤中硝酸盐的细菌分解而产生的自然排放量。在过去的 100 年中，自两位德国化学家首创了将氢和空气中的氮合成为氨的技术后，我们已经将环境中已有的氮含量翻了一番。传统农业中，农民采用轮作的办法来更新土壤中被消耗掉的氮，每隔几年就要换一种作物。通过种植豆科植物和施用动物粪肥，农夫发现可以恢复土地的肥力。但是现代农业逐渐严重依赖大量施用合成氨肥来为土壤追加氮，否则的话土壤将过于瘠薄而无法耕种。这种浮士德式的交易极大提高了土地的产量。这一交易的结果就是一氧化二氮排入了大气，从土壤溢出的氮流入了江河溪流，使藻类迅速滋生泛滥。当藻类死亡分解后，水中的氧气就会耗竭，从而形成“死亡地带”，鱼类和其他多种生物都无法存活。更有甚者，因为人工合成的氨肥在生产过程中需要大量的石油能源，这个制造过程又会大量增加大气中的二氧化碳含量。

在各种工业生产中燃烧石油燃料也会排放出少量的一氧化二氮，同时牲口的粪便和人类的下水道管理不善也会有同样的效果。

虽然一氧化二氮在 6 种全球变暖的因素里面排在末位，然而却是一个重要因素，只要我们改变我们使用氮的方式，就可以减少其排放量。

最后，必须谈谈水蒸气在大气中扮演的重要角色。有些评论者说水蒸气比二氧化碳更能阻留热量。虽说技术上是如此，但是水蒸气超常阻留热量在大气中的限度取决于促使全球变暖的污染物提高空气和海洋温度、从而增加大气所能保持的水蒸气数量所能达到的限度。空气中水蒸气的量取决于空气温度和空气循环模式，后者决定了空气相对湿度。这些可变量的变化是由二氧化碳及其他暖化地球的污染物的排放量推动的，人类的活动实际上控制着大气中水蒸气的变化。所以，减少水蒸气的暖化作用的唯一途径就是解决气候危机。

因此：全球变暖的应对方案是知易行难。二氧化碳、甲烷、黑碳、卤烃、一氧化二氮、一氧化碳这 6 种空气污染物的排放必须迅速大幅下降，同时我们还必须加快从空气中消除这些物质，让海洋和生物圈再次吸收它们的速度。

一艘空载的超级油轮离开了位于休斯敦的油库，正在前去运回更多石油的途中。

第二章

我们的能源来自何方又去了哪里

人为的全球变暖的最大一个污染源就是用煤、石油、天然气等化石燃料生产能源。因此解决气候危机的最重要举措要求研发并推广低二氧化碳的替代法来生产全球经济所需的能源。我们现在对化石燃料的依赖程度在人类历史上相对罕见。虽然古代人就知道煤炭和石油的存在，但古人仅限于利用极少数靠近地表而容易开采的煤炭石油资源。

直到18世纪后期人类利用能源的主要方式还是烧柴。中世纪缓慢但是持续的人口增长（欧洲人在美洲开始拓殖后又加快了速度）导致欧洲森林覆盖率急剧减少，公元476年罗马帝国崩溃时森林覆盖率是95%，到了17世纪早期科学革命肇始时只剩下了20%。

一方面是木材短缺日益常见，另一方面又是新发明的耗能机器（科学革命势头形成以来），这两个原因结合在一起导致了煤炭用途更加广泛，之前人们都认为在家庭供暖方面煤炭不如木柴，因为烧煤会造成室内和城市的空气污染。但是因为煤的高质能转换率，首先是在生产钢铁过程中需要更高温度的冶金业，之后是在为工业革命创造条件的许多新兴的工业制造过程中，煤成为一种优选。

随着采煤活动转入地下，煤炭开采和早期工业革命的关键技术呈齐头并进之势。蒸汽机和钢轮钢轨的使用都首次出现在采煤业。随着技术进一步发展，出现了在地上铁路线行驶的蒸汽动力火车，19世纪中期的海船也使用蒸汽引擎作为新的航行动力，这使得煤炭需求量猛增。很快，工业革命使煤作为工厂中主要的能源而推广开来。但是煤在当今的优势地位却是在19世纪晚期人们学会控制电并将其用于商业这个基础上形成的。

当我们考虑生产低碳新能源而非化石燃料能源的最佳方法时，对于液体能源、天然气能源和电能三种具有流动性的、不同的能源形式，我们必须使用不同的思维方式，做到这点很重要。这三种能源形式的市场各自具有特点。

液体能源几乎全部来自石油，与电能或者天然气具有截然不同的性质。由于液体能源易于储备，与煤相比，每一磅所含的能量更高，全世界交通运输中所用的能源几乎都是提炼自石油的液体能源。在美国，超过一半的石油都用于轿车和卡车，其余大部分用于工业陆用柴油机或者是用作石油化工厂的原料。10%略微不到的石油用于室内供暖，6%不到的石油用于发电。

总体而言，石油是目前我们使用的最大能源，比煤或者天然气提供的能量要大得多。然而，每生产一单位能量，原油产品燃烧过程产生的二氧化碳要比煤炭燃烧产生的二氧化碳少30%。

（具有讽刺意味的是，1859年宾夕法尼亚成功打出第一口油井时，爱尔兰科学家约翰·廷德尔证实二氧化碳分子会拦截红外辐射，这个发现导致全球变暖这一科学理论的诞生。）

液体能源与电能和天然气相比，对人类发起了全然不同的挑战。大多数国家，包括美国，都

一列满载发电用煤的火车正准备离开位于怀俄明州莱特郡附近的煤矿。

依赖进口石油资源，全球的石油市场都被中东的巨大石油储量所控制，由于地缘政治，在过去的35年中，中东石油的出口几度被中断。另外，剧烈震荡的石油价格间歇性地对美国及其他石油消费巨头保证国家投资加快可再生能源开发的战略造成了严重的破坏性影响。(低碳的其他能源作为石化液体能源的替代性选择将在第六章探讨)

天然气，我们使用过的第二种基本能源，主要是甲烷。目前天然气占到全球能源消费的将近23%。将近40%的天然气作为化工原料用于工业，或者用作锅炉的燃料。最近几十年里，将近1/3的天然气被用于发电，将近20%的天然气直接用于居所供暖或者烹饪。

气态的含碳能源最初是用一种代价高昂的逆向工艺流程生产出来的，后来，石油开采商发现他们所开采的同一片地下油田含有大量天然气。一开始，他们为了获取石油就把天然气一烧了事，但是现在他们同时采集石油和天然气。由于天然气的价值更加明显了，地质学家学会了如何找到只出产天然气的气井。

由于甲烷分子中的氢碳原子比例高于煤或石油，生产同样多的能源，燃烧甲烷所产生的二氧化碳只有石油的70%，大约煤的50%。这能解释为什么很多人把天然气当做是在弃煤和石油不用的过程中一个重要的具有分水岭意义的能源。然而，在接下来的几十年里，减少二氧化碳排放来阻止气候破坏的目标要求我们停止使用天然气，而不仅是煤和石油。毕竟，能源市场制造的1/5的二氧化碳都来自于燃烧天然气。

气态能源具有特别的性质，最先进的以天然气作为燃料的新建发电厂效率约为普通燃煤发电厂的2倍。

电能作为一种主要的能量载体，其来源包括煤、阳光和风等。世界上的大部分能源的输送，

来自碳基燃料的二氧化碳

我们的碳基燃料有各种特征。在同等条件下，石油和天然气比煤有更多的能量，但是石油产生的二氧化碳比天然气多40%，而煤比石油多40%。木材，唯一可再生的碳基燃料，在同等重量下含有最少的能量。

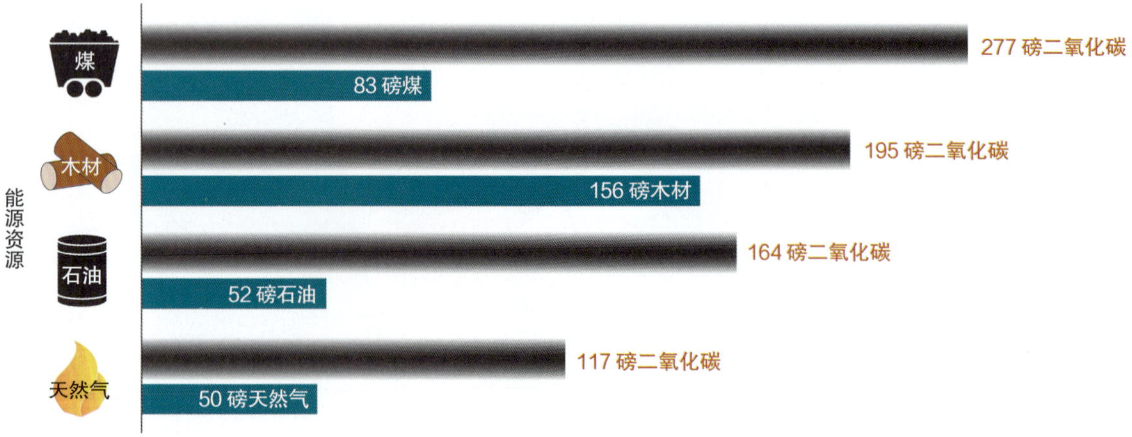

每1个英国热量单位产生的二氧化碳磅数

来源：欧文加利福利亚大学；美国橡树岭实验室；天然气转换：塔尔萨天然气技术公司

“我要把钱押在太阳和太阳能上！
这是多么大的能源哪！”

——托马斯·爱迪生

西班牙塞维利亚“能源塔”：反射并聚焦阳光的镜子。

都依赖于电这种形式，电能比其他任何一种能源的增速都要来得快。1879 年爱迪生发明了白炽灯，接下来 9 年后尼古拉·特斯拉又发明了交流电，这就导致了街车、工厂、家居的电气化以及琳琅满目的电器产品纷纷登场，这些电器的衍生品在我们生活中仍然无处不在。

虽然用途广泛，使用方便，但是电能也有其不足之处。首先，由于相对落后的能量转换工艺在燃烧发电过程中造成了占燃料很大比例的能量损耗。其次，电的储存成本很高。

最终，由于电的需求量迅速提高，而且早期水力发电机的地位已经被烧煤的蒸汽发电机取代，因烧煤而人为排放的二氧化碳已经理所当然地呈指数级上升。现在全球还有 40%的电来自烧煤，大约占到煤电量一半（20%）的电能来自燃烧天然气。

世界上剩余的电量来自不会大量排放二氧化碳的能源。水力发电所用的大坝可以提供 18%的电量，核能提供不到 15%的电量，核能曾一度被认为是化石能源的天然继承者。太阳能、风能、地热能也提供了一小部分的电，它们被认为是会在后四分之一世纪中利用率迅速提高的能源。

电能和其他形式能量相比越来越普及，这不仅是由于电容易使用，还与电力输送、配电基础设施利用不同形式能源来驱动电涡轮机的形式多样性有关。这是因为大部分发电工艺，例如光伏能量和燃料电池，都是利用能量来迅速推动涡轮机叶片转动，使铜线圈或者磁铁作一种相对旋转，以此来产生电流（参见“涡轮机的工作原理”，第 41 页）。当然也有例外，人们通过燃烧煤、天然气、石油产生的压缩蒸汽来驱动涡轮，而风车和水力发电的大坝都是直接推动涡轮叶片旋转。

石油、煤、天然气加在一起，依然提供了我们在地球上所使用的主要能量的 86.5%。（石油占 36.5%；煤占 27%；天然气占 23%）合在一起，这三种化石能源是全球变暖的最主要成因。这就是为什么全球开始重视在生产过程中不排放大量二氧化碳的、可以替代化石燃料的新能源。

关于可再生的低碳能源，特别是在发电这一方面，有一个振奋人心的好消息，那就是这种能源几乎取之不竭。实际上，地球上全部的石油、煤、天然气资源所含能量仅等于从太阳那里 50 天内获得的能量而已。地球沐浴在来自太阳的巨大能量之中，一个小时内照在地表的能量理论上就等于全世界一整年内所消耗的能量。就算将俘获、使用太阳能的技术困难全部考虑在内，7 天的光照量就足以满足地球一年的能量所需。

大约一个世纪之前，托马斯·爱迪生在和亨利·福特及哈维·费尔斯通的交谈中说：“我要把钱押在太阳和太阳能上！这是多么大的能源哪！我希望我们不必等到石油和煤全部用光了才能解决技术问题！”

与此相似，在一个月内从风和地球释放的地热中俘获的能量各自都可以满足人类文明一年内的全部能源所需。至于流动的河流和海洋的波浪与潮汐所蕴含的能量，要是能够得到开发的话，作为一种可再生能源足以彻底取代高碳的化石能源。

困难之处当然在于缺乏集中的努力和开发、建设有成本效益的、可以让我们俘获并有效使用巨大自然能量的可再生能源系统所需的巨大投资。

所有能源形式都代价高昂，但是时代变迁，可再生能源成本降低了，而碳基能源成本攀高了。因为以下三个理由，可再生能源价格会下降。

首先，一旦可再生能源基础设施建设完工，能源将源源不断免费生产出来。与碳基能源不同，风和太阳以及地球自身提供的能源是免费的，而且事实上数量无穷无尽。

其次，化石能源技术更加成熟，但可再生能源技术仍然在迅速提高中。革新和创造赋予我们不断提高再生能源的效率、持续降低其成本的能力。

第三，一旦世界各国有了清楚的目标要转向再生能源，那么可再生能源的产量自身将会降低每一座风车、每一块太阳能板的成本，而为进一步研发提供更多的激励来加快技术革新过程。

可以想一下，比如过去 20 年中，计算机成本和效益的变化。对廉价计算机不断增长的需求导致计算机芯片的制造商将更多的预算用于研发性价比更高的信息处理办法。

众所周知的就是摩尔定律（预言每一块电脑芯片上的晶体管数量每 18 或者 24 个月就会增加一倍）现象，在过去几十年里每一年半左右，就会使同样性能的信息处理器价格下降 50%。确实，有了这个期待，公司在互相竞争过程中就能体现自己的实力，因为他们都会假设自己的对手将奋力拼搏。

既然每一家公司都期待着整个行业将继续沿着这条道路前进，每一家公司都斗志昂扬地投入竞争，确保自己不会落后于人。由于全世界的计算机需求量继续戏剧性地增长，要在竞争中领先的动机就足以使公司投入更多的资金来制造最好、最强大、成本最小化的计算机。

另外，由于最强大的计算机加强了科学家和工程师使用不断更新方法来处理信息的能力：这些方法包括使用新材料和亚原子工艺、设计更先进的制造工具、通过计算机模拟而非实际制造的方法来探查设计，这样就形成了一个积极的反馈回路，从而使振奋人心的突破不断出现。这样的突破据说还能继续遵循这非比寻常的激进改良模式，在将来的至少 20 年里还会每隔 18 到 24 个月就出现一次。

以几乎同样的方式，对可再生能源生产技术革新的爆炸性需求也会鼓励支持越来越大的、旨在寻求成本更低的新技术的研发预算。换言之，信息技术产业所经历的也会发生在可再生能源产业上。随着成本下降，需求也在上升，这个不断改良的模式也得到了强化。如果全球都致力于朝着可再生能源的宏大转向，将会极大地促进该发展的势头。

涡轮机：目前大部分电力生产的方式

我们使用的大部分电力都是由涡轮机生产的。发电站将一种主要的能源，例如煤、天然气或者铀转化为热能。然后热能将水转换成蒸汽，蒸汽推动涡轮机叶片旋转。涡轮机叶片推动发电机发电，电力然后被输送到家庭和工厂，满足日常所需。（水力发电则是利用水流势能推动涡轮机的叶片。风车也是一种涡轮机，能将风转换成运动。风车的叶片等于就是涡轮机的叶片。）

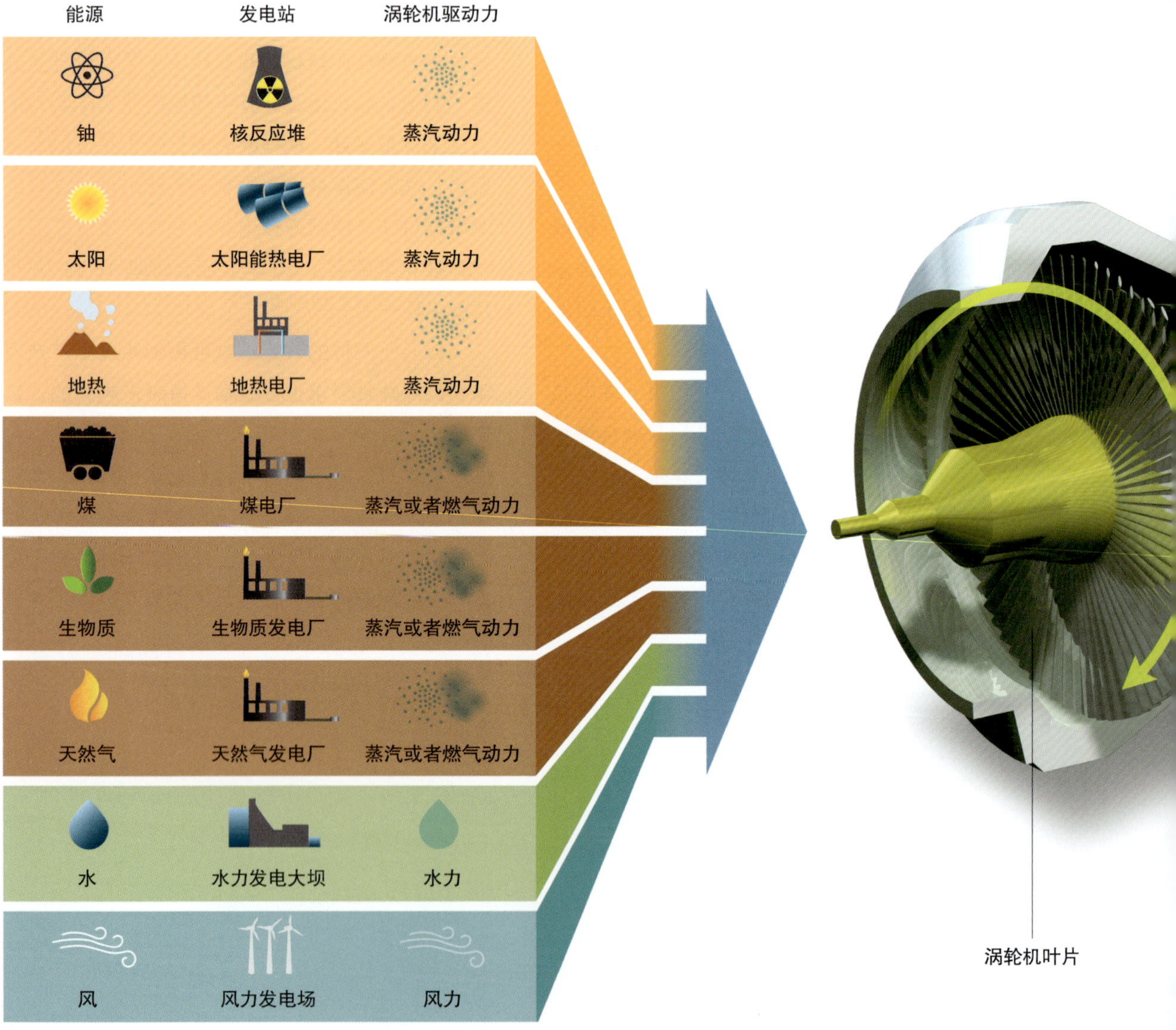

涡轮机的工作原理

一般情况下，发电机使用蒸汽、燃气、水或者风来转动涡轮机的叶片。涡轮机又带动转轴，转轴连着磁铁里面的绝缘线圈柱，或者是线圈内部的磁铁。任何一种情况下，磁铁和线圈都作相对的旋转。下面的设计图表现的就是磁铁两极之间的线圈的转动。

发电机内的线圈，在磁场内部转动的时候，就成了小型的电磁导体；在磁铁和线圈的共同作用下，就产生了一股强大的电流。电流被输送到变压器，变压器又将电流转换成可以通过高压电线输送的形式。

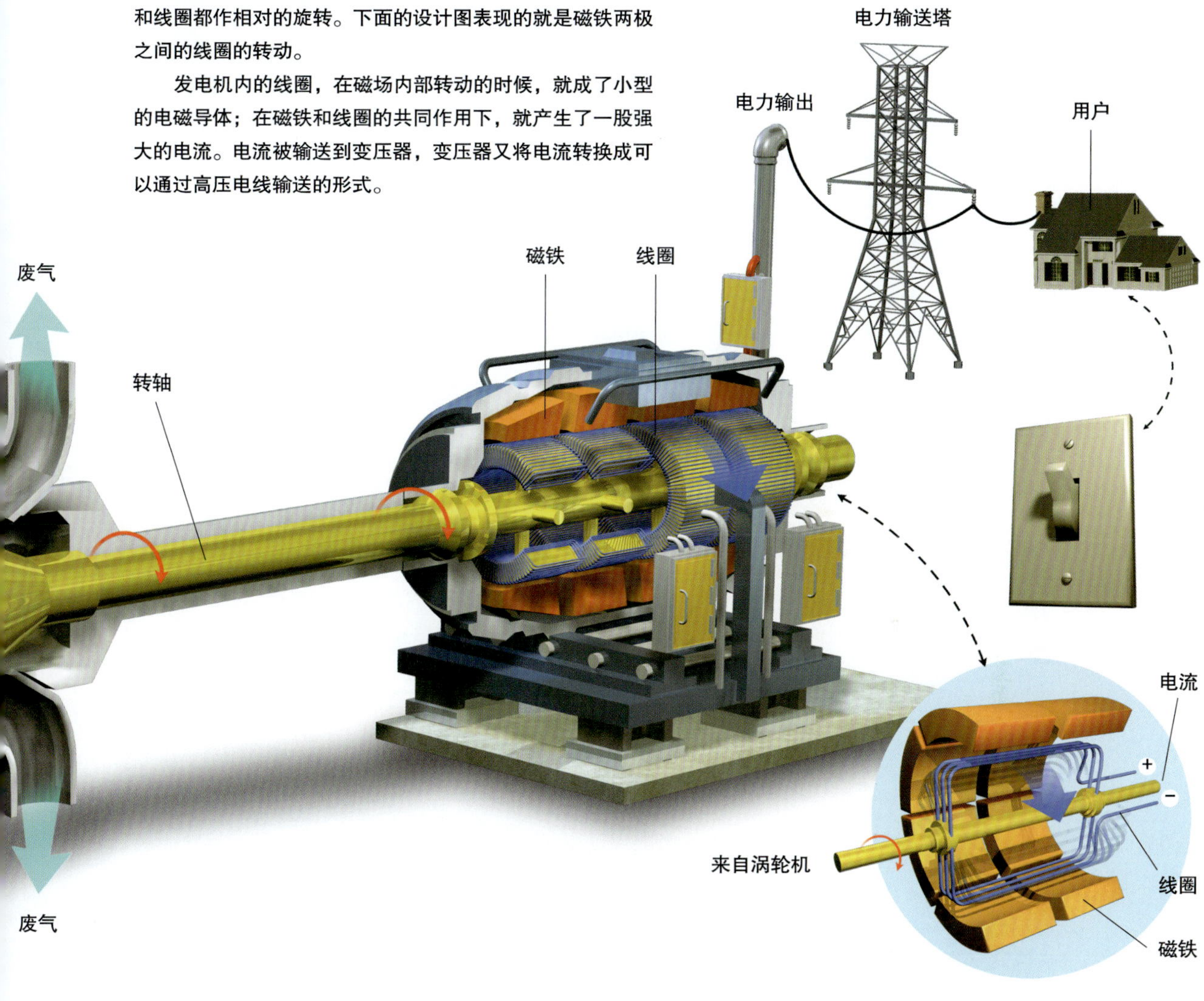

发电机工作原理

当导电的金属线，比如铜线，在磁场里转动时，带负电的电子就被沿着轨道甩出去，从一个原子的轨道跑到另外一原子的轨道里，这种自由电子的移动形成了电荷；当很多线圈快速转动时，就产生了持续的电荷，换言之即电流。

加利福尼亚，莫哈维沙漠，太阳能发电厂。弧形镜面将来自太阳的能量聚焦在一处。这些设备能够产生 150 兆瓦的电力。

第三章

来自太阳的电能

利用阳光发电的方式主要有两种：一种是利用阳光产生的热能来驱动发电机，另外一种就是通过太阳能电池直接将阳光转换成电能。

第一种方法叫集光型太阳能热力发电（CST），用阳光加热液体来为发电机提供动力。这需要使用反射镜来聚焦阳光。

有好几种技术方法可以达到该目的。有的 CST 发电厂使用弯曲的反射面（凹形抛物面反射镜）来跟踪太阳在空中的移动，将阳光聚焦在一根管子上，加热管内的水或者其他液体。有的设计使用成排的、几乎扁平的、旋转的长形镜来达到几乎同样的效果，而原材料成本较低。

还有一种创新设计，颇具视觉冲击，将大量成排的能跟踪阳光的反射镜沿着位于中央的“能量塔”呈半圆形展开。在所有的反射镜同时将太阳能聚焦其上的情况下，这种结构支持将一个大型容器内的液体加热到极高的温度。和其他的设计一样，这样积聚的热量被用来加热水至沸腾，产生蒸汽来推动电机涡轮。大部分专家相信，比起另外两种设计，该技术虽然有更高的风险，但是能获得更高的回报。除此之外，温度越高，在缺乏阳光的情况下，就更容易将能量储存更长的时间。但是，至于这种能量塔设计有什么成本优势，这点还不清楚。

还有一种太阳能热力发电的设计，使用一种高效的斯特林发动机，将其悬挂在每一个抛物面反射镜之前。聚焦后的太阳光产生高热，驱动引擎工作，引擎又连着一台小型发电机。虽然这算是技术革新，但大部分专家认为这还是要比其他的 CST 类型来得昂贵，原因就是每一排反射镜前都配一个斯特林发动机要花更多的钱。

不管选用哪种 CST 设计，CST 发电厂都是具有规模效益的大型永久性装置，所以需要大量资金投入。由于使用的是钢铁、玻璃和混凝土，不需要什么珍稀的材料，CST 发电厂通常不会在需要提高其规模时遇到战略性瓶颈状态。因此，CST 发电厂可以随时投产提供大量电能。

这些发电厂都介入现有的输电网和配电网。然而，这种技术在阳光直射时间最长的地区才是效率最高的，能满足条件的沙漠地区都远离人口密集区域，而大部分电力需求又是来自人口密集区域。所以，充分实现太阳能发电的潜力，就必须建设连接小型配电网的高科技新输电线路。需要补充一点，CST 的一些设计需要用到的水不亚于常规的化石能源发电厂，虽然说太阳能发电工业已经倾向于使用少耗水的其他设计。

第二种利用阳光发电的办法就是使用太阳能电池，这些太阳能电池的原料有能够将阳光中的光子直接转换成电能的属性。这种方法不需要使用蒸汽涡轮机。

这些光伏（PV）电池像晶体管一样属于半导体。阳光中的光子所带的能量能够将光伏电池中原子所带的电子从电池中释放出来形成电流。

直到最近，大部分专家还是认为光伏电有可

西班牙的欧默狄拉光伏发电厂使用了 160000 多块光伏电池板，发电功率达 60 兆瓦。

能还是要比集光型太阳能热力发电代价高。然而，各种光伏技术的效率在不断提高，这使一些专家得出结论：我们正处于或者接近一个门槛，跨过这个门槛，光伏技术就能够具有超越 CST 技术的实际成本优势。另外，假如成本的下行曲线继续以同样的速率减少光伏电的成本，光伏电很快就能够比化石能源生产出来的电更具成本优势。

这并不意味着集光型太阳能热力发电就不能有一个光明前途，即使光伏发电的成本继续迅速下降。事实上，如果能够用现成的商品材料建设 CST 装置并将其接入输电网和配电网，也会使 CST 在很多地区成为一个具有吸引力的选择，特别是在光照充足或者有高效输电网的地方。

先进的光伏电池能够受益于一种革新 – 成本降低的曲线图趋势，这种曲线图趋势类似于被称为摩尔定律的现象，虽然在威力上不可与其相提并论，后者能够每隔 18 或者 24 个月就定期大幅降低电脑芯片的成本。相比之下，CST 发电厂使用的材料是商品，因此，这些材料的成本几乎肯定不会像光伏电池那样急剧下降。

此外，太阳能光伏电池板看起来比 CST 更受益于生产的规模经济。迄今为止，其累积产量的翻倍可以使成本降低 20%，而且不像 CST 那样需要依靠高强度的直射阳光才能有发电效率。

此外，光伏电池可以分散布置，小型的装置和那种规模效益的布置效率完全等同。例如，光

西班牙，靠近塞维利亚，反射镜将阳光的能量聚集在 300 英尺高的能量塔上，将水加热成蒸汽来驱动发电涡轮机。

伏板可以置于屋顶，而 CST 却明显不可以。光伏技术最终会在实际上包括了全美国的世界很多地方具有竞争力，但是 CST 却也许只能在直射阳光强烈的地区才有可行性。

“净计量法”，允许家庭或者公司在自家屋顶安装光伏电池，将生产出来的多余电力回售给电网，这种方法也将为光伏技术的快速推广提供强大动力。

目前 90%以上的光伏电池用的都是硅材料。第一代的光伏电池要求将硅加工成两种形式中的一种，或者是单晶硅、多晶硅，或者是非晶硅。

最近对太阳能电的需求有所增长，导致全球硅基光伏电池的产能急剧扩大，从而带动了价格的下降。由于硅是地壳中含量第二丰富的物质

（排在氢之后），原材料不存在短缺。另外，随着价格的下降，需求还会扩大，这样就能形成成本效益的良性循环。直到最近，光伏电还是要比集光型太阳能热力发电厂生产的电价格贵，但是这种状况正由于光伏能的利用方式推陈出新而在迅速改变。

单晶硅电池的成本正在下降，而且效率也在不断提高。这种电池仍然需要用到价格相对贵些的带金属框架的玻璃，这促使科学家研究新型的成本集约型材料和设计。

新型的“薄膜”电池的光电转换效率虽然目前不如单晶体硅电池，但制造安装的成本却相比要低廉些。这种薄膜电池最常见的原材料就是非晶体硅、镉和碲复合材料、铜铟镓硒复合材料。

第一代硅基电池和第二代薄膜电池之间的交易也是高成本和高效率、低成本和低效率之间的交易。即使如此，两种类型的电池在效率提高的同时成本都有所下降（虽然最近薄膜电池的进展要大一些）。

新一代光伏电池的出现激起了研究员和工程师的极大兴趣。因新开发的化学工艺和装配技术而成为可能的新分子结构为更低成本、更高效率提供了良好前景。这类电池可以利用纳米技术俘获并利用更多的光子、移动更多的电子，从而来极大提高效率。这类电池也许可以改变当前使用的电池成本高昂的缺点。由于光伏电池的制造成本相对较高，使用成本较低的透镜或者反射镜来将阳光聚集在小型高效但是价格高昂的电池上，也许是降低成本的可行之道。确实，有些下一代电池实际上可以使用纳米结构来在电池的表面完成集光的任务。

但是，新一代光伏薄膜的一些设计要求使用珍稀材料（如硒元素），提高了间歇性供应瓶颈的可能性，同时，量产的成本也可能会更高一些。

同化石能源或者核能发电的发电厂不一样，太阳能发电厂持续发电的前提就是必须有阳光。即使阳光这一能源是免费的，在晚上却肯定没有阳光，白天飘过的云层也会影响光电的生产。这种所谓的不持续性问题要求公用事业多角度审视

集光型太阳能热力发电工作原理

在集光型太阳能热力发电厂内，反射镜将阳光集聚在内部充满一种被称为导热油的合成油或者水，将其加热到几百华氏度。然后热液在泵的作用下流经整个系统，热交换机利用这热能来产生蒸汽，蒸汽又推动发电机涡轮的运转。

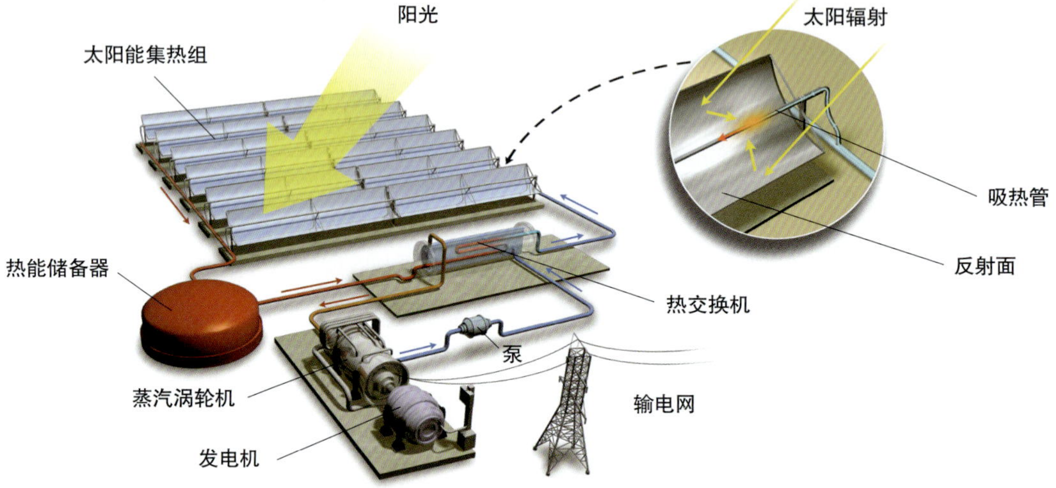

光伏发电的原理

太阳能光伏（PV）电池无需涡轮机就能直接发电。当阳光照射到通常以半导体硅制成的太阳能板上，阳光中的光子就将光伏材料原子中的电子释放出来，这些电子在外力作用下朝一个方向流动，流出电池就形成了电流。电流转换器又将这种直流电转换成我们家用的交流电。

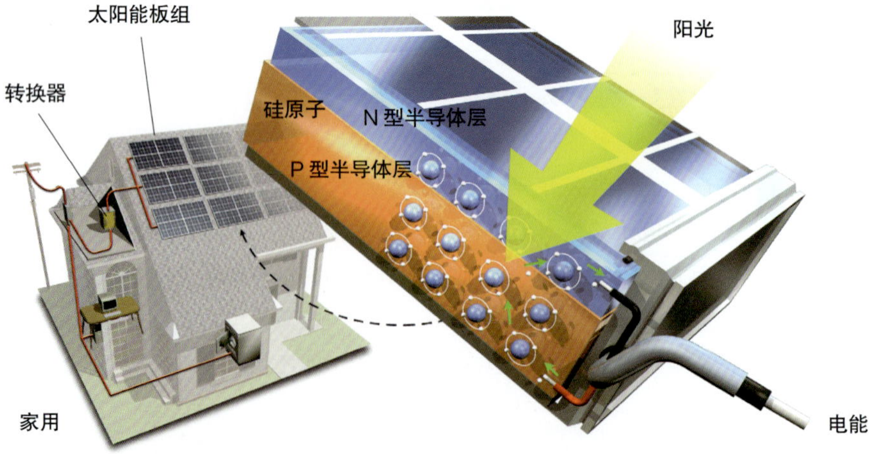

太阳能发电的角色。

但是太阳能发电厂也有一个起到补偿作用的优势，那就是太阳光最强烈的时刻也是发电的高峰期。令人欣慰，这同空调使用高峰造成的用电高峰正好重合。CST 发电厂提供了不持续问题的部分解决方案：当云层阻挡了阳光时，液体塔（通常是用熔盐作为导热液）所采集的热能可以有效地存储在内。目前，热能可以储存一个小时左右，但很快将达到 5~6 小时。有一种能源塔的设计预期的储热时间高达 15 小时。由于光伏电池在发电过程中不产生热量，所以并没有储热功能。大部分光伏发电厂都有备用的燃气动力的发电机来解决不持续性问题。

不持续性问题的另外一个解决方案就是完善国家智能电网的一体化，由于电网分布的区域非常广，所以一个位置的不持续性问题就被其他地方的光照抵消了。

只要有不持续性问题的部分电力来源的总和不超过电力总量的大约 20%，国家电网整合不持续电流的能力就属于可控制的风险。但是超过了这个比例，国家电网面对的挑战就会严峻得多。还有一种具有新意的解决方案利用了汽车电气化

太空太阳能

有一个新奇的想法曾经引起过长达几十年的讨论和争议，那就是利用太空太阳能。在太空，不存在不持续性问题，而且太阳能量更强。在北美，照射在屋顶太阳能板上的阳光每平方米的功率是 125~375 瓦特，每天大约能产生一千瓦时的电量。理论上，能够将携带巨大光伏电池组的同步地球卫星发射到地球上方 22300 英里高的轨道内，这里的太阳辐射是地球上太阳辐射能量的 8 倍之多。

科学家建议将几颗卫星置入一千米宽的固定轨道。每一颗卫星都将使用反射镜组采集持续的阳光并将其输入光伏电池。一组太空光伏电池采集的太阳能是地球上同样一组光伏电池白天所采集的太阳能的 6~8 倍，而一条地球轨道可以置入数以千计的电池组。

然后卫星以微波频率向地球上的接收器发射采集到的太阳能。该理论的支持者认为这种微波是高效移动能量系统，他们坚持认为这些微波不会对人类、鸟类以及其他生命形式造成伤害。但是，大众是否能够接受这种来自太空的微波，以及其他在安装过程中需要大批发射火箭的系统，还是一个很大的疑问。

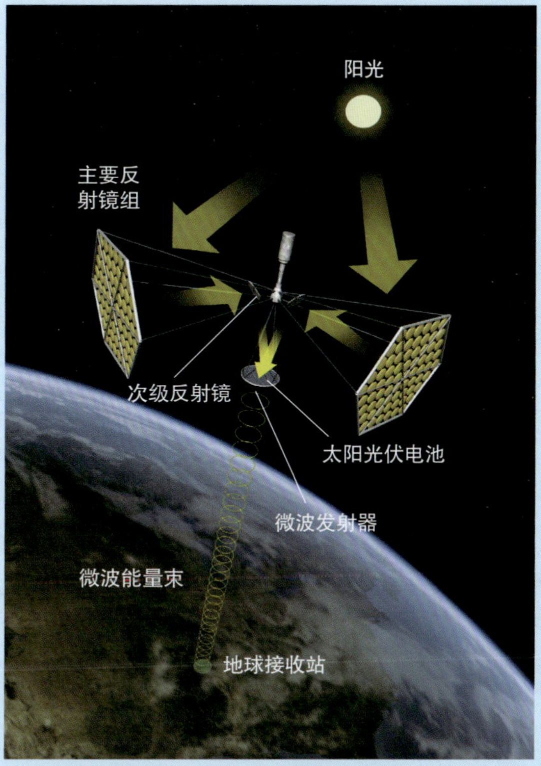

大块的面板可以将太阳的能量聚集在光伏板上。产生的电能将通过微波传递到地球的接收装置。

梵蒂冈保罗六世大厅顶装有 1000 多块光伏板，为该建筑物提供了冷暖空调和照明所需电力。

的额外作用，因为成千上万的插电式混合动力电动汽车（EVs）或者纯电动汽车（PHEVs）可以作为分布非常广泛的电池来使用。还有其他的新式电力储存方式也能够解决电流间歇性中断的问题。

目前，来自太阳能的电力价格依然高于燃煤、燃气产生的电力，主要是由于温室气体的巨大污染成本在计算煤电、气电的真实成本的时候没有被计算在内。尽管如此，太阳能技术的革新正在快速带动成本下降。很多专家预测，要不了几年，光伏发电的成本就可以同当前的煤炭火力发电的成本相竞争。然而，目前的太阳能电力的高成本意味着政府必须通过政策来资助这项技术，来补偿太阳能电力和化石燃料电力之间的人为成本差异。

在很多国家，尤其是在美国，政府的政策缺乏一贯性，陆陆续续的发展模式让人无所适从，间歇性地耗竭了这个行业要保持稳定发展所需的资金。

例如，早期的 9 家 CST 发电厂在 1984 年和 1991 年间建设于加利福尼亚州南部的莫哈维沙漠（反射镜的总量超过了 200 万平方米），在 1/4 个世纪里都持续运作，状态良好。虽然这 9 家发电厂没有一家能够储存能量，它们都利用汽油发电机在阴天发电。这些发电厂有案可查的记录也鼓舞了很多其他的发电厂，使它们相信对基本技术加以最新的改造，类似的发电厂很快就能够提供大量的电力。然而，在这些厂建成后的时间内，市场和政府政策的变化使建设更多的发电厂所需的资金捉襟见肘。

总而言之，美国能源政策朝令夕改的原因主要有二：一是世界石油价格如坐过山车般的大起大落的模式，二是白宫和国会阶段性的权力易手。石油价格达到顶点时，总会有一阵子民意汹涌，支持利用替代性能源。但是当石油价格回跌时，这种民意很快又消失了。至于第二个因素，石油煤炭企业，还有烧煤的公共事业部门，都竭力地在美国的两党内对太阳能发电施加阻力。

尽管如此，在过去的 10 年里，在亚利桑那州和内华达州新建设了一批运用革新技术的 CST 发电厂，现在在美国西部和其他的众多国家里，更多的 CST 发电厂正在发展或者建设之中。再次燃起了对太阳能热情的美国政府的最新成就——以及加州和其他一些州新制定的、要求公共事业部门的电力来源必须包含固定比例的新能源的法律——已经导致了建设太阳能发电新厂这一现象的复活。例如，佛罗里达州电力照明公司最近开始建设已具有规模效益的光伏发电厂，来为其客户提供电力。

在其他的一些国家，比如西班牙和德国，具有创新的政府政策已经刺激了需求并戏剧性地扩大了太阳能电力技术的运用。中国内地和台湾都作出了郑重的承诺，要成为世界上光伏电产量的的领头羊。相形之下，虽然说光伏技术是美国研究出来的，但是世界上最顶尖的光伏发电的十大企业只有一家在美国。

美国和其他国家需要更具活力、更有持续性的政策，来加快太阳能电力市场的发展，为这个 21 世纪的行业创造以百万计的新的工作岗位。

一旦世界选择了要大力促进太阳能电力开发的宏伟目标，并承诺投资来进一步提高技术，那么太阳能将无可置疑地提供大部分全世界所需的电力。

为太阳而设计：被动式太阳能住宅

除了发电，太阳能还有其他具有其价值的利用形式。所谓的被动式太阳能在减少家庭和商业建筑物能耗方面起到重要的作用（在美国，大约40%的温室气体都来自于建筑物的能耗）。

被动式太阳能建筑物将阳光作为直接的热能来利用。这些设计利用了热能传递的物理机制，建筑物本身能采集阳光、吸收热能、分配热能。冬季的吸热量最大，而夏季的吸热量最小。房屋的窗户被设计成面朝阳光的射入角度，屋檐这样的突出部分的角度有利于在冬季让更多阳光照入，而在夏季则相反。储热材料，如石墙，吸收并且储存热量；而合理的通风则让热量在建筑物内部流动，墙壁和窗户都具有绝缘特性，能够防止热量（或者冷气）的逃逸。置于屋顶的太阳能热水器也能够减少能耗。

被动式太阳能设计可以大大减少建筑物的能量需求。与太阳光伏板或者其他技术配合使用，就能够实现房屋“零能耗”，而无需任何外接电力。

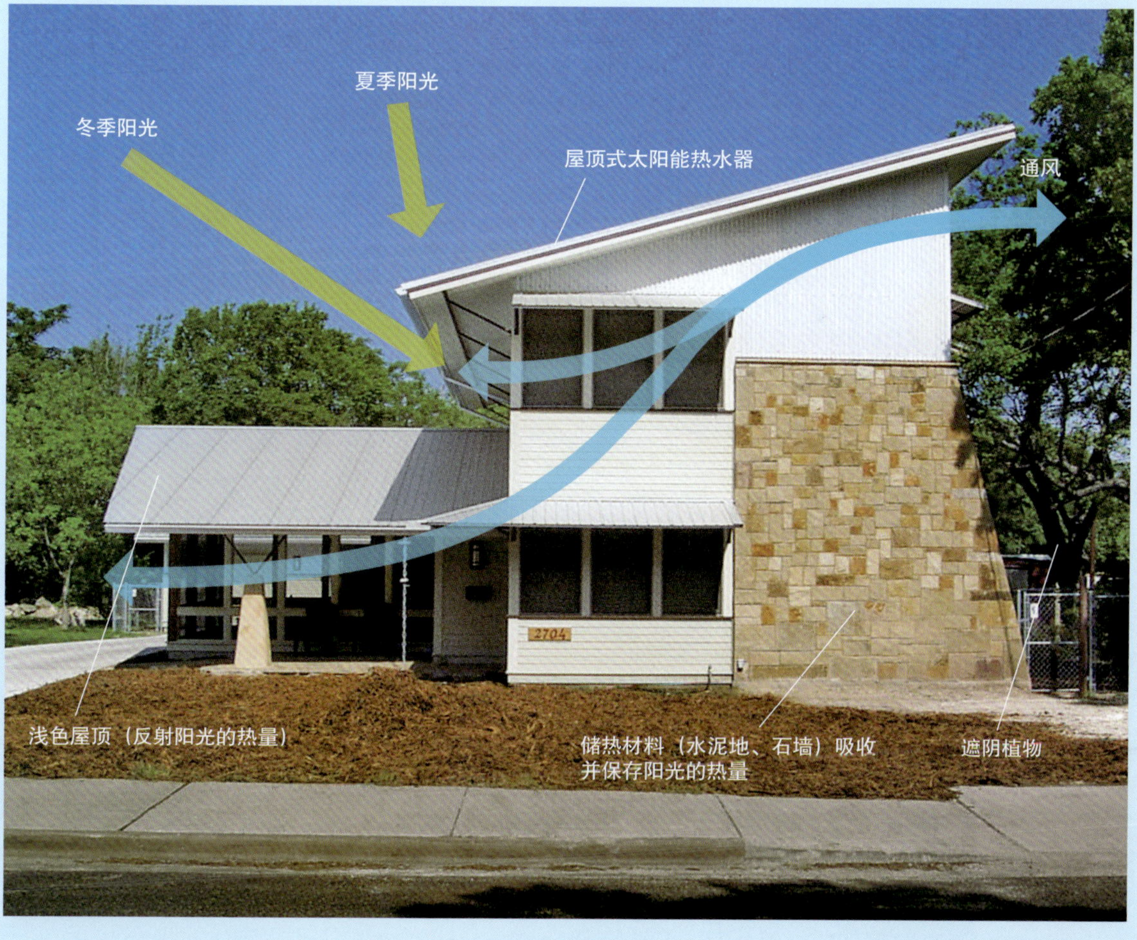

我们的能源

OUR SOURCES OF ENERGY

第四章

收获风能

位于俄勒冈谢尔曼县一个风电场上的风力涡轮机

风其实是太阳能量的另一种表现形式。由于我们星球的某些地方受到更多阳光的直射，例如热带的光照明显就要比极区的来得多，于是就会产生空气的温差，而在全球范围内形成大规模的风。另外，比起海洋上方的空气，陆地上方的空气在白天热得更快，而在晚上也冷得更快。陆地自身表面特性的不同也会影响其上方空气的冷热变化。高山对于空气的海拔密度有重要影响，继而影响了空气的温度。沙漠白天和夜晚的温度变化要更剧烈些，而森林则相反。当地表空气变热时，就会膨胀、上升，而冷空气就会填入热空气上升产生的负压真空。风就这样形成了。

海洋和大陆、高山和峡口、丘陵和谷地、沙漠和森林，这些永久的地表特征使大部分风的类型具有可预测性。假如空气和水一样可以看见，那么我们就可以看到空气静止不动形成的“湖泊”，空气缓缓流动形成的“溪流”，空气万马奔腾形成的“江河”。风力平均时速达到 15 英里以上就可以有效地用于发电，在形成空气“江河”的地方就可以建设风车。

总体而言，地球的风力资源非常丰富，从技术角度讲，足以提供为全球各种能量消耗总和 5 倍的能量。美国可利用的风电，技术上是美国年电力消耗量的 10 倍。

在过去两年的每一年里，风电是美国新增发电容量的最大来源。风电不仅是增长速度最快的可再生电力，还是所有形式的能源中增长速度最快的能源，超过了煤电厂、油气发电厂、核能发电厂加在一起的新增发电容量的总和。事实上，在 2008 年，美国的新装风力发电机组容量在世界排第一位。

从风力发电的现有总量来说，美国首屈一指。德国，人口要小得多，以微弱劣势屈居第二。西班牙，人口是德国的一半，风力发电容量是德国的 2/3 多。中国的总风力发电容量在全球排第四，但是 2008 年的新增发电容量仅次于美国排第二位。而且在 2010 年有望总容量达到全球第二位。印度的装机容量排全球第五，但是 2008 年的新增风车数量排全球第三。

全球风电的生产情况

风电产量正在快速增长，现在全球的风电总容量超过了 120000 兆瓦。2008 年美国的风电新增容量为 8500 兆瓦，一年里上升了 50%。

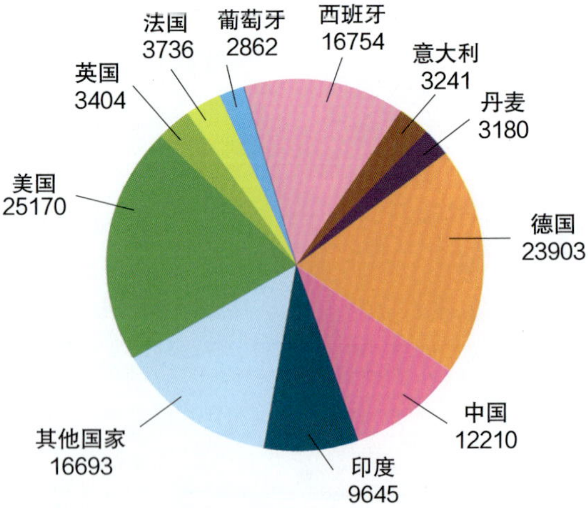

2008 年全球风电装机总容量（以兆瓦计）

来源：全球风能委员会

纽约州西部的威泽斯菲尔德风电场的技术工人在检查一座涡轮机的叶片。

丹麦的风能占总能源比重之高在全世界国家中独占鳌头，其电力的21%都是来自风车。（顺便提一下，丹麦第一座现代商业级的风车还是在第二次世界大战后由马歇尔计划资助建成的。）德国和西班牙电力的5%之多都来自风能，有些地区还远超该比例。

风力资源无处不在，这是风力成为全球最常见电力新来源的主要原因之一。目前，风电是除了地热外成本最低的可再生能源。就算其他的新能源，尤其是太阳光电的成本能够在将来的几年里迅速下降，风力发电也早已是一种成熟的、具有竞争力的技术，即使没有额外的突破。当世界的发展潮流是要征收碳税来凸显化石燃料发电的真实成本，风力作为世界主要电力源将持续迅速增长。

目前，大部分风车具有相似的外观：三扇大叶片架在一座高塔的顶端。典型的商业级风车的叶片长度在89~147英尺（27~45米）之间，支座塔的高度在147~344英尺（45~105米高）。最常见的涡轮机的发电量在1.5兆瓦，足以提供美国400家中等家庭全部所需电量。这些大型的风车通常几十上百地成片安装在具有规模效益的“风电场”上，这些风电场又同输电网和配电网相并网。

现代风力发电车的叶片的设计原理都类似于飞机

在威尔士的安格尔西岛，有好几处风电场，利用了当地持续的风力。

的机翼。叶片的表面曲线设计可以从叶片底部经过的微风加速。空气压力的变化为叶片的转动提供了强大的动力。叶片的转动带动驱动轴旋转，在驱动轴带动下，发电机开始发电，其原理与化石燃料发电、核能发电、集光式太阳能热力发电大致无二，不过后者利用蒸汽推动的涡轮机叶片要更大一些。

时间证明，更宽大的旋翼和更高的塔干能够提高效率。大型叶片公路运输的难度这个因素再加上别的原因，导致有人预言叶片长度已经处于极限或者已经接近这个极限。然而，过去很多关于叶片尺寸极限的此类预言并没有一个实现的。

由于塔座、叶片、涡轮机长途运输的成本，建发电风车来满足当地人电力需求的成本优势就显现出来了。发电风车的制造和安装在美国创造了数以万计的工作机会。比如，俄亥俄州贝德福德高地的卡迪内尔·法斯纳公司制造了金门大桥和自由女神像所需的巨大螺栓，预计公司的一半收入将来自制造新型风车大型螺栓的业务。

除了其他优势外，风电场还能升级规模：当市场需要更多电力时，只要多建风车即可。事实上，风车的建设安装最多只需要两个月。（其模块化设计使得安装很便捷。）比起那些需要 10 年甚至更长时间才能建设好的发电设备，风电场的吸引力更大。风电场的维修保养成本也比较低，经验证明风车能够使用很长时间。此外，风电技术和其他很多技术不一样，不需要用水，在干旱地区，这个优点的重要性越发突出。风电比其他可再生能源占用的土地也少，但却是地平线上最突出的事物。有人认为风车常常是地表一种让人流

风力发电机涡轮工作原理

高塔和装在水平转轴上的三片旋翼常见于大多数现代风电场。旋翼和发电机都安装在塔顶，电脑控制的马达将叶片与风向保持一致。叶片表面的曲线形增加了风的速率，降低了空气的密度。由此产生的低气压（与叶片底部的气压相比较）造成了空气动力学的提升力，拉动叶片，促使其旋转。叶片的旋转带动驱动轴，驱动轴又带动直接位于叶片后方的发电机。

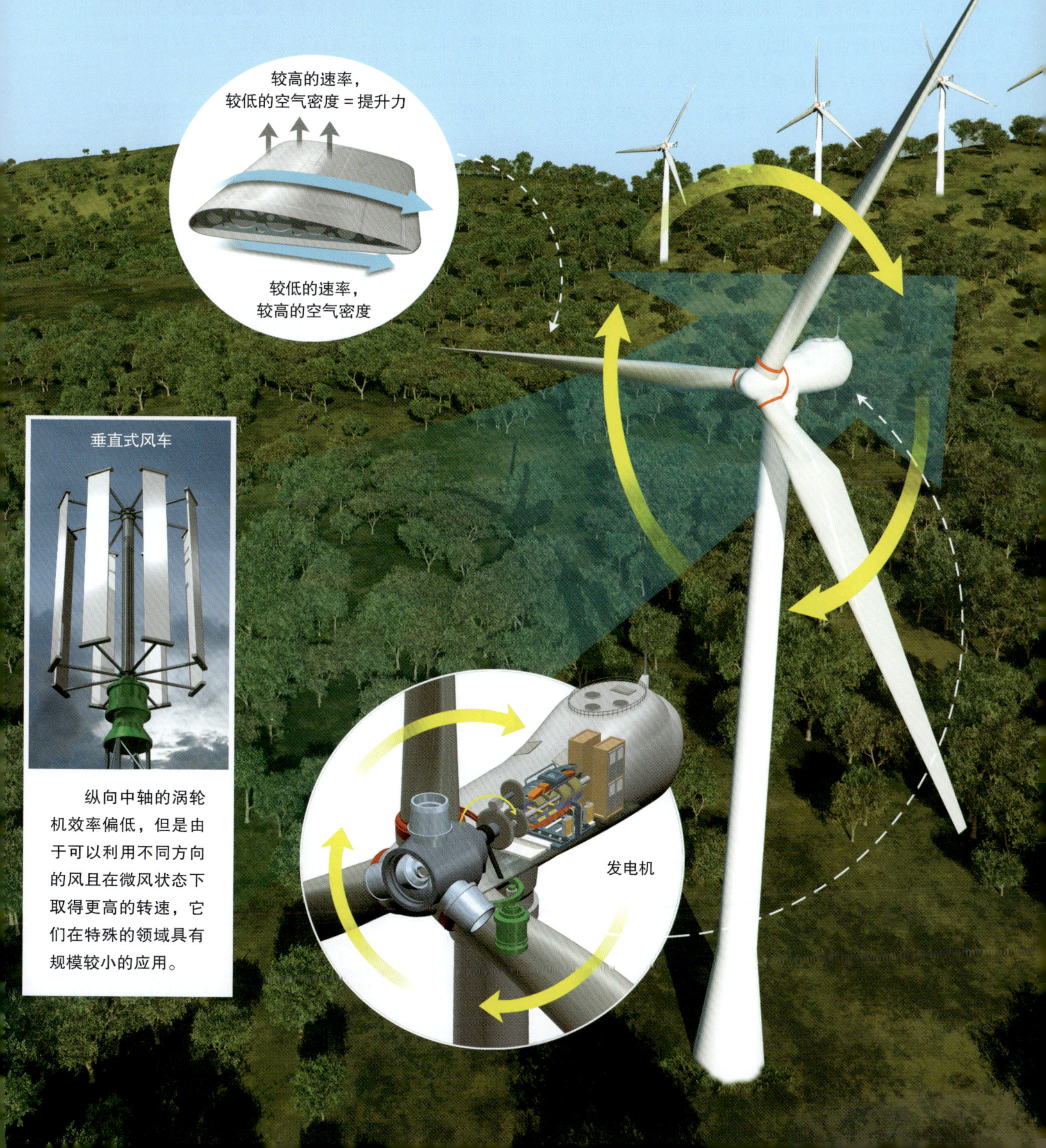

纵向中轴的涡轮机效率偏低，但是由于可以利用不同方向的风且在微风状态下取得更高的转速，它们在特殊的领域具有规模较小的应用。

连忘返的美丽点缀，但也有人不喜欢风车的外观，发起运动来抗议建设更多的风车，我个人属于前者行列。虽然如此，对风电的热忱不能压制对于风电场的确合法的抗议。例如，将一家大型风电场建在设得兰岛富碳泥炭沼泽地上的方案，看起来就抵消了这个具体方案减少二氧化碳排放的优点。

虽然大多数风车目前都建在陆地上，但是出于几个原因，对近海风力的利用增长很快。一方面，对近海风车的选址很少遭到反对。海洋上的风通常更强烈、更可预测、更有规律可言，因为海面平坦，没有障碍物。人们从大陆架上的近海石油钻探平台获得的经验为建设成本可控的海基风车平台提供了技能和信心。确实，一些风电企业相信很多石油钻井平台的选址用来建设风车的话也是有经济效益的。挪威国家石油海德鲁公司和德国西门子两家公司在 2008 年宣布他们已经开始在一个浮动的钻井平台上建设近海风车，这些风车可以建在海洋更深处，通过三条锚定缆绳固定在海底。

此外，将输电用电缆埋入海底将电力输送到海岸，成本相对较低，即使这些平台距离陆地有几十甚至几百英里远。丹麦、瑞典、英国、爱尔兰、荷兰、中国都开始将近海风力当作一种可再生、无污染的诱人电力资源加以开发利用。在美国，众多的项目都在建设阶段，但还没有哪一项开始投入使用。目前，世界上最大的近海风电场位于靠近英格兰斯凯格尼斯的北海上。Lynn and Inner Dowsing 海上风电场拥有 54 座巨大的风车，每一座的旋翼翼展都超过了 175 英尺长，涡

风车对鸟类有威胁吗?

因为有时鸟类会飞入转动的风车叶片而致死，一些新建风电场的选址引发了争议。

在美国，每年因风车而致死的鸟类总数，占通讯信号塔致死鸟类总数的 0.5%，因建筑物而死亡鸟类总数的 0.005%，因家猫而死亡鸟类总数的 0.03%。（从统计角度讲，这意味着每一只家猫每年杀死的鸟类和每一台风车致死的鸟类数量几乎一样多。）

此外，以化石燃料为原料的发电厂排放的二氧化碳是全球变暖的主要原因，根据研究，全世界 1/4 多的鸟类因此而灭绝。当然，能够改进风车的设计进一步避免鸟类因此死亡是好事，工程师们也正在为此而努力。

能够感知大群鸟类飞近而在必要情况下停止风车转动的传感器正在测试当中。

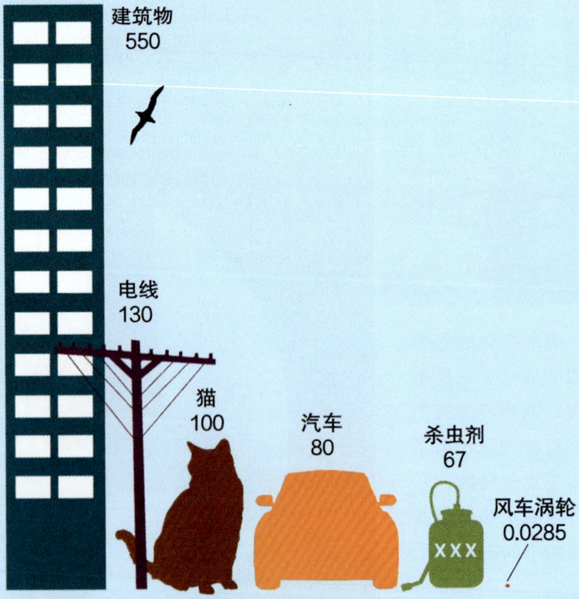

鸟类的死因（美国 / 每年 / 以百万计）

来源：华莱士·P·埃里克森等著，选自《南北美洲鸟类保护的执行情况综合研究》，2002 年

英国的很多风电发电设施都建设在近海上。这座 5 兆瓦的风力涡轮机矗立在苏格兰因沃内斯附近海域上。

轮机距离海面 265 英尺高。这些机器合在一起在发电高峰时能够产生大约 200 兆瓦的电力。英国还在外泰晤士河河口建设一家更大的、拥有 270 台涡轮机、发电量在 1000 兆瓦的近海风电场，在 2012 年建成时，它将成为世界上最大的近海风电场。2010 年上半年，丹麦开始将发电量在 209 兆瓦的风车群投入使用。Horns Rev 2 海上风电场有 91 台涡轮机位于丹麦以西 19~25 英里远的北海中。

自古以来，由于某些地区的风力的可预测性和可靠性，这种自然资源的利用久已有之。至少自 5000 年前风帆发明以来，风就一直被当作一种能源来利用。

大部分历史学家都认为风车是在 1 世纪由波斯人发明的。从那时起，这项技术传到了中国，后来又被返乡的十字军带到了欧洲。在荷兰和大不列颠这项技术得到了改进，被用来磨面、抽水、锯木等不一而足。在 17 世纪早期开始普遍利用地下煤炭资源之前，欧洲有成千上万的风车，中国的风车则多达 50 多万架。

由于煤的广泛利用，甚至当电力还没有作为能源被生产出来的时候，人们对风车的热情已经与日俱减。但是，在化石能源匮乏的地区，还保留着使用风车的习惯。20 世纪初，在没有同大型

位于加利福尼亚阿尔塔蒙特隘口的风电场初建于 20 世纪 70 年代，这些风车组成了美国最大的风电场之一。

发电厂通过输电线相连的乡村地区，风车被用来发电。

自从 1973 年和 1979 年中东石油禁运后，化石能源价格飙升，现代国家对于风车发电的兴趣由此肇始。由此导致的对替代性能源的研究迅速转向了风能。

许多国家都制定了新的能源政策，特别是美国。现在全世界使用的许多关键技术都是在吉米·卡特总统时期通过的激励性政策的结果。

早期几代发电风车都建立在改良的飞机螺旋桨基础上，噪声大，引起了周边居民的抗议。但是现代的设计已经消除了居民对噪声的抗议声。新型的高效涡轮机几乎不发出能听见的噪声。任何来自空气湍流的噪声都降到了抗议人寥寥无几的程度。

工程师重新设计了风车，大大提高了效率。通过使用新型的轻质材料、利用更合理的设计，他们能够建造堪为当代风车先驱的风车，一直在提高风车的效率。更大的叶片和涡轮机被置于更高的塔座上，这样就可以利用更高处的更强烈的风力。

卡特项目开始后的短短几年里，美国就用上了占全球总量 85%的风能。此外，各种各样的政策鼓励可再生能源的发展，这和油价上升的影响合在一起，导致了美国对进口石油依赖的大幅下降。

不幸的是，从吉米·卡特到罗纳尔德·里根的政权更迭导致可再生能源项目被削减了 80%，美国的新能源行业自此停滞不前。随着油价下跌，美国对外国石油的依赖再次快速增长。

这种历史的悲哀揭示了风能和太阳能所共同面对的挑战，必须制定具有创新性和一贯性的政策来矫正由于对石油、煤炭的补贴和扭曲的成本会计造成的那种虚假的优势。凡是在风能上取得威廉·卡姆卡佤姆巴从他父亲的破旧自行车上拆下来一副架子，将一根生锈的减震器当作转轴，一台吸尘器的风扇当作转子，一根融化了的浴室用PVC旧管子当作叶片。他从镇子的垃圾堆里翻捡滚珠轴承，最终从一架花生研磨机里面找到了这一珍贵的部件。一根钉子装在螺丝刀的手柄里就成了钻子，自行车的辐条被改制凑合使用的螺丝起子，这样，他就把这些零碎变成了一架风车，摇摇晃晃地架在由蓝胶木树枝搭成的梯子顶部。风车建成时，风吹起来了，风车叶片随即旋转起来，这位年方14的马拉维少年手里的电灯泡开始熠熠生辉。

由于家人无法再支付他的学费，威廉不得不从中学辍学。那个时候他一家人刚刚从马拉维最严重的一次饥荒中死里逃生。为自己学业早早中断伤心之余，威廉从朋友那里借来笔记自学：历史、英语、地理，还有物理。一天当他在图书馆啃读英语教科书《通俗物理》时，发明家的激情充满了他的自学过程。威廉的父亲有一个朋友，他有一辆带发电机的自行车，在骑行的时候与此相连的车灯就会亮起来。威廉只有一个基本概念，即线圈在磁场内机械旋转能够产生电流；他也知道，有了电的话，他的家乡汶布，这个有60户人家的地方上的人，就能过上更好的日子。凭着前一个基本概念和后一个认知，他开始依照这本书上的插图自学电气工程学的基本知识。

另外一本图书馆的藏书里面有风车的照片，这促使他开始动手建风车。“在马拉维我们有足够的风力，”他说道。“我认为也许我可以建一架风车，这样我家就有电用了。”在点亮了电灯初次成功后，威廉开始着手提高他所造机器的功率，他为这架风车增加了一个用来储存电力的汽车电池，一个用钉子和喇叭磁铁做的断路器，还有手工制作的电灯开关。他给自己家的每个房间里都装上了灯泡，屋外面也装了两个，后来又在屋顶装上了太阳能电池板来提供辅助电力。现在，汶布的每一户家庭都用上了太阳能电池板和用来储存电能的电池。

威廉·卡姆卡佤姆巴站在一架他自己建造的风车上，他用在马拉维的村庄里捡到的部件制造了这架风车。

威廉的目标不仅限于照明。正常的年份，马拉维2/3的家庭连玉米也无法自给自足。2001和2002两年，这个容易受干旱之苦的国家每年都会有人挨饿的月份延长成了一场饥荒，受灾人口1100万。威廉新造的几架风车，目的就是为了不让村里人挨饿。一架风车用来抽水灌溉他家的菜园，另外一架设在村子公用水井处的太阳能动力水泵则用来抽水灌满水箱，为整个汶布的人供水。

在建了第一架风车几年之后的2003年，威廉已经成了非洲草根创新的象征。通过他写的书（《御风男孩》）、博客（williamkamkwamba.typepad.com）以及出席世界各地的会议，他向世人传递了一个信息，即人类还有希望，能通过清洁能源发挥潜能。现在他已经回到了学校，在约翰内斯堡的非洲领导力学校学习，他希望有一天能够建立一家公司，为非洲建造风车。“人们需要技术，但是离开了电，技术就没有用。”他说。“我打算提供可靠的电力。”

了最迅速增长的国家都是那些制定了一以贯之的长期政策的国家，这些政策的制定目的就是为了增加对可再生能源的市场需求、刺激制造和生产。

克林顿 – 戈尔政府再次激发了对风能的需求（以及太阳能和其他可再生资源），但是 1994 年的选举中美国国会权力易手，导致资金资助再次中断。有几次，针对风能早期的扩张起到帮助作用的减税政策到期失效了。还有几次，该政策在更新后又保持了只有两年的有效期，这就对风电的扩张所需的资金投入起到了遏制作用。所产生的直接后果就是美国失去了早期的风能领先地位。就算美国的风车比其他国家更多，一半的风车目前也是购买自外国制造商。更重要的是，世界前 10 家风能技术公司中只有通用电气是美国企业。

幸运的是，在连续性的联邦政策缺位的情况下，几个州包括早期的几个领跑者得克萨斯和加利福尼亚，填补了政策的真空，它们制定州政策来鼓励这个重要行业的发展。得克萨斯，很多人都把它同石油能源联系在一起，但实际上得克萨斯却是已安装风电设施的领跑者，在数量上是其他任何州的两倍多。衣阿华州和加利福尼亚州各自排在第二和第三位。明尼苏达位居第五，风电在其全部电力中的比例是美国所有州中最高的，

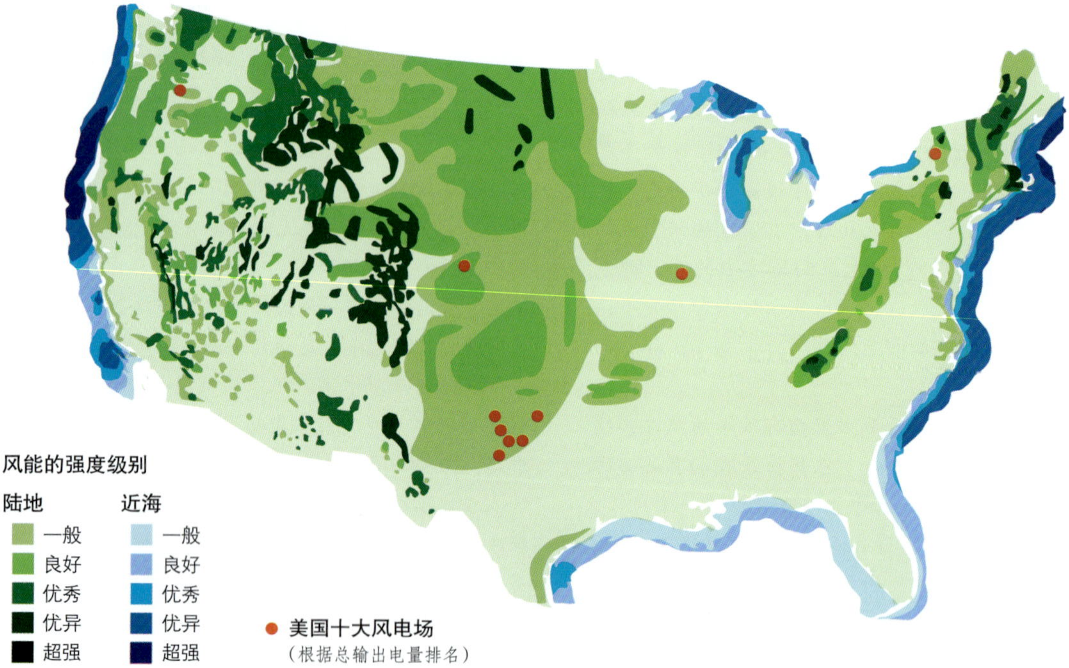

美国的风力资源

水电、地热、太阳能的效用大小根据地理变化而有所不同，人类能够控制并利用的风能的量也依赖于当地的状况。深绿色和蓝色的区域表明该地区风速较高，完全可以加以预测并用于持续发电。然而，除非美国建起一个超级电网，否则很多这样的地区将因为离电力输送网络太远而无法利用风能。

来源：美国风能协会；美国国家可再生能源实验室

衣阿华屈居第二。

美国有 2/3 的州已安装的风电设施的功率都超过 100 兆瓦（足以为 3 万户家庭供电），而且每天还有新的风车在建设中。世界上最大的海岸风电场位于得克萨斯的达拉斯以西地区。骏马谷风能中心（属佛罗里达电力照明公司所有）拥有 421 座巨大的涡轮，发电高峰时的输出功率为 735 兆瓦。还有更大的风电场正在建设中。明尼苏达、衣阿华和科罗拉多这 3 个州超过 5%的电力都来自于风车。

风能和太阳能双管齐下，只要系统就位，燃料就可以免费使用。但是，风能面临的种种限制在很多方面正类似于太阳能利用所面临的限制。只有当足够的风能转动风车的旋翼时才能产生电力。假如风停了，风车也就不会再发电。

不持续性问题对于风电和太阳光电而言，是一个特殊的问题，因为在这两个发电过程中，产生的只有电能，没有热能。电能和热能不一样，它很难有效地储存。随着全国智能电网一体化，以及插电式电油混合动力汽车（PHEVs）的广泛使用，这种状况会有所改观，这是因为大量的 PHEVs 能够作为一个大面积分散的、高效的电池来使用。

限制风电的另外一个因素也限制了太阳电，尤其是集热式太阳能热力发电厂生产的太阳电。风电和太阳电最充沛的来源通常都远离人口集中的地方。所以，新的高科技、远距离输电网对于资源利用最大化就必不可少。

目前电网的设计模式很难整合超过总电量 20%以上的间歇性电力资源。但是分布更广的智能电网能够超越这个比例。此外，由于可以预测风停止的时间，没有计划到的电力储运损耗的风险就降低了。风电场的运营者就能够降低由于无风而造成的影响。当几家风电场利用同一输电网时，某家风电场的不足电力可以从别的风电场那里得到补偿。

人们对于能够为家庭、农场和牧场供电的小型风车的兴趣越来越浓。在美国，适合安装小型风车的家庭估计有 1300 万户。实际上，所有这些家庭都住在乡村，因为城市里的风不适合发电。

在这方面，风力和光伏太阳能电池一样，被称作“能量分散”的方式对其具有适用性，这种方式可以大量减少家庭需要从电力公司购买的电量。但是，由于每一架风车都必须有自己的涡轮机，而且风车越小其生产的每一度电的成本就越高，所以小型风车的价格依然会比家用规格的太阳能光伏电池高，特别是当光伏电的成本在迅速下降这种情况下。

标准的小风车，从 35 英尺到 140 英尺适用于大家庭规格的，在 6~30 年的期限里产生的发电效益可以收回安装成本。如果安装后继续提高效率并减少成本，那么还可以进一步缩短回收成本所需要的时间。然而，再生能源专家提醒说经验表明针对居民用电的各种再生能源发电设备，成本回收的期限只有短短几年而已，在这之后消费者就会普遍对此感兴趣。当然，公共电力设施部门提供的电力成本增加时，反过来也会缩短小型风车发电的成本回收期，推动这种发电设备的普及。

眼下，美国每年都要新增 10 万座小型发电风车，而且这个数目还在迅速上升。一些专家认为通过优化小型发电风车，在合适的地区针对低风速的发电效率还可以显著扩大小型风车的应用市场。

我们的能源
OUR SOURCES OF ENERGY

第五章

汲取地热

冰岛的这座蓝色温泉浴池的热水来自于附近的一家地热能发电厂。

地热有可能是美国以及世界各地最大的能源，目前也是最受误解的能源。与来自太阳的太阳能不同，地热能来自地球的深处。

和太阳能和风能一样，假如能够被合理利用的话，地热能可以与煤、石油和天然气加在一起产生的能量相匹敌。确实，地热的蕴涵能量用美国能源部长史蒂文·楚的话来说，“实际上取之不竭。”可是，连再生能源的积极提倡者在连篇累牍地讲“风能和太阳能”时，也不提及地热这一最具有发展潜力的能源，这很常见。

人类可以利用的地热资源常常被低估，主要是由于地热作为发电的资源许久以来都同少数地方地表冒着泡或者喷涌的热水联系在一起。在某些这样的地方，热能利用系统接入地下蒸汽或者热水库，用来驱动涡轮机发电。因为我们对于地热发电有了这样一种“水热能”的第一印象，很多人依然蒙受其累，以为地热能就是这么一回事。

在这个方面，除了一些专家，普通人对于地热能的观点同人们很久以前对于煤和石油的认识是一样的，那时候煤和石油的来源仅限于暴露在地表的那些。在 17 世纪第一次开采地下煤矿和 1859 年第一口油井开钻之前，对煤和石油略知一二的人都把它们当做是数量有限的新奇事物，只是在那些能看到它们的地方才有其用处。

地球的地热资源分布区

如环太平洋的“火环”所示，地壳最热的地方就是板块交界处。全球还有数十个由火山活动、地幔熔岩地柱和其他地质事件形成的小型地热点。

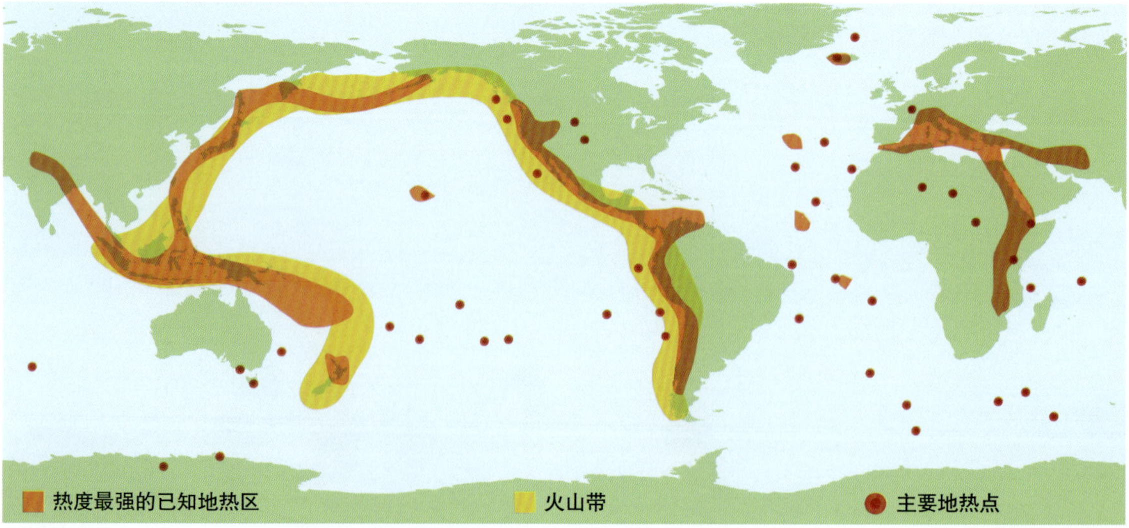

来源:国家海洋大气署;乔纳森·T·海格斯拉姆,《地球和板块科学》第 236 页,2005 年

地热点的起源

新的发现强烈暗示，体积较大的小行星同地球在海洋处碰撞，结果正好在一百八十度的地球另外一头形成了热点，地球上至少一半的主要地热点都是这样产生的。如果你以黄石公园为起点画一条直线，通过地核到达地球的另外一头，你会发现那里正好是离南极洲 1300 英里远、距离非洲东南 2600 英里远的凯尔盖伦群岛。有证据表明，一颗小行星曾经在南大洋同地球碰撞，在海底留下了一个热点，冲击波在此处穿过地球，又在地球内部由岩石构成的地幔那里反射出去，然后重新在地球的另外一头汇聚成一点。过去 1500 万年左右里，由于大陆漂移，这个热点又迁移到了恰好黄石公园现在所处的位置。在同一段时间里，小行星碰撞处海底的火山活动形成了凯尔盖伦群岛。

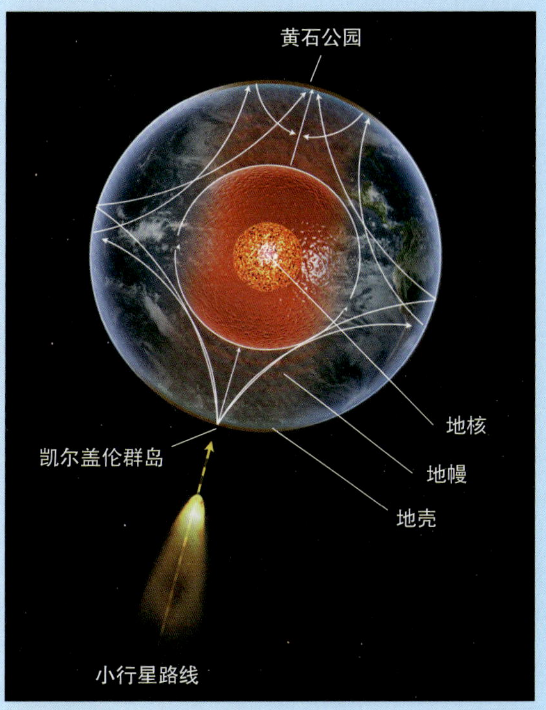

统计学家分析了这类热点的对跖现象，他们有 99%的把握证明至少有一半黄石公园那种类型的热点都同地球对面的海底热点有关联，而那些海底的热点又有证据表明是由来自太空的“大型物体撞击”造成的。根据这种理论，古代小行星对大陆的撞击并没有对地球的另外一侧造成同样的效果，这是因为陆地的物质缓冲并且屏蔽了冲击波，防止了冲击波如同海洋受到撞击时那样传播。这个解释热点现象的新理论获得承认不久，看起来有点匪夷所思，对此心存怀疑的人，有必要想想大陆板块漂移理论的例子，因为这个理论直到 20 世纪 60 年代才获得科学界的广泛认同。

然而，当工程师开发出新的采矿和钻探技术来搜索、利用地下的煤和石油储量时，他们开始发现了巨大的储量，这些资源很快就成为之后 150 年内的主要能源。

同样，我们长久以来对地热资源储量的估计，只是使用更先进技术钻入地球深处后所能利用的巨大储量的极其微小的一部分而已。

全球的地热资源基地所储备的地热能非常之巨大。更据联合国全球能源评估报告，地热资源约为全球每年主要能源消耗量的 28 万倍。根据另外两位专家，布鲁斯·格林和杰拉德·尼克斯的说法，光美国的“国内地热资源在地表之下 3 千米（1.86 英里）深处的储量估计就达到了 300 万夸德（quad，能量单位，1quad=10^{15}BTU）。按照美国现在每年能源利用量来算，这些储量够用 3 万年”。麻省理工学院在 2006 年对地热能做了一次重要的估算，估计美国“技术上可利用的”地热资源“约为美国主要能源年消耗量的 2000 倍”。因此，假设随着时间推移地热利用技术得到改进，地热可以为美国提供主要能源的一个重

黄石国家公园的老忠实间歇泉就是地热能量令人敬畏的象征。

要部分，以可持续的方式用于发电，为建筑物制热或者制冷。

此外，地热能比起其他任何一种能源具有无数的优点。和煤、石油、天然气不同，地热能实际上并不排放二氧化碳。地热发电厂由模块组成，并且可以升级，对地表的环境“足迹”影响是最小的。和太阳能一样，地热在地球上无处不在：发展中国家也好，发达国家也好，地底下都蕴藏着地热能。但是地热能又和太阳能和风能不一样，它没有不持续问题，在一个地方建好后，地热发电厂就可以 24 小时源源不断供电。

地热资源传统上最容易辨认的地质构造有两种。第一种，地质板块相互挤压的交界处，那里地表下的温度是最高的，活火山常位于此处。也许最有名的例子就是沿太平洋的所谓“火环”，这条火山带从新西兰东海岸向北延伸到萨摩亚，然后向西穿越巴布亚、新几内亚和印度尼西亚，向北穿过菲律宾、中国台湾，沿日本向东穿过阿留申群岛，向南沿着美洲的西海岸延伸，止于南美，形成了一个半封闭的边界。

还有一种地热源同板块构造的边界没有关系，它是地幔深处熔岩的热量自然流向地表的结果。冒泡的温泉和著名的间歇泉（比如黄石国家公园的老忠实间歇泉）就是这第二种地质现象的产物。科学家们已经确定了大约 45 个主要热点在地表的位置。至于这些热点是怎么形成的，还不是很清楚，但是科学逐渐发现大部分热点引人入胜的原理。（参加 69 页“地热点的起源”）

常规地热能利用还停留在地热发电的初级形式，1904 年，意大利的拉岱洛开始用地热发电，这个发电厂在第一次世界大战和第二次世界大战中一度中断。即便今日，拉岱洛发电场的额定功率也约在 400 兆瓦。如今，常规水热的钻探技术已经成熟，水热电的成本通常与其他来源的电力成本不相上下。因此，水热电的生产通常遵循规模效益，世界各地的发达国家或者发展中国家都不断开发新的选址。目前，全球利用地热能发电的总功率大约为 1 万兆瓦。

例如，加利福尼亚北部海滨地区（从金门大桥到俄勒冈边界线）的平均电力的 60%来自温泉

位于加利福尼亚北部的 22 家利用间歇泉的地热能发电厂组成了世界上最大的地热能发电基地。

蒸汽驱动的涡轮发电机，这个温泉位于旧金山北部名为盖泽斯（英语中为“间歇泉”的意思，译者注）的地方。盖泽斯在 1987 年的高峰功率超过了 2000 兆瓦，但是现在只有那时的一半。盖泽斯地热发电厂实际上由 22 个不同的厂址合在一起组成，它们构成了世界上最大的地热发电厂，但是印度尼西亚苏门答腊北部的塞汝拉正在筹建的水热发电厂一旦建成，将令盖泽斯的任何一家发电厂相形见绌。

最理想的水热发电厂的选址拥有天然地下水源、高温度、水流可以渗透其间并吸取热量的岩石。地热能可以转化成蒸汽或者高温热水而得以利用。然而，这些选址要求在岩石的相对浅层处存在大量天然热水，岩石也必须多孔、具有透水性。由于在这个过程中一些水会有所损耗，所以常常必须加入额外的水来维持该地热产地的原始产量。现在加利福尼亚北部的盖泽斯就是采用的这种方法。

传统的水热发电厂的设计方案有 3 种。蒸汽可以直接通过涡轮机而被抽出来，然后压缩成水用于热循环。可以对高温热水进行减压，让其“闪”回成蒸汽。热水也可以通过一台热交换器，将热量传递给另外一种导热液体（比如二甲基丁烷，沸点压力较高），产生蒸汽来推动涡轮机。由于各种地热资源比较容易以各种温度的热水而非“干蒸汽”为载体，这 3 种方案的最后一种被认为最具有应用潜力，特别是对于温度在 400 华氏度以下的地热资源而言。

地球有的地方深处蕴藏着巨大热量，但是却没有水热法地热发电所需要的条件，比如说，很多这样的地方并没有水。利用新技术，使开采此种地理环境下的地热能成为可能，是人们对于地热发电的新兴趣之所在，这种兴趣正在持续增温。

从这样的非水热的新资源处汲取能量的愿望促进了新技术的产生。这种地热发电新技术被称为增强型（或者叫改进型）地热发电法（EGS）。利用新技术，将 20 世纪部分由于石油和天然气开采狂热而留下的钻井和蓄水池的余热发挥出来，来模仿水热发电系统的性能，地质学家和工程师相信他们已经找到了从地壳之下几英里深处汲取巨量地热能的方法。

增强式地热系统的原理

新一代地热能发电工厂中，钻井深达几英里，直达地表下的热而干燥（通常情况下）的岩石。增压的水被泵入这些钻井，通过使岩石的裂缝崩开让加入的水在其中自由流动而“增强”了该位置的地热利用率。被加热后的水又被回抽到地表，在地面被转换成蒸汽来驱动涡轮机发电。

冰岛的地热能利用很普遍。这座温室利用了地热来保温并用来自一家地热发电厂的电力照明。

地质学家们不再寻找传统的水热能，转而寻找热而干燥的岩石，或者低孔、低透水性的含很少量水或者盐水的热岩石。这类岩石的温度在300~400 华氏度（150~200 摄氏度），并且离地表很近，钻探的成本较低。将高压的水泵入这些岩石，崩裂了岩石上原有的缝隙，水就在透水的岩石缝中流动。为了采集能量，水从地表通过注水井进入岩石的断层，然后从生产井中以蒸汽或者高温热水的形式回到地表。蒸汽和热水都能够推动涡轮发电机。这种“水力破碎法和刺激”技术一直在开发油田和天然气田中使用。

当注入的水沿着断层新裂开的缝隙流动时，蒸汽（或是超高温的液体）被从离注入井有一段距离远的第二口井，即“生产井”中被抽出来。在这个过程中，从裂缝区采集热量的方式与常规的水热法中的采集方式基本一致。基本上，这个过程就是将“水”加到“热”中去，然后不断地让水循环，为一崭新高效的地热发电系统提供能量。

在一些地方，尤其是美国的西部，人们现在正特别关注如何减少增强型地热发电过程中的水耗。基于对几处早期增强型地热发电热田的测量发现，5%左右的水都是在渗透过程（用来裂开岩石）中损耗的，但是行业的目标是将水损耗减少到低于 1%。有一些热田的负责人说可以将水损耗减为零。

具有讽刺意味的是，现在有一种在增强型地热发电法中被列为考虑对象的替代性液体是极具争议的二氧化碳。液态的二氧化碳，兼有高密度液态的流动特征和低密度气态的黏滞性，这使其较水具有更强的导热性，在改良型地热发电田中能够更有效地将热岩石中的热量传导到地面上来。部分循环中的二氧化碳会被“隔离”在岩层中，但在全面捕捉二氧化碳并加以隔离的背景下，这少量的二氧化碳对全球能造成的影响微乎其微，即使考虑到增强型地热发电规模膨胀的话。更重要的是，改良型地热发电厂生产的电能和热能可以替代现有的煤、石油、天然气发电，从而直接消除这些资源在地球上留下的碳足迹。

地壳中的非自然透水性岩石中贮存着地球上最丰富的地热资源。增强型地热发电法所面临的主要挑战就是如何以人工方式创造出恰到好处的透水性来供注入的水以一种平顺、持续的方式导热所用。增强型地热发电项目需要确保热田内部有良好的连通性，使每一口热井的采热量能最大化，同时还要避免在采热过程中由于冷却太快而缩短热田的寿命。

正如增强型石油开采和二氧化碳捕捉及封存存在风险，将加压的水注入地表深处的岩层在某种条件下会产生微弱地震，所以作为生产工艺的一部分，微弱地震必须纳入风险评估。应该避免在那些有可能发生大型地质断层或者危险地震的地震高风险区域建热田，但是其他地理位置的风

美国的地热资源

增强型地热发电法（EGS）将美国的大部分地区都变成了潜在的能源产地。下面的地图标明了地球上温度超过 300 华氏度（科学家认为该温度是增强型地热发电法成本效益的门槛）的地点和地质深度。

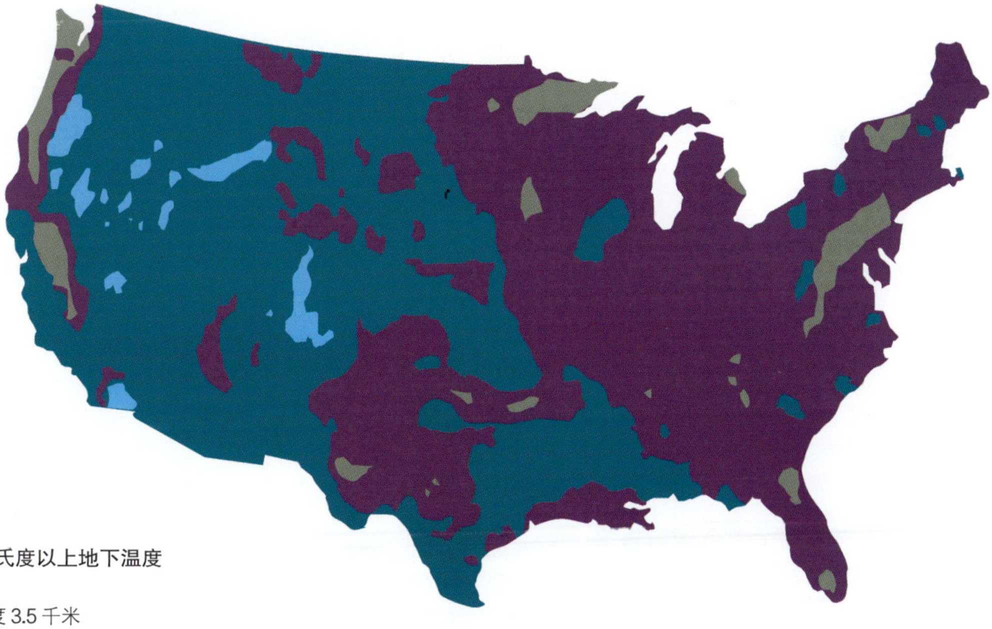

300 华氏度以上地下温度

- 深度 3.5 千米
- 深度 6.5 千米
- 深度 10 千米
- 温度过低不符合 EGS 发电要求

来源：麻省理工学院，《地热能的前景》，2006 年

在南澳大利亚的库珀盆地工程现场，工人正准备用钻井钻入地下将近 3 英里深处将地热抽出来。

险又是可以评估并且控制的。例如，假如地震监测仪接收到任何地震活动增强的信号的话，可以通过减少地表下压力的方式来减少风险。在各种情况下，特定地区地震风险评估是任何地热项目不可分割的部分，其目的在于估计更大的诱发事件的可能性。瑞士一家公司在过去几年里采取的此类预防措施存在不足，在瑞士巴塞尔已知存在地质断层区域钻探至地下 3 英里深处，结果在往地下注入加压水的时候引发了 3.4 级的地震（震级依然算很小）。在这起事故中，可以听到冲击波的声音，伴随着几乎无法测到的地面震动，导致该工程最终流产。很明显，我们可以从这起不幸的事故中吸取经验教训，使用新科技必然伴随着一定程度的风险，必须预见到这些风险并对其加以管理，有了这种恰当的背景认知，经验教训才有其意义。

在 1973 年的石油禁运之后不久，美国和其他几个国家开始积极寻找其他替代性能源，属于美国政府管理的洛斯阿拉莫斯实验室，在新墨西哥的芬顿山启动了首次增强型地热发电实验。自那以后，国际性研发的进展不断促使该技术走向成熟，最后大部分专家都坚信该技术将成为一种主要的无污染基底负载（发电量恒定的意思，译者注）电能的新来源。

地球内部

科学家们认为地核的主要成分是铁元素，那里的温度可以同太阳的表面温度相比。地壳各处都不断地吸收以对流和传导方式来自白热化地核的热量。

地球超热的固态铁核直径为 1500 英里，大约是月球体积的 70%。科学家并不知道地核的确切温度，但是估计在 7800~12600 华氏度之间。（其实科学家从现有的实验证据中无法推知地核是由固态铁组成；他们是从穿透地核的震波的特征来推断的）包围地核内层的是熔化的金属外层（主要成分是铁），温度估计在 6700~7800 华氏度之间。这一外层的厚度将近 1400 英里，所以，内外两层直径之和将近 4300 英里，正好是火星的大小。

再往外的一层球形外壳厚度为 1800 英里，被称为地幔，从地表下算起，厚度在 60~125 英里之间。地幔内层的温度为 6700 华氏度，外层为 1800 华氏度。最外面的相对较薄的表层就是地壳，厚度在从海底的 2 英里不到至山脉底部的 60 多英里的范围之内。大陆地下地壳的平均厚度不到 20 英里。除了从地幔以对流和传导形式到达地壳的热量外，地壳本身所含有的大量铀、钍、钾以及其他反射性元素在衰变过程中也会自然释放出热量，这是地壳自身的独立热源。用放置在热井里面的温度计来测量的地表岩石的温度，科学家发现在几百英尺深度之上，温度随着深度的加大持续上升。实际上，地壳 6 英里厚的外层所含的热量估计是世界上所有石油、天然气储备所含能量的 50000 倍。

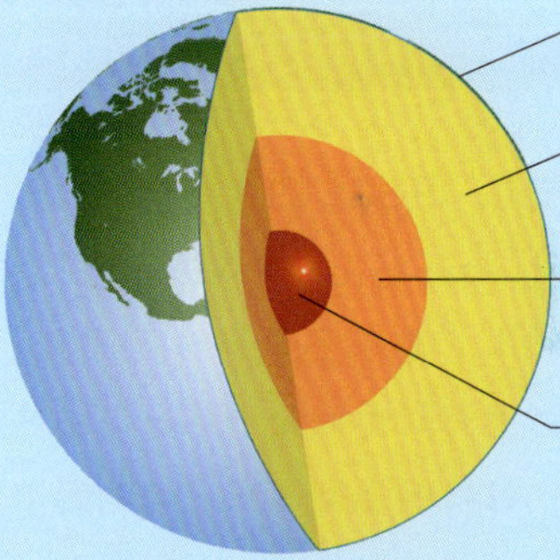

新西兰瓦伊莱凯（Wairekei）发电站是世界上第一家地热发电站。目前功率为 181 兆瓦。

增强型地热发电法（EGS）的主要前期投入是钻井的成本投资。要开凿出一个深达 3 千米（10000 英尺）的钻井，成本至少 500 万美元，投资者继续投资的意愿有时也取决于第一口钻井是否有成功的迹象。目前增强型地热发电的经济状况凸显了探寻 3~6 千米深处的热岩石所具有的价值。资金的限制促使公司在高温度梯度区开钻，这样的区域更具有发热潜力，风险更小，开钻成本更低。

当钻头、钻探技术、包管和相关技术的改进使人们可以更经济地钻探至大于 6 千米的深度时，地热资源还可以再次大量增加，这将有助于减轻地热行业的经济压力，使在更多的地方利用地热变得愈发简便易行。

虽然增强型地热发电法的基本原理已经在几次热田实验中得到了展示，也引起了熟悉地热能潜力的能源专家的巨大兴趣，但是对地热储量进行商业级的测量还是一个巨大的障碍，在私人投资者能够接受较大的投资风险之前，必须跨越这个障碍。石油开采业，也经历过类似的阶段，每有一人打出一口喷油的井，就有好多打井人破产。但是在政府能源研发预算的背景下，全面开发这种神奇的技术所需要的钱却微不足道。由于对地热能潜力的广泛误解，必要的研发资金常遭削减，结果减慢了地热这种潜力无限的能源的开发速度。最近，布什－切尼政府将地热能源预算削减为零，并不再延长到期的生产税抵减法案（PTC），而这个法案是私人投资新能源的驱动力。

日本别府，汲取地热直接用于房屋供暖或者发电。

地热发电的发展缺乏连贯的、资金投入充裕的联邦计划，这又反过来加强了地热发电技术前景并不乐观的普遍印象。否则，我们一定会支持地热发电。这真令人悲哀，因为好几年了，研究资源数据异常丰富，能源专家一直强调美国迄今还不全力开发地热能是一个严重的错误。

现在专家在寻求两个方面的进展，一方面是钻探技术，另一方面是如何定位最佳热岩石资源、如何优化地热田利用率，还有如何提高能量转换效率。

但是麻省理工学院对增强型地热发电的重要研究得出了结论，“必须强调一点，虽然技术还需要突破，但是限制将增强型地热发电作为一种国内能源利用方式来推广的已知技术、经济障碍并非无法逾越”。

自 2008 年起，美国才姗姗来迟地更新了研发资金和地热税抵减方案，地热开发的其他障碍也正在消失。这促使美国建设了更多的水热发电厂和增强型地热发电厂。例如，内华达的匹克沙漠正在建设一座小型的增强型地热发电展示项目。建成后，现存的这座 11 兆瓦功率的水热发电设施将成为 50 兆瓦功率的增强型地热发电设施。采用国家可再生能源配额制对于地热能开发也极为有利，针对公共事业中利用更多的低污染可再生资源，该政策制定了有力的强制性规定。

科学家和工程师正在研究更具有成本效益的方法来从温度较低的热岩石地质层中汲取地热。由于此类热岩石存在于地表不同深度处，因而资源储量非常丰富。假如科学家能成功，地热资源的利用规模将极度扩大。事实上，如果增强型地热发电技术能将开采深度延至地下 6 千米，全美国都可以建设地热发电厂（参见“美国的地热资源”，第 75 页）。确实，温度略低的热岩石（温度在略低于 176~248 华氏度之间，即 80~120 摄氏度）能够提供直接用于房屋供暖的地热，而无需蒙受热电转换的能量损失。美国 100 年前就在爱达荷州的博伊西建设了第一座地区性地热供暖设施。直到今日，这座首府城市的国会大厦以及众多的其他建筑物依然在使用地热水供暖。在俄勒冈的克拉马斯瀑布区，一个世纪以来都在用来自地热井的热量来供室内加温。同样，在 20 世纪 70 年代由于石油价格飙升，冰岛转而开发国内能源；现在，事实上全国的所有建筑物都利用靠近地质活跃区地表的热水资源供暖。

虽然美国在这样的转型时期还在沉睡中，其他国家早已奋起探索增强型地热发电法。欧盟正在靠近德国边境的法国索尔斯 – 索斯 – 福莱斯建设一家增强型地热发电厂。德国、瑞士、英国、捷克和斯洛伐克共和国等国家也在建设增强型地热发电厂。澳大利亚政府政策也支持地热发电，7 家上市公司正在积极寻求、培育增强型地热发电的机遇。

菲律宾、萨尔瓦多、哥斯达黎加最近电力的 15%都是来自于地热发电。肯尼亚和冰岛也达到了这个标准，它们都位于不同的地质活跃区。新西兰、印度尼西亚、尼加拉瓜还有加勒比海的瓜德罗普岛地热发电量占发电总量的比例都在 5%~10%之间。

地热发电行业还有两种能源输出形式正在开发利用当中。一种是来自油气井的“副产品”热水，将其转变成其他形式能源是有利用价值的。在很多情况下，油气井的热水所带热量被简单地废弃不用，但是现在地热工程师在新式热交换机以及其地热水转变成电能的技术方面取得的进展为油气开发商利用钻井这一免费电能来源铺设了前景。

其次，高压的地下热水田有时候含有溶解的甲烷，这些甲烷可以和热水一起得到利用，而非直接排入大气。在美国，墨西哥湾、阿帕拉契亚山区、西海岸都有高浓缩的甲烷资源。

最后，地热能还有一种不同寻常的存在方式：地热热泵，有时又称地源热泵。即使这是地热能最弱的形式，它也是最容易利用的形式，就美国而论，即可以提供估计 1000 吉瓦（1 吉瓦为 10 亿瓦特）的能量，这足以提供等于美国年度用电量的 1/3 强的能量。

地源热泵适应区域分布广泛，经济实用，可以大大降低房屋制冷制热的成本。增强型地热发电依赖油气田钻井科技，而地源热泵只需要用到到处可见的普通打水井的技术。任何地方地下几十到数百英尺处的温度平均就有将近 59 华氏度（15 摄氏度）。

说得更进一步，这个深处的温度等于该地地表的年平均气温。使水流或者抗冻液流经地源热泵的封闭圈，或者先流到地热井底部，然后再抽到地表，通过这种方式来使用地热（冬季）或者储存地热（夏季）。这种地源热泵使用传统的制冷蒸汽压缩部件，其热转换效率是空气热泵的 4 倍，可以减少用电量。

在温带的大部分地区，将温度从 59 华氏度提高至 70 华氏度相对将正常的室外温度提高至 70 华氏度要简单得多。在夏季，这个过程又反了过来，地源热泵的底部就成了散热器，将凉快的空气抬升上来冷却室内。同样，用现成的 59 华氏度的冷却液来冷却室内也要容易得多。

地源热泵常常同传统的家用供暖、空调设备一起使用。购买并使用地源热泵可以享受 6 种联邦减税（以及一些州税收优惠）。

目前，地源热泵的主要缺点是安装成本。由于大部分建筑商和地产开发商在将房屋出售或者出租给第一个顾客之后对于房子每年的运营成本关注较少，他们就不大可能哪怕是追加很少的投资，而这样的投资本又可以从那些拥有或者使用该房屋的人以及支付该房屋空调费用的人那里得到回报（参见第十五章）。

地源热泵的经济性常可以帮助用户节约 60% 的空调费用，这使其在美国各地都具有经济吸引力，特别是对于那些新盖的房屋。改造老房子通常会有一笔更大的开销，但是算经济账还是合理的。

家用地热供暖和制冷

几年前，我的妻子和我决定要安装一种新的地热设施，即“地源”热泵系统来为我们家供暖、制冷、提供热水。这种产品有好几种类型：有的是利用水的开放式或者闭合式环路；有的使用制冷剂；有的使用深水井。有更新的类型，叫做直接交换系统（DX）。这种系统直接在大地和制冷剂之间交换热量，并不需要用到水泵，所以效率更高，更适用于面积不大的土地。当地一家公司在我们家安装的 DX 系统，用的是一种无害的制冷剂，铜制循环管埋设在地底下。整个系统安装在深达 300 英尺的地下，地孔就打在车道上。

在地底下，地球中自发生成的热量被转移到了铜管里面的制冷剂中。制冷剂（在地下管道内以蒸汽形式存在）之后在地下室内通过热交换机来压缩。压缩后制冷剂的压力和温度都升高了。在冬天，内部的冷空气吸收热量，加热房屋。夏天，这个过程反了过来，来自房屋内部的热量被制冷剂吸收，在地下管道内循环，散发在较为凉快的地下。

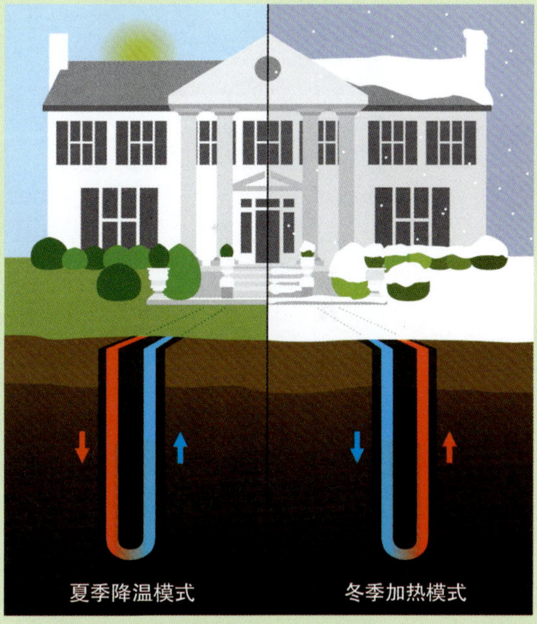

冬季，地下的热量被传送到室内；夏季，室内的热量又被转移到地下。

地热系统无需化石能源就提供了空调功能。除此之外还有别的益处。首先，减少峰时用电有助于降低电费开销并且最终降低用户电费。其次，整个系统静音运行，不会发出夏季时空调室外机的嗡嗡噪声。最后，室内的空气令人舒适：冬天暖和，夏季凉爽、清新、干燥。

我们的能源 OUR SOURCES OF ENERGY

第六章

种植性燃料

巴西，塞尔道吉诺的甘蔗丰收。巴西的生物燃料经济规模居世界第一。巴西以燃油为动力的汽车一半使用的都是乙醇。

利用生物质能是减少燃烧煤和天然气，排放大量二氧化碳的最有效途径之一。但是很遗憾，虽然很多人认为生物质能的主要作用就是替代石油，用作小汽车和卡车的液体燃料。可其实大部分专家并不看好以粮食作物如玉米来生产乙醇燃料。

好消息就是随着发电、供暖用内燃技术的提高，非食物来源的生物质可以直接用来燃烧，能够节约大量能源并减少致使全球变暖的污染源。另外，一种从非食物作物中提炼液体燃料的新科技已经接近商业化门槛。

理论上生物质能源属于可再生资源。植物所含的碳元素最终是通过光合作用而来的，那么任何用作生物质能原料的植物都可以由另外一种依赖阳光而生长的植物来替代。

然而，现实中在将植物材料转变成可用能源的过程要消耗能量，这些能量却是来自于不可再生的化石能源。这么做好处固然胜过成本，但是对整个生物能“生命周期”的分析却仍属必要，因为只有这样才能准确判断哪种方法对解决气候危机、实现预定目标（例如减少对进口石油的依赖、保护水源和生物多样性）真正有用。

生物质能可以来自各种原料：原始森林间的枯枝败叶；粮食作物，例如玉米和甘蔗；能源作物，例如软枝草(switchgrass)、芒草(miscanthus)、甜高粱，以及来自市政、农业、工业的含有机成分的废物。这些生物质原料可以用来发电、提供热能以及提炼交通运输所需的液体燃料。

另外，用生物质生产液体燃料的工艺还可以改造成生产生物材料的工艺。正如化石能源可以用作塑料、化学品以及其他材料（除用于提炼燃料之外，一桶石油大约有 1/5 用于材料生产）的前体。生物精炼满足的是日益扩大的生物塑料和（化学加工所需的）分子材料的市场，这个市场比液体生物燃料的利润空间更大。

不考虑欠发达国家焚烧木柴用来取暖和烹饪，全球超过 90%的生物质都能用来给工业提供热能或者是为建筑物室内供热，或者是用于蒸汽发电机发电，或者是用于热电联产模式。

然而，在努力开发石油衍生液体燃料替代品的过程中，大多数的政策之争都聚焦在乙醇和生物柴油燃料的生产上。在美国，对于用玉米生产的乙醇来替代部分汽车所用汽油的热情一直存在着。

用来将玉米、棕榈油、大豆以及其他粮食作物转换成车用的液体燃料的第一代科技饱受诟病，因为反复分析这个转换过程周期后，人们逐渐意识到这个过程中二氧化碳排放量不低，使用将被淘汰的石油燃料所产生的二氧化碳排放量不比这高多少。

第一代乙醇，由于生产它需要将生产粮食的良田变成燃料生产基地，被指责推动了全球范围内粮食价格上涨。这种从生产粮食到生产生物燃料的转变也被指责刺激了破坏热带、亚热带森林将其用于生产粮食和生物质燃料的行为。这种行为威胁到了生物多样性并且反而使得更多的温室气体被排放到大气中去。最后，生物燃料技术的批评者还关注这个生产过程大量耗水的问题。

然而，减少对国际石油市场依赖的冲动和农民及农业公司支持提高乙醇产量这两个因素，形成了刺激第一代乙醇和生物柴油技术迅速发展的合力。

为了制定关于作为可再生资源的生物质的明智政策，我们首先应当采取措施确保生物质原料的生产具有真正的可持续性：

- **收获生物质不应当破坏原始森林和原始森林提供的具有生物多样性特征的栖息地。**
- **生物质种植过程中应当将二氧化碳的排放减至最低。**
- **为了避免对粮食价格造成压力以及毁林开荒现象的加剧，不应该使用粮食作物作为生物质。**
- **水资源的利用应该在质量和数量两个方面具有可持续性。**
- **应当保持并尽量增加土壤的肥力。**
- **在生物质原料生产过程中，应当尊重并且尽量提高股东的社会、经济利益。**

在生物质原料生产、供应的可持续性得到保证之后，决策者应当确保收获、运输生物质原料并且将其转换成能量、生物燃料或者生物材料的技术具有环境的、经济的、社会的可持续性。

第一代生物精炼工艺中的乙醇生产不尽如人意。然而，乙醇生产却能够增加农夫的收入，在其影响下建立的基础设施对于第二代以非粮食作物生产乙醇的技术具有很高的价值。

我能感同身受这种失望情绪，因为身为美国副总统，在 1994 年我投下了关键一票支持美国以举国之力开发乙醇燃料。1978 年时，我还是

芒草是一种很有发展前景的生物燃料作物。芒草养护成本低，适应贫瘠的土地，且生长速度也快。

一名来自田纳西州中部农业区的年轻国会议员，我组织并主持了一个为期一整天的研讨会，讨论那时候被称为“瓦斯油”的乙醇汽油混合液体燃料，与会者达五千多人，主要是农夫，在当时如火如荼的形式下，急切地想要参与以减少依赖进口石油为斗争目标的全国性运动。在当众议员和参议员的 16 年里，我一直提倡通过帮助农夫生产轿车和卡车用乙醇燃料来增加其收入。

到了 20 世纪 90 年代中期，情况发生了变化，第一代乙醇的能效与二氧化碳排放量之比并不如我最初乐意看到的那样乐观，关于这点那时早就有了温和的警告。但是由于我试图扶持农业经济（例如田纳西和衣阿华州）的政治动机和我对于原料作物种植加工效率会有提高的乐观态度，部分地导致我继续坚持大规模开发该技术。确实，免耕作技术和更后起的“精细种植”技术可以减少水、燃料和化肥的使用量，由此种植、收获原料作物的化石能源投入可以减少到二氧化碳的循环周期和能量的平衡能让人接受程度。但是实际上，过去几年的结果让分析者相信用玉米生产第一代乙醇是一个错误。

巴西阳光充足，雨量充沛，劳动力和生产成本较为低廉，生长迅速的甘蔗更具有生产生物燃料的经济效益，在很大程度上也更环保，温室气体的排放量只有美国用玉米来生产生物燃料的大约 1/3。1973 年下半年石油禁运后，巴西在 1975 年启动了全国乙醇计划。甘蔗使用的石油化肥更少，因为甘蔗是一种多年生作物；甘蔗每英亩的生物质出产量远大于玉米；甘蔗植株所产生的废弃物（蔗渣）可以用作生产工艺中的燃料；巴西最大的乙醇生产商使用一种封闭式的水循环系统，并且密切注意保护环境和遵守劳动用工制度。另外，甘蔗产区的当前占地面积不到可耕地的 2%，远离亚马孙雨林，并没有对热带雨林造成直接的或者间接的明显侵蚀。在 2003 年，巴西开始制造并且销售灵活燃料车辆，在 2005 年巴西开始在国外市场大量销售乙醇。不幸的是，研究表明由于多种原因美国生产的甘蔗乙醇同巴西生产的乙醇相比没有竞争力。不仅如此，美国用高关税严重限制了巴西乙醇的进口。

谈到玉米，利用杂交技术和基因改造技术之后，玉米的亩产量有了极大提高，每英亩玉米的

生物燃料的原料

玉米青贮

木炭

木屑

废纸

巴西圣保罗附近的乙醇加工厂门口，装载着甘蔗的卡车正在排队等候。

乙醇产量将近 400 加仑，但是种甘蔗的乙醇亩产量却有 650 加仑，北卡罗来纳大学的专家如是说。另外，由于玉米的乙醇产能大大低于甘蔗，一般情况下玉米产区和精炼厂的距离不能超过 50 英里，目的就是为了将原料的成本控制在盈利范围之内。由于提炼出来的乙醇无法通过现有的管道网络运输，将这种液体燃料配送到批发商那里还得依赖重型卡车。

乙醇动力汽车，不管其燃料乙醇的来源是玉米、甘蔗，还是其他作物，其尾气排放量都要明显低于汽油动力的汽车。但是考虑到种植收获原料作物、提炼运输乙醇过程中要用到的大量化石能源，综合优势就丧失了。

但是很不幸，主要因为现代农业需要用到大量燃料，从玉米提炼而来的乙醇产生的二氧化碳排放量净值几乎等于使用汽油的排放量。

此外，又由于乙醇的能量只有汽油的 2/3，使用乙醇混合燃料的车辆行驶的里程数的减少量与燃料中乙醇的含量成正比。目前，美国每年使用的汽油量为 1400 亿加仑，其中将近有一半是和将近 50 亿加仑的乙醇混合使用的，在多数情况下混合燃料中乙醇的含量低于此比例，主要是受制于美国的可再生能源的标准。

最后，在运输燃料市场上提炼自玉米的乙醇的比重也有一个上限，即使玉米乙醇是以可持续的方式生产并加以利用的。《科学美国人》在 2009

年发布了一个报告，发现“没有足够的耕地用来生产第一代生物燃料，来满足发达国家对液体燃料需求的 10%左右多一点”。在 2007 年的报告中，美国国会研究服务处（Congressional Research Service）表明即使全部的美国玉米都用来生产第一代乙醇，也只能满足当前全国汽油需求量的 13.4%。

然而，在 20 世纪 80 年代晚期美国颁布了一项激励政策，旨在鼓励汽车制造商制造能够使用乙醇含量高达 85%（E85）的混合燃料的轿车和轻型卡车。作为回报，汽车制造商可以从政府那里得到比实际更高的汽油里程信用证明。由于只需花费 100 美元左右就可以为一辆车更换更耐乙醇混合燃料腐蚀的垫圈和油管，汽车制造商可以省下实际提高轿车和轻型卡车汽油里程数的投资所需的更多花费。

尽管如此，这项刺激政策执行十多年后，研究表明只有 6%的灵活燃料车辆将 E85 作为主要燃料使用。其中部分原因是由于美国只有 0.5%不到的加油站实际上出售 E85，略微多一些的加油站出售生物柴油。此外，混合燃油加油站主要集中在中西部的北部，那里的乙醇产量最高。美国很多地方，百万计的人群甚至都不知道自己买的是灵活燃料车辆。有人注意到了车辆上的 E85 标识，但是却苦于居住区附近没有一家提供 E85 的加油站。这项政策的最大受益者就是汽车商，他们借此避开了高汽油里程数标准的要求。

促使专家对玉米乙醇得出否定性结论的还有另外两个主要因素。其一，世界粮食价格在 2007~2008 年度一度飙升，有人认为将不多的粮食用耕地用于种植玉米提炼乙醇是部分原因。详尽的研究后来又发现了其他因素——其中包括澳大利亚罕见的干旱，世界粮食市场因此缺口很大——才是粮食价格上扬的主要原因。世界农业区面临的压力来自人口的增长、发展中国家收入增加和饮食习惯变化造成的对土地密集型动物蛋白的需求的猛增。但是毫无疑问，世界上的很多贫困地区面临着粮食危机，再将粮食用耕地用于生产燃料会对当今的粮食价格造成进一步的压力。

此外，发达国家对生物燃料的支持通常在石油价格很高的时候达到顶点，但是由于粮食生产的高油耗特征，有时粮食价格也会达到顶点，特别是在发展中国家。我们面临着粮食价格和能源价格上升的重复性周期循环，每一个周期都有围绕着粮食和生物燃料之间冲突的新的焦点问题。

其次，美国国家研究院在 2008 年发现全国平均水平基础上，加工每 1 加仑的玉米乙醇需要耗费 4 加仑的水（相比之下加工 1 加仑汽油需要耗费 1.5 加仑的水），种植玉米还要平均耗费 142 加仑的水——在灌溉区是 785 加仑。就算美国的玉米主要是依赖雨水，玉米的种植规模扩大之后人们不得不利用需要大量灌溉的地区，由此玉米种植业的平均水耗猛增。此外，针对主要玉米种植区持久、频发干旱的预警（全世界各地内陆中部地区长久以来与全球变暖相关的气候变化趋势）也增加了人们对于这一水资源密集行业未来生存能力的担忧。

由于水资源管理部门认为从地下蓄水层大量取水是不具有可持续性的做法，一些第一代乙醇加工厂被取消了许可证。明尼苏达州和威斯康星州的一些工厂也面临着来自市民的抗议，他们担心自家的水井会枯竭。也有人建议在一些目前正在以完全不具有可持续的方式抽取地下蓄水层——比如奥加拉拉地下蓄水层（美国中西部地

英国诺丁汉郡克塔姆发电厂附近
种植的燃料乙醇用玉米。

区的巨大地下湖，被大量抽取用于农业灌溉，译者注）——的地方，设立其他新的生物精炼厂。

第一代生物柴油——在美国主要提炼自大豆——减少的温室气体的排放量净值高于玉米乙醇，但第一代乙醇有的其他问题它也有。在世界其他地方，生物柴油的新兴市场导致对环境的粗放滥用，例如印度尼西亚和马拉西亚砍伐泥炭森林种植油棕榈树。印度尼西亚现在是世界上位居第三的温室气体排放大国，主要原因就是这种破坏生态的行为。（动物脂肪偶尔也被用作生物柴油的原料。有时被新闻渲染而热情的企业家和生物柴油急先锋开用快餐馆炸薯条废油作燃料的车子，但是现在计划中的较大型方案会使用来自牛肉、鸡肉和猪肉大供应商提供的下脚脂肪。）

比较一下当前的各种原料的燃料经济性，就可以理解那些破坏泥炭森林种植油棕这种生物柴油原料的行为的利益动机。油棕的生物柴油产出率是每英亩 610 加仑，在所有原料中出油率最高。椰子是另外一种高产作物，每英亩的产量为 276 加仑，接下来依次是油菜籽（122 加仑）、花生（109 加仑）、葵花籽（98 加仑）、大豆（46加仑，是美国产生物柴油的原料）。2008 年，美国产生物柴油大部分都用于出口，主要对象是欧洲。

决策者清楚玉米乙醇的二氧化碳和能量的生命周期平衡状态不容乐观，但是他们又从第二代乙醇技术中找到了安慰。有观点认为，液体生物

生物燃料作物的燃料产量

下面的数据标明了各种主要生物燃料作物的燃料产量（加仑 / 英亩），以及预计的第二代乙醇作物燃料产量。目前使用的生物燃料作物被加工成生物柴油或者乙醇。下一代生物燃料工艺是将多纤维的非粮食作物例如软枝草和芒草（大象草）转化成乙醇。这项技术还没有投入生产。

每英亩以加仑计算的燃料产量

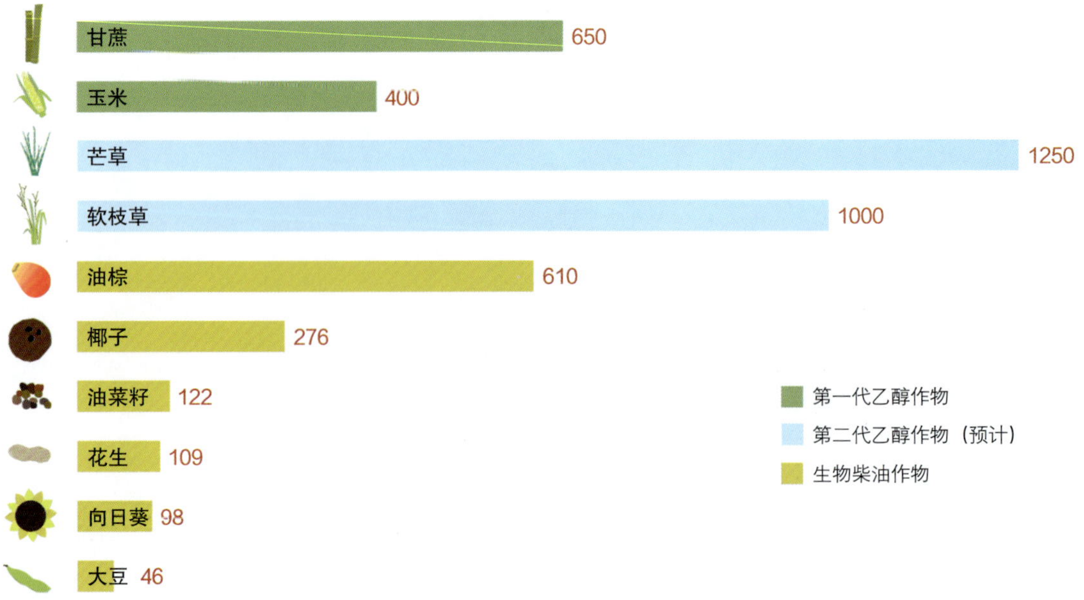

来源：乙醇：北卡罗来纳合作性拓展服务，2007 年 10 月；生物柴油：国家可持续农业咨讯服务

燃料市场的扩张至少造就了一个生产销售的经济基础，很快众望所归的第二代乙醇技术生产的更具经济性、环保性的生物燃料将充实这个经济基础。

“纤维素”生物燃料可以来自长茎草类（如软枝草）、速生林以及其他比粮食作物纤维含量更高的植物；农业、林业的有机废物以及工业废水也是来源。因为使用的是非粮食作物，第二代技术可以避免用玉米生产乙醇所带来的一些严重问题。此外，预计纤维素生物燃料产生的温室气体排放量要低得多，具体的排放量视平台和转换技术而定。但是，研发这种有利可图的第二代技术发展所花费的时间却超乎人们期望。

第二代生产乙醇的技术商业化之时，将具有针对第一代乙醇技术的明显优势：这代技术不使用粮食作物，而是利用多年生草本植物、速生林、富含纤维素的废水来提取液体燃料。

一些原料植物，比如软枝草，实际上还能够帮助土壤固定碳元素，研究表明定期收割软枝草实际上加速了土壤固碳过程。机缘巧合，当美国的纤维素乙醇研究主要关注软枝草的时候，最新的资料表明芒草（非洲和南亚的本土多年生草本植物）的产量要比软枝草高得多。

第二代技术的主要优点是作为原料的植物可以在不适合庄稼生长的地方长势茂盛，由此就消除了粮食作物和燃料作物之间围绕地缘政治和环境的恶性竞争，这些原料作物还可以种植在农夫弃耕的已退化的土地上，帮助恢复土壤的肥力。此外，这些原料作物中的大部分不需要施化肥，不需要耕作，也不需要重新栽种（由于它们属于多年生植物）。

有人建议可以将用途广泛的农业废弃物，如玉米的秸秆，用作纤维素乙醇的原料，但是土壤专家警告说大部分的此类农业废弃物都最好留在地里肥田。虽然如此，大部分专家又说，只要从地里面拿走的农业废弃物不超过 25%就无损于土地肥力。

一个农业轮作的新变化是部分农民现在在粮食作物秋收之后春播之前的时节里种植“能源作物”。还有人采取“间作”的方式，同时种植粮食和能源作物。只要用法得当，这两种方式都能够实际上促进土地肥力，一方面出产粮食，另外一方面通过能源作物增加收入。

同样，速生树种，如白杨（美国鹅掌楸）、杂交柳、美国梧桐树、香枫、桉树，每年都产木材。一些可以齐根砍伐（矮林作业），反而刺激树木更快抽枝，对土壤起到固定、更新、增碳的作用。

此外，根据美国能源部和农业部的数据，林业、木料加工厂、纸浆业、建筑业产生的废物，以及为了防火而清除的矮灌木丛，加在一起可以每年提供超过 3.5 亿吨的纤维素原料。这份来自两个部门的报告发现美国每年纤维素生物质的总处理能力至少有 13 亿吨，足以提供相当于目前美国汽油、柴油消费总量 1/3 的生物液体燃料。

应当指出的是，有这样一种说法：大规模地收集利用“森林废物”和大规模“有选择性”地砍伐成熟林实际上能够以一种真正可持续的方式进行，做到尊重脆弱的森林生物多样性和森林生态系统平衡。很多保守主义者和环境主义者对这种说法持警惕的态度。在很多发展中国家，并没有监督或者执行“可持续林业”原则的体制能力。在美国，木材公司和美国森林服务部门某些官员不时眉来眼去的历史更让公众产生额外的担心，忧虑采伐国家森林公园里的木材用作生物质能源的现象猛增所带来的后果。

目前第二代生物燃料技术主要有两类。第一代生物乙醇主要是通过发酵的古法制得，将粮食作物里面的糖类和淀粉转化成乙醇，第二类技术着重分解纤维素、半纤维素和木质素里面含量较高的较硬细胞结构。国家可再生能源实验室说，“植物在数亿年的进化过程中形成了坚硬的木质层，来抵御细菌、真菌、昆虫和极端气候的戕害……对于纤维素乙醇转化技术而言，主要的困难就是如何将纤维素分解（水解）成作为其成分的糖类。”

虽然精确转基因酶明年也许能面世，成为第一种具有竞争力的生产第二代纤维素乙醇商业技术，几种不同的技术方法之间的竞争依然必须在水解工艺中决出明显的高下。

转基因酶和转基因细菌在将生物质能转化为能量方面的作用在最近几年成了传奇。通过将某些基因性状植入各种主要生物燃料的原料植物，可以极大提高其产量。很多生物质能公司都对此技术抱有强烈兴趣，虽然这技术的应用也引起了争议。有些公司也植入能够改变植物生长过程所分泌化合物化学性质的遗传性状。这些新技术都招致了反对，特别是在欧洲，人们害怕科学家为

将生物质能转换成生物燃料的方法

第一代生物燃料技术转换的生物质能对象就是现成的淀粉——例如玉米、棕榈油甚至是甘蔗。植物性材料的淀粉在叫做粉碎的过程中被转化成糖。第二代生物燃料技术是通过将非粮食性植物如软枝草的细胞分解后得到糖类。这两种生物燃料生产过程中，糖类通过发酵变成乙醇，乙醇又被提纯成为燃油级别的乙醇。

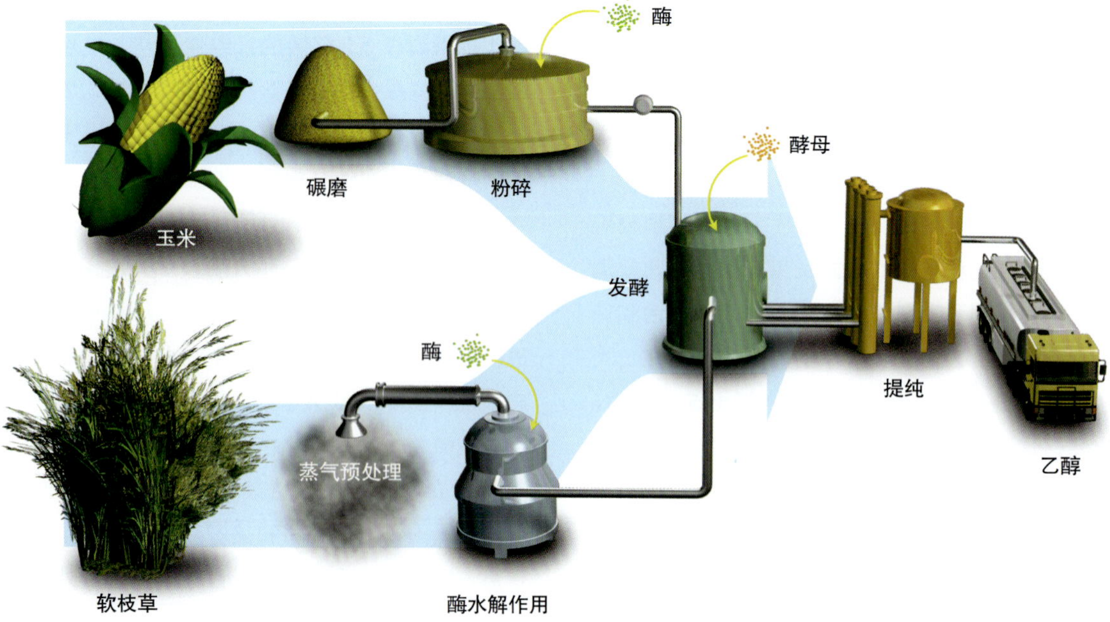

来自垃圾填埋场的天然气是美国人工甲烷的第二大来源，部分原因是美国产生了如此多的填埋垃圾。

有一些填埋场现在能够采集有机垃圾腐败产生的甲烷。新西兰的这家垃圾填埋场产生的甲烷能够供当地 2.5 万户家庭使用。

了商业目的而对基因所作的筛选会导致对人或者生态系统具有潜在威胁的基因突变。

有必要记得，自从石器时代，我们的祖先就一直在一代又一代耐心地对人类所依赖的庄稼进行性状选择，这实际就是一种庄稼的基因自我改造。当然，基因嫁接的过程不仅速度更快，而且威力更强大。但是这两种技术出现差错的话会增加危害不明的意外副作用扩散的风险。尽管如此，我们的文明已经作出了一个有效选择，即要朝着转基因技术的道路继续向前。目前，世界上大部分地区正在大量种植转基因作物。实际上，在 2008 年世界上所有可耕地的 8%都种植了转基因作物。同时大部分科学家已经得出了结论，转基因风险非常之低，而经济价值却相当之高。

可是，也有一些个案显示转基因技术造成了意外后果。因为有些“不大可能发生但是影响重大”的事件依然存在着一些风险，政府就很有必要建立评估程序，来关心那些可能属于这个范畴的问题。

第二代生物燃料生产中的第二大技术核心是利用一种热化学反应，将纤维素材料转化成一种合成气，这种合成气又能以几种技术中的某一种被转换成生物液体燃料。目前，这些技术成本很高，但是人们正在想方设法降低其价格，从而提高竞争力。

一种成本更低、同时更为丰富的气体形态的生物质能来源就是世界各地的市政垃圾填埋场。这些填埋场目前要对将近 14%的全球甲烷排放负责。由于甲烷（天然气的主要成分）是一种有用资源，收集并且生产性地利用填埋场所产生的数量巨大的甲烷就是商机。

甲烷是位居二氧化碳之后全球变暖的第二号污染物。甲烷的分子在阻留热量的方面要比二氧化碳强大 20 倍之多。填埋场是全球第三大甲烷排放人工来源（农业排放量主要来自牲口和稻米种植业，超过了 50%，天然气管道系统的 16%的排放量主要是因为泄漏问题）。

填埋场产生的天然气一半是甲烷，另一半是二氧化碳，来自垃圾填埋场的天然气是美国人工甲烷的第二大来源，部分原因是美国产生了如此众多的填埋垃圾。中国的人口是美国的 4.5 倍, 在 2009 年年初之前制造的家庭垃圾数量并没有超过美国。美国垃圾填埋场释放出来的甲烷总量相当于整个非洲的排量，是位居第二位的中国的 2.5 倍。每年从填埋场采集利用的甲烷的总量在增加，但是由于填埋场规模扩大而增加的甲烷排放量却正在以更快的速度上升，美国环境保护局（EPA）如是说。

从垃圾填埋场采集甲烷的技术现在已经成熟并具有成本效益。使用最多的技术就是在垃圾填埋场上钻出一系列垂直的汲气井，或者是开挖水平的气体收集渠，将气体抽往一个中心位置，在那里实现气体的采集和加工。很多垃圾填埋场都有这样的采集装置，只是简单地将填埋场所产生的气体一烧了之，这种做法实际上就是释放了二氧化碳，减少了甲烷造成的温室效应。但是这种方法不是最佳选择，浪费了甲烷这种高效的能源。甲烷可以用来发电或者出售给企业作为锅炉燃料来提供室内暖气。一些企业和城市都有能够使用填埋场沼气的车队。

众多发展中国家用露天垃圾堆的形式来处理城市废物，垃圾有氧分解之后就会产生主要成分二氧化碳，其中还有小部分甲烷。雨水从垃圾堆中流过也会产生浸析液污染地下蓄水层。而垃圾填埋场通常是将废弃物和土一层间一层地掩埋，在缺氧的环境下会进行厌氧分解（在缺氧条件下），一两年之后开始产生甲烷。从老式的直接堆放式填埋场中产生的浸析液对于地下水源尤其具有毒性。

在1996年美国执行了一项垃圾填埋规定，要求所有的市政垃圾填埋场处理掉产生的甲烷，可以是直接烧掉，或者是用于生产。将近37%的美国垃圾填埋场必须执行这项规定，但是将近有一半都是将所收集到的沼气烧掉。还有将近63%的垃圾填埋场无需回收产生的沼气。虽然这些垃圾填埋场中有20%主动收集沼气，但是其中只有1/3是将其用于生产而非仅仅将其烧掉了事。

很多公司都与垃圾填埋场的运营商合作，利用垃圾所产生的沼气发电或者供暖。例如，宝马在南卡罗来纳州格瑞尔的工厂利用垃圾填埋场的沼气满足其70%的能源需求，这些沼气被用来发电或者供暖。公司估计在5年的运营中，利用垃圾填埋场沼气每年可以节约500万美元的能源开支。

一场新的工业革命

“21年来我从未考虑我们生产时对地球造成的影响”，界面地面材料公司（Interface Flooring）创始人雷·安德森承认说。但是在20世纪90年代，顾客开始问界面公司对环境会有什么影响。“说实话，没有多大影响”，他记得自己当时这么回答。

当保罗·郝肯的书《商业的生态学》摆在他办公桌上的时候，他感到了惊骇。从这本书中得到的启迪简单明了：“我经营界面的方式是一种掠夺。总有一天像我这样的人的归宿就是监狱。”

在之后的15年里，安德森追求“归零使命”，即承诺在2020年之前消除界面对地球的不良影响。对地毯业而言，估计每年都有50亿磅重的产品流向了垃圾填埋场，如何减少废弃物就是这个行业可持续发展问题的核心。

界面开始利用可再生资源，摒弃由石油提炼出来的聚合材料，转向由玉米制成的材料。然后通过产品回收制度，界面公司开始使用回收的尼龙、聚乙烯基薄膜生产新的地毯。在过去的23年中，超过1亿磅重的材料得到了再次利用，没有流向填埋场。

佐治亚州的西点，界面公司的工厂，雷·安德森站在能够将废弃纤维碎片纺织在一起的机器旁。

2003年，界面对它的能需也提出了同样的目标。公司与美国环境保护局一起合作，将位于佐治亚州拉格朗日的垃圾填埋场产生的甲烷转换成一种可再生的能源资源。该系统可以将垃圾填埋场产生的甲烷加以收集并将其转化成热能和电能。

就整个公司来看，界面的净温室气体排放已经下降了83%的绝对吨数。这种变化对于公司具有益处。界面的销售量上升了2/3，利润实现了翻番。安德森不同意环境和经济不能两全的说法。

美国环境保护局组建了国际合作组织，其中有 30 个成员国，关注如何从垃圾填埋场中获取沼气。这种甲烷市场化合作组织的目的在于促进从垃圾填埋场中获取沼气的项目的发展。

最近，企业家们发明了一项可以回收更多甲烷的创新技术，这项技术将城市固体废弃物置于一间大的建筑物内，门具有密封性，里面配有高效的沼气收集设备能够持续地回收沼气。在门启封接纳更多的废弃物之前，建筑物内的沼气就已经排空了。在这个过程中加入了更多的厌氧细菌起到了加快甲烷产出的作用，因而整个过程变得更加高效。

就利用生物质生产用于交通运输的液体燃料的热情，很多人开始问花如此多的资金、时间还有精力来加快生物固体向生物液体的转化是否有意义。毕竟，关于生物质的 90%多的争议都围绕着生物液体，全球的 90%的生物质能都是电能或者热能。约翰·F·肯尼迪政府学院和斯德哥尔摩环境学院在 2007 年得出结论，“假如以减少温室气体排放为目标，那么更有效的措施也许是优先考虑用生物质发电来取代煤电，而不是用生物质提取燃料来取代运输用燃油”。

来自密歇根州立大学、明尼苏达大学以及瑞典农业科学大学的研究团队去年春天发布了一个研究结果，详细地论证了利用生物质发电比起利用生物质提炼液体燃料的昂贵做法更能大量减少温室气体的排放。他们指出纤维素生物质中超过 30%的能量损失于可发酵糖类的还原过程中，然后糖类所含 27%的能量损失于发酵过程。最可惜的是，生产出来的液体燃料中所含的 75%的能量因为内燃发动机的低效率而在燃烧过程中损失。

所以，即使传统发电厂的燃料利用过程中的平均能量损耗为 65%，电动车辆能效提高后，意味着生物质发电所能替代的石油是生物质提炼燃料所能替代的石油数量的两倍。此外，假如发电厂以纤维素生物质为燃料，同时又配置了热电联产技术，就可以有效利用生物质所含能量的 60%以上。

此外，我们应当期待并加快汽车电动化的转换进程，汽车电动化有助于提高交通运输的能效，减少对于处于波动状态的全球石油市场的依赖，并且能够促进生物质在发电和发热过程中使用效率的提高。

但是也要注意到，就算一段时间后汽车全部电动化，发展中国家要建设能够为电动车充电的智能电网需要比发达国家耗费更多的时间。即使这也实现了，重型卡车、飞机依然需要使用低碳的液体燃料。值得庆幸的是，生物精炼厂除了提供乙醇和生物柴油，还生产喷气机燃油；有几家航空公司正在积极探索用生物质提炼的航空燃料的用途。

与此同时，科学家正在积极开发第三代生物质燃料。第二代纤维素技术的目标是用非粮食作物生产乙醇，第三代的主要目标是比乙醇更理想的成品燃油，包括新开发的分子燃油（如生化丁醇），能够直接与汽油或者柴油混合使用，从而消除了以前混合燃油所具有的问题。利用藻类生产运输用燃油常被称作是第三代技术。好几家大型石油公司已经注意到利用藻类生产生物燃料的潜力。2007 年，皇家荷兰壳牌宣布将要在夏威夷建设一家试点设施，一个月后雪佛龙宣布与其共同开发藻类燃油。2009 年埃克森美孚宣布与一家由基因企业家克雷格·文特尔创建的公司合伙，赞同使用藻类的观点认为藻类可以在恶劣环

亚利桑那州，菲尼克斯，生长在塑料袋中的藻类，正在接受测试。在合适条件下，一英亩的藻类可以每年出产 5000 加仑的生物燃料。

境中生长，淡咸水、盐水或者污染水质都适宜。但是，尽管企业家对藻类的热情高涨，能源公司下了大赌注，还是有专家怀疑利用藻类提炼燃油是否很快就能具有竞争力。

虽然如此，以蒸汽发电机、燃气发电机产生的热能和电能的形式，使用先进的燃烧技术可以大大提高生物质能的利用率。与此相比，技术的发展程度和原料的选择都无法突破物理法则，利用生物质制取液体燃料的相对能量转换效率还是受到了其内在的限制。

目前，热电联合（CHP）发电中使用的生物质与太阳能相比是一种成本更低的可再生能源，但是要略微比滨海风电来得成本高一点。确实，很多能源专家开始相信，在多数情况下，生物质最经济的用途就是作为燃料直接烧掉，产生热能来供暖、制冷，或者产生为发电机提供动力的蒸汽。此外，在风能和太阳能无法利用的时候，生物质电能可以用作一种基底负载电力。这能有效减少使用富碳的煤以及用于火力发电的天然气。

美国国家资源保护委员会在 2004 年的研究报告中得出结论：“在现有的混合燃料发电模式下，生物质发电比起任何用生物质提取燃料的做法能减少更多的温室气体排放，每一吨生物质发电减少的总量亦为可观。”这种状况会随时间而变化，尤其是当我们齐心协力要减少温室气体排放总量的话。

德国小村庄尤得从生物质(包括碎木片和动物粪便)中取得所有的热能和电能。

用来发电或者发热的生物质主要来自于木材，其中森林废弃物占重要组成部分。我们所消耗的生物质能一半略微多点来自于木材，其中工业部门消耗了65%的木材，用于工业过程中的热能需求，或者是用于少量的发电。生活区和商业区的消耗占25%，电力部门的消耗只占9%。2006年生物质发电量（来自电力部门和热电联合发电部门）占全球可再生电力的将近7%。

生物质热电联合发电也支持小型的分布式的应用，由此可以避免后勤保障的噩梦，因为要在广袤的地域内收集大量的生物质来满足生物精炼厂的盈利需求是一个现实问题。由于木材的能量密度远低于煤，要以可持续性方式为大型发电设施提供充足原料，这在后勤保障方面是一个严峻的挑战。毕竟，煤和石油的能量密度很高，地下储量分布广泛，这便是煤和石油成为燃料之王的主要、首要原因。

用于工厂和公用事业的木材常被加工成小球，易于运输、存贮，可以和煤一起用作现有锅炉的“混烧”燃料，这样可以替代高达20%的煤，并减少二氧化碳的排放。根据世界观察学院2009年的研究报告，“混烧可以发挥所有可再生资源的潜力，于近期内大量降低排放。”

现代木球专用发电机装载有高科技排放控制器，发电效率比燃煤蒸汽发电机高很多，并且可以减少94%的等量二氧化碳排放。例如，英国宣布要建设295兆瓦的尖端生物质专用发电机，更大功率的型号正在计划中。意味深长的是，英国政府宣布要求生物质特种发电厂必须在2030年开始使用碳捕捉和固定技术。

生物质行业已经开发了一体化的生物精炼厂，使用各种原料和几种不同的转化技术来生产生物燃料、生物物质、热能以及电能。虽然这个理念听来行得通，可以让生物精炼厂在能量消耗上接近自足水平，但是大多目前为止所建的一体化生物精炼厂的主要目的是生产乙醇和生物柴油。

眼下，全球最大的生物质发电和木球供暖的市场位于欧洲，木球的供应主要来自于北美西北部森林，运输则通过巴拿马运河。澳大利亚是全球第二大的面向欧洲市场的木球来源，美国东南部计划为欧洲提供更多的木球。

欧盟内部，燃烧生物质（主要是木材和木质废弃物）产生的能量占全部生产出来的可再生能量的 2/3，尽管太阳能、风能、地热电能保持着迅猛的增势。根据新能源财经咨询公司的说法，欧洲、中东、非洲目前宣布、批准、资助或者是授权的生物质发电项目的装机容量达到了 3.2 吉瓦。还有很多其他的生物发电厂正在建设之中，或者已宣布项目要动工。

利用木球发电或者发热的美国市场在采用了提案中的可再生电力标准之后，将有望快速成长。该标准有助于区域性的生物质贸易关系的发展，将促使更多的生物质新后勤供应商的出现，也有助于在供应链上的技术革新。例如，传统上常用于咖啡工业的干燥工艺现在也用于生物质行业，发挥加热并干燥木球的作用，使其不吸收雨水，适于室外贮存。在农业界人们对于生物质无氧碳化（高温分解）的工艺也兴趣日浓，这样生产出来的生物焦炭（第十章将有所讨论），对于更新土地的肥力、固定耕地中的碳极为有效。

2009 年，11 位专家在《科学》杂志发表了对能源政策和生物燃料的著名分析，其中对于生物燃料潜力的赞同和怀疑兼而有之。这分析中就如何解决围绕替代性生物燃料的争议提出了一种方法论，叫做“两个的简单原则”，其内容如下：“我们这个世界试图寻找应对能源、环境和食物危机的解决方法，假如生物燃料起到了正面作用，有利于减少全球温室气体排放、增进环境和社会的福利，那么错过了生物燃料将是社会无法承担之痛；反之亦然。”

学者们还得出结论，认为“最近美国围绕生物燃料的对话让人烦恼，越来越各执一词，政治的影响力已经压制了科学”。

学者呼吁要采取“有意义的以科学为基础的环境安全措施”，政府要支持“生机勃勃的生物燃料行业”，要确保第一代生物燃料的投资者有路可走。

有关生物质的合理且条理分明的政策发展的正面迹象形成于 2007 年，这一年成立了美国可持续生物质生产委员会。这个组织由农夫、生产商、加工商、石油公司、生物科技公司、联邦官员、学术研究者组成，短期内就获得了广泛的尊敬，并研发出一套具有综合性的自主认证体系、教育培训体系，所有这些都建立在某些标准基础之上，这些标准的目的就是要“通过可以应用于农业和造林学的原则、标准、指标”来处理“可持续性问题的全部补充”。他们计划在 2010 年春开始执行以他们的标准为基础的项目，“远远早于纤维素生物能全面投产”。

欧盟是各国政府间建立生物质可持续标准的领头羊。例如，英国要求生产商申请可再生资源义务证明，就生物质发电该证书有条款规定，对计划使用的所有生物质原料的特性、生产工艺作出了审慎的评估和监管。

我们的能源

OUR SOURCES OF ENERGY

第七章

碳的捕集和封存

位于阿尔及利亚的克莱什巴（Krechba）气田的英沙拉（In Salah）碳捕集和封存（CCS）项目每年将大约 100 万吨的二氧化碳注入地下。

“碳的捕集和封存（CCS）”是一个激动人心的概念。理论上，我们可以捕集目前由油、气、煤发电厂排放到大气中的所有二氧化碳，并将其封存在深入地下或者洋底的储存库中。然后我们可以继续使用煤作为主要的电力来源，就不会在这个过程中增加对人类文明的破坏。

然而 CCS 这个概念提出来后的几十年中，事实上全球范围内没有一个政府或者公司建立过一座商业级别的示范工程，能够捕集并封存发电厂排放的大量二氧化碳。

所有捕集、压缩、运输并封存二氧化碳的技术都已有小规模的研发和试验。所有这些技术都成功了。但是这些技术的要素从未得到整合并有过足够大规模的运用。世人需要真正的魄力，才能决定采用这种技术，将其作为人类文明解决气候危机的重要举措之一，但是现在的局面还不足以说服世人。

为什么?

T•S•艾略特曾经写道：“在想法和现实之间，在动机和行动之间，是灰色阴影地带。”

CCS 的理念和无法将之实现之间的阻隔，是不愿信以为真的蒙蔽，是浮现在地平线上的两座巨大障碍投下的影子。其一，捕集二氧化碳需要付出高昂的能源代价，煤电行业需要比目前多消耗 25%~35%的煤才能达到目前的发电量。假如电力公司不愿意建设新的煤电厂，那么使用 CCS 技术后同样的煤，其产电量要减少 25%~35%。其二，要实施 CCS 技术，合适的大规模地下储存库的具体选址以及每一座储存库的安全储气量，这些特别复杂、耗时的问题都必须有答案。

光考虑煤电厂和气电厂当前的巨大二氧化碳排放量这个问题，就使众多行业专家认为 CCS 不过是个哗众取宠的概念，专门取悦轻信的人。假如将美国所有煤电厂排放到大气的二氧化碳捕集并转换成液体，那么每天的总量就相当于 3000 万桶原油，这个数量是当前美国石油日总进口量的 3 倍。假如这些液态二氧化碳按设计那样通过管道被输送到地下储存库，那么其数量将达到目前美国所有管道天然气总量的 1/3。

并没有捷径可以保证巨量二氧化碳的储存安全，也无捷径可以断言地下储存库的安全储存量，就算科学基本知识能让人对两个方面都感到乐观，也依然如此。地下地质层存储法也许最终能具有可操作性并保证安全性，很多地质学家也早已知道很多普通的地区地下肯定存在着合适的二氧化碳储存库。

但是，即使当地下储存库的定位与分析工作已经开始，很多能源专家还是对消耗 1/3 的煤才能达到原来发电量的做法持怀疑态度。科学家忧天下联盟（The Union of Concerned Scientists）这样说：“这好比是得新建一家煤电厂来为捕集其他 3~4 家普通煤电厂排放的二氧化碳提供能源。”麻省理工学院在最近名为“煤的未来”的研究中得出该结论：“假如碳的捕集和封存技术被成功采用，那么当二氧化碳的排放得到了稳定的同时，煤的使用有可能会更普遍。”不过，麻省理工学院的豪沃德·荷泽格认为，由于 CCS 可以作为气候政策的一部分加以强制执行，同时还可以提高煤电的成本，因此总体上将能够减少煤电厂的数量。

由于采煤和运输活动的增加而产生的额外二氧化碳将不会被捕集并封存。运输、注入和封存二氧化碳过程中释放的二氧化碳也不会被捕集并封存。

由于采煤和烧煤活动的加剧而带来的环境成本将是巨大的。采煤对环境造成极为恶劣的破坏。例如被称为“山顶采煤”的违背道德的煞风景做法和将采矿产生的有毒废弃物倾泻入山谷溪流的做法是一而再再而三地对环境施加暴行。这种做法的后果，把山峰永久性地改造成了一幅荒凉触目的月表高原景象，不光如此，废弃物所含砷、铅、镉以及其他危险重金属会渗入饮用水源。

在过去 20 年中人们取得了长足的进步，减少了氧化硫、氧化氮还有烧煤产生的微尘颗粒的排放。通过立法减少的二氧化硫排放削弱了酸雨的危害，虽然这个酸雨问题还未得到全部解决。烧煤是一氧化氮的第二大来源，一氧化氮是烟雾污染的重要成分，也是酸雨的成因之一，烧煤现象明显增加的话会加剧酸雨问题。

最近出台的控制煤电厂汞排放的规定被广泛认为缺乏约束力。有些州政府，其中以宾夕法尼亚州政府为代表，收紧了汞排放，但是在美国大部分地区以及世界其他地方，烧煤依然是最大的人为汞污染源。

每年美国的煤电厂都要排放 1.3 亿吨的煤灰和煤泥，这是这个国家最大的工业污染源之一。2008 年，就在圣诞节 3 天前，田纳西州哈里曼一储存有 10 亿加仑的有毒煤泥的封闭储罐爆炸，摧毁了附近的家园。

然而很多人认为这场豪赌的赌注很高，只要哪个选择有可能解决气候危机，都不应当被弃置。CCS 技术的成本和风险毕竟要远远小于科学家已经警告过的、人类继续将所有二氧化碳直接排放入大气的后果。我们必须迅速停止继续破坏地球作为人类文明家园的宜居性。此外，在石油燃料发电厂设计寿命到来之前就提前关闭至少其中一部分会带来巨大损失，CCS 将在理论上使人们避免这个进退两难的处境。

我们要摒弃的不是 CCS，而是对于 CCS 的一种幻觉，即认为大规模的 CCS 技术很快就能实现，对二氧化碳的排放进程产生重大影响。在 CCS 技术成为全球变暖的有效解决方案之一之前，我们还要等待好多年，去明白有关 CCS 的那些待解决问题的答案。

这最后的一点是问题关键所在，因为有些煤炭公司和烧煤的公用事业企业曾经不遗余力地宣扬 CCS 实际已经唾手可得的这个错觉。他们有

“这好比是新建一家煤电厂来为捕集其他 3~4 家普通煤电厂排放的二氧化碳提供能源。”

——科学家忧天下联盟

烧煤要付出的环境代价之一就是山顶采煤造成的恶果：采煤后的废物常常填塞了山谷和溪流。

这么做的强烈动机，认为一旦公众和决策者相信 CCS 有可能很快得到应用，他们就会被说服允许公共事业部门继续建设煤炭火力发电厂，并简单地购置一块紧邻的空地，上面插上一块安抚人心的牌子：“筹建 CCS 用地。”

不幸的是，当煤炭业挖空心思让人误以为 CCS 技术已经成熟，他们自己却没有任何实际大量投资于 CCS 的心理动机，除非是世界各国都征收高额的碳税（只有实施了碳捕集并安全封存技术才免征此税），他们到时才可能会有此动机。当然，大部分煤炭企业都会反对征收任何碳税，因为这样一来其他的发电技术，比如天然气、核能、风能、太阳能发电技术，就会侵占他们的市场份额。所以，他们会继续宣传 CCS 很快就能得到实现，以便继续将煤卖给那些又脏又陈旧的煤电厂。

很多公用事业企业现在将 CCS 当作不作为的借口。有的说他们应当获许继续建设新的煤电厂，这样的厂，用他们的话来讲，是“预备碳捕集的”。这些企业的潜台词是他们建设的厂预备好了在 CCS 商业化时再次技术改造来适应新局面。

然而，麻省理工学院的研究认为“预备碳捕集的”煤电厂概念“尚未得到验证，不可能有结果”。这些专家还补充了这点：“对原先设计时就没有考虑 CCS 的煤电厂进行‘预备碳捕集’升级所需要的‘预投资’不可能具有经济吸引力。”

> 预备碳捕集”的煤电厂概念“尚未得到验证，不可能有结果。
>
> ——麻省理工学院

预计 75%的 CCS 成本都用于捕集发电厂尾气排放所含二氧化碳时所需的能量。这就提出了一个巨大的现实挑战。发电厂尾气的低压和尾气中气态二氧化碳的低比例意味着要除去二氧化碳必须处理大量的气体。

美国 99%的煤电厂以粉状煤（混合了空气）为给料，排出大量的烟气，其中 10%~15%是二氧化碳。现有煤电厂中大部分都还主要使用陈旧、低效的技术，平均只能有效利用煤所含能量的 32%。要维持这些工厂的基本运营就需要投入大量资金。

假如进行 CCS 技术改造的话，这些旧式的低热效率火电厂将会遭受巨大的能源损失，所以大部分专家都对 CCS 技术改造的可行性持怀疑态度。可是，也有人认为假如对那些低效的发电厂——尤其是中国新增的众多低效“新”厂——的二氧化碳排放采取措施的话，就很难实现全球的既定二氧化碳减排目标。这就解释了中美合资项目针对这个选择快速开展研究的浓厚兴趣。

利用粉状煤发电的新技术，即超临界技术和超超临界技术，对煤所含能量的利用率达到了 40%。另外一种设计——流化床燃烧技术——可以燃烧低等级的煤或者生物质的混合物，同时该技术的特点就是产生的二氧化硫和一氧化氮的量都较低。可是即使这些新设计效率有所提高，但是 CCS 的技术难度却没有任何程度的降低。

新旧发电厂一样需要对锅炉、涡轮机、尾气清洁系统及其他的重要组件进行必要的升级。这些花费还会进一步增长，因为推高核电厂建设成本至不可持续程度的因素同样也一直在推高火电厂的建设成本。

捕集后的二氧化碳被压缩至“超临界”状态，在此状态下二氧化碳兼具气态和液态的属性。此时就可以通过管道将其输往合适的封存处。（二氧化碳可以液态运输，也可以超临界的准液态形式输送）

压缩二氧化碳需要耗费很多能量，但是总体而言，通过管道在合理距离内输送二氧化碳的成本并没有高昂到令人咂舌的地步。此外，经济研究表明二氧化碳管道运输的成本可以通过 1000 万吨 / 年的规模效益而大幅降低。如果 CCS 技术得到广泛应用的话，管道网的发展可以减少对连接二氧化碳排放源和二氧化碳封存处之间的昂贵专用管道的需求。

美国用于增强型采油法的二氧化碳管道线总长超过 3900 英里。迄今还没有安全疑问。假如管道中的二氧化碳浓度比空气中的浓度要高 7%~10%，在人口密集地区突然大量排出会很危险，但是现有二氧化碳管道却没有什么明显问题。大部分工程师相信这种风险很低。人们利用天然气的时间更长，经验更丰富，公众对管道安全的信心很高，认为这属于可控制的风险。

超过半数的煤电厂周边在地质学家眼里都可能具有二氧化碳封存的合适区域。然而，科学家没有缜密的调查就不可能弄清楚具有潜力的区域的位置，不能作出明确的判断。同时也很有必要知道有很少的一部分火电厂的选址远离有可能用作二氧化碳地下封存库的区域。

CCS 的最后一关是将俘获的二氧化碳封存在一个安全的地方，保证二氧化碳不会泄漏到大气中。科学家和企业家都在努力地追求技术突破，来捕捉二氧化碳，使之稳定化，并将其装入新的建筑物和铺地材料中。这些振奋人心的技术突破将能够把大量的二氧化碳封存在材料结构里面。但是目前，实际上众人瞩目的焦点还是将二氧化碳封存在地下深处的地质封存法。

液态二氧化碳的管道输送早已实现并被用于增强型石油开采，在这张表现得克萨斯的增强型石油开采的图中，二氧化碳被泵入地下，在其压力作用下石油被抽到了地表。

地质封存法中的最有希望的做法是选择岩石间的咸含水层，它能够有效地吸收二氧化碳并且保持足够的稳定性和绝缘性，确保二氧化碳肯定不会逸出。咸含水层中岩石的多孔结构以一种科学家称之为“毛细作用”的方式将二氧化碳围困在内。

过了一长段时间之后，二氧化碳会溶解于咸水层的液体和岩石所含矿物质中。即使二氧化碳比较轻，假如没有被固定在一个地方，自然会上升到地表，但是当二氧化碳被注入到合适的位于地下一千米甚至更深的地质化学环境中，地质深处的压力和热力会将二氧化碳保持在一种超临界的准液体状态，科学家们相信在这种情况下二氧化碳是不会逸出的。此外，这样的区域常覆盖着一层不透水的页岩层或者是由于上一个地质时代古老水体的蒸发而留下的矿物质和岩层。

迄今为止我们对咸含水层的认识虽然有限，但是鼓舞人心。联合国政府间气候变化专门委员会（IPCC）和麻省理工学院所进行的两项研究，都得出一个结论：一旦二氧化碳被合理地封存在这样的含水层中，实际上就会永远留在那里。根据这些研究，二氧化碳泄漏的最大风险来自第一次封存的注入过程。

即使对于在特定的地点这样的地质化学过程是否能够正常，人们还是有疑虑，独立的地质学家表达出一种相当的自信，他们认为二氧化碳一旦成功封存，不但会永远安全存留地下，而且这种安全性还会与日俱增。对于该技术的安全性，由于基本的地质和化学作用知识已经很丰富，人们可以持高度信赖的态度。

可是，可能用作地下封存库的选址在地质、地质化学、地质物理和地理的特性方面存在巨大

如何封存二氧化碳

煤被气化后，二氧化碳就可以在液化气燃烧之前从中分离出来。二次燃烧 CCS 技术将二氧化碳从发电厂排放的其他尾气（水蒸气、硫氧化物、氮氧化物）中分离出来。通过这两种技术，压缩机将捕集到的二氧化碳通过注入管道压到地下几千英尺深处，被压缩至浓稠的液体“超临界”状态的二氧化碳被储存，或者说封存在岩石结构的细孔中。该深处的高温高压使二氧化碳保持在超临界状态。

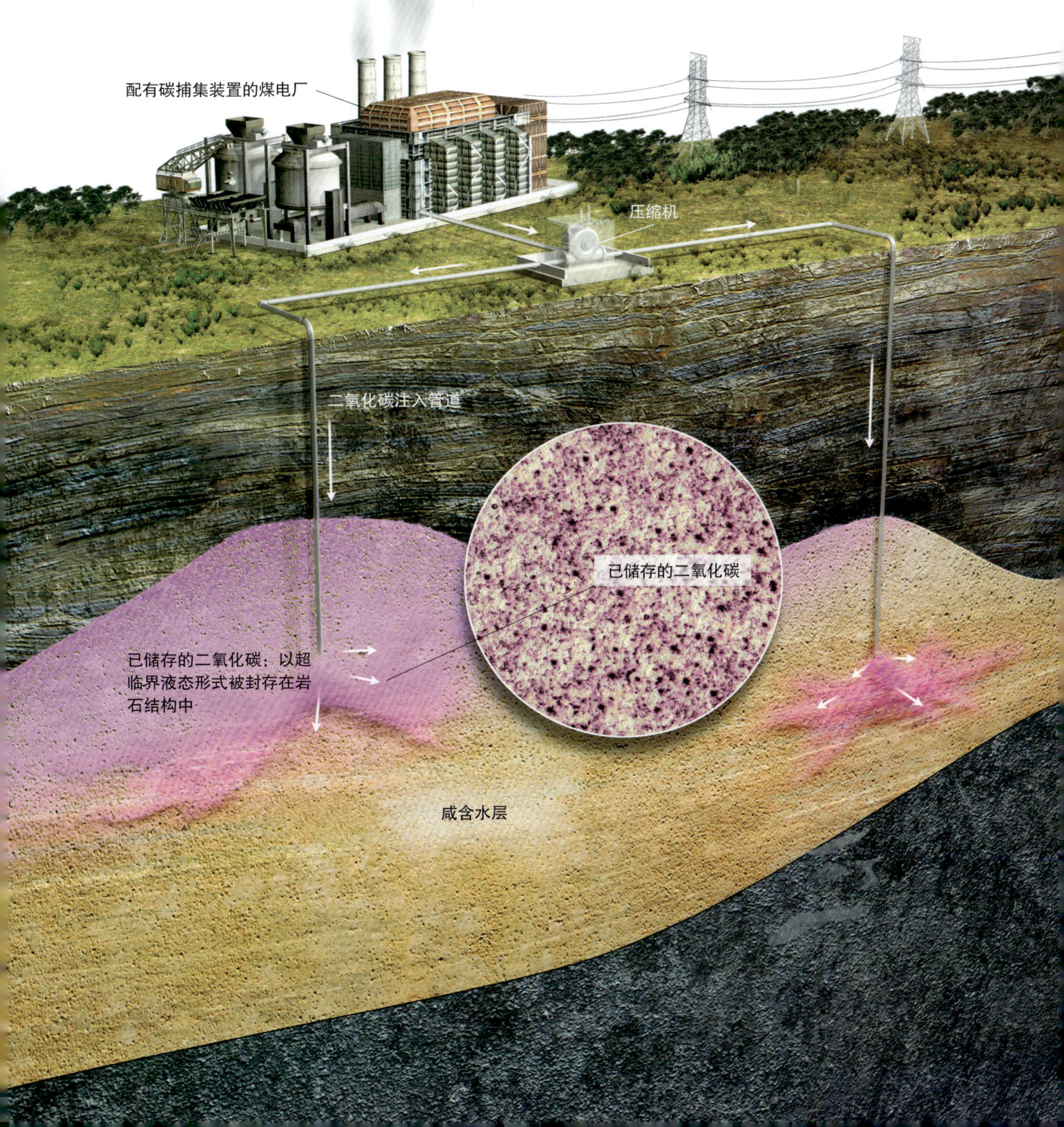

差异。此外要估计特定地质构造的空隙容积也很难、很耗时。某种空隙容积也许通常对于二氧化碳的封存是合适的，但是却因其复杂，限制了二氧化碳的安全封存量。

地质学家将地壳描述为一个复杂的、异质的、非线性的系统。换言之，地下深处的地质构造错综复杂，如果二氧化碳被错误地注入到“快速通道”区域，二氧化碳会从此逃逸到附近地质区域，然后又自此移动到地表，为了确保这种情况不会发生，需要绘制一幅标明了封存库之间精确分界线的地图，但是要为那些一开始看起来很有开发潜力封存库绘制地图，本质上就是一件难事。

例如，地质学家必须要辨识那些可能钻入了此类储存库然后又被长久遗忘的废弃油井，对其做好充分的堵塞和加盖工作。废弃的油井，如果没有被识别并做好堵塞工作，可能会在某种情况下起到烟囱一样的作用，被封存的二氧化碳会从中向上逃逸。地质学家也必须定位那些可能会被大量的二氧化碳污染的淡水层。

具有创新性的细晶粒地震技术能够进行延时回放的分析，对于监测注入后的二氧化碳的性质表现出了乐观前景。此类技术可以用来监测地下被注入二氧化碳迅速移位至储存不安全地带的情况。

好几支科研队伍正在为提高对此类风险的认识而努力，但是这需要时间。此外，对某个潜在的储存库的研究同另外一个储存库之间的关联很少，存在着很多的困难，如责任保险、地表和地下区域的所有权问题、安全生产措施等必须妥善

尼奥斯湖的悲剧

专家同意1986年喀麦隆的尼奥斯湖的悲剧与碳捕集和封存的风险没有关系。但是，这个悲剧确实阐明了公众对于CCS地下储存库选址的担心的理由之一。

喀麦隆西北部的尼奥斯湖的湖底深处突然释放出大量的二氧化碳，使1700多人和3000多头牛丧生。这些二氧化碳来自湖底50英里深处的熔岩。瓦斯从岩石的裂缝中冒出来，使湖底的湖水达到了饱和状态。淡水从上至下自然翻腾，使二氧化碳以爆炸性间歇泉的形式突然猛烈地喷发至水面上。由于二氧化碳比空气重，这些二氧化碳就溢满了湖滨，然后沿着山坡流到了山谷，使所有挡在这股死亡力量面前的生物都窒息而死。这种不常见的自然灾难之前也在尼奥斯湖发生过，在喀麦隆的另外一个湖也发生过，在邻国刚果的一个湖也发生过。这

科学家和工作人员在喀麦隆的尼奥斯湖将一装载有二氧化碳监测设备的木筏推下水。

三个湖上现在都配备了价格相对低廉的监测系统，在下一次二氧化碳大量积聚之前就警告人们即将到来的危险。

处理的问题。

尽管存在这些不确定因素，大部分专家同意将大量的二氧化碳安全存储在咸水层是非常有可能的。但是这些专家也强调持续好几年进行研究和从事大规模示范工程的重要性，这么做都是为了验证他们的假设性结论的正确性。

正如任何大型的能源相关项目，二氧化碳封存在选址方面总会遇到来自公众的阻力。荷兰的一个二氧化碳封存地址遭遇了来自附近居民的持续抗议，这种阻力至少会暂时存在。荷兰皇家壳牌打算在靠近巴伦德雷希特（Barendrecht）的地下 2000 米处建设这个储存库，并同埃克森美孚合资经营。

巴伦德雷希特镇议会投票反对在这建这个项目，认为这个储存库不能建在荷兰人口最稠密地区之一的上面。有些环保组织关心对封存地址安全性的判断方法，并质疑监测储存库安全的方法的有效性。荷兰政府却大力支持这个选址。至于是否应该推进这个项目将受到独立调查委员会详尽研究后结论的重大影响。

一些科学家建议可以将那些无法开采的、埋在地底深处的薄层煤矿（带有含盐及其他气体的有机矿物质）用作未来的二氧化碳储存选址。可是，人们对于这样的选址的认识还不如对受到最大关注的咸含水层的认识。

迄今为止，只是在一些状况理想的位置进行了小规模的二氧化碳封存活动。更大规模封存二氧化碳的努力也许会让我们发现在特定选址进行地质封存的弱点所在。例如更高浓度的二氧化碳可能会对其他稳定的地质构造产生足够大的压力，造成裂缝，二氧化碳在这样的裂缝中会有不可预测的移动。

地震的风险也是选址安全必须考虑的因素。地震风险不光包括自然地震，还包括由大量二氧化碳注入某些地质构造所引发的地震事件。后一种风险完全不是空穴来风。麻省理工学院的专家报告说，对于“将大量二氧化碳快速注入具有中低级别透水性的岩石”的行为，“由于体积庞大，速度快……有很高的概率会超过重大变化的门槛”。迄今这样引发的地震的例子中大部分都是小级别地震，虽然在 20 世纪 60 年代丹佛发生过几次较大的被这样引发的地震，最大的一次曾达到里氏 5.3 级。

当前，石油钻探商购入了相对少量的二氧化碳，用于增强型石油开采（EOR）。他们将二氧化碳输入成熟油井的底部，通过气体的压力使剩下的石油上升，这样剩下的一点油也可以开采了。在美国，得克萨斯西部、路易斯安那南部、俄克拉何马西南部以及犹他、科罗拉多和怀俄明的交界处的油田都使用了此技术。此外，北达科他的煤制合成气工厂所产生的二氧化碳也被用于加拿大萨斯喀彻温省的增强型石油开采。

CCS 专家实际上对于在增强型石油开采中使用二氧化碳的做法和在长期内安全存储来自发电厂的二氧化碳之间的关联很少的结论持一致的赞同意见。由于钻井活动，油井的地下地质构造几乎总是开裂和不连贯的。EOR 中所用的二氧化碳数量同要实现 CCS 所需要注入地下安全存储库的二氧化碳数量相比很少，同时，除了一个例外，对将 CCS 建设在 EOR 位置上的可行性研究所需的测量和调查都是空白。

目前和天然气生产相关的 3 座较大规模的 CCS 示范工程正在建设之中，其中的两座都将咸水层作为储存库。挪威正在位于挪威和苏格兰交界处的斯莱普纳（Sleipner）气田这一北海的海底处封存二氧化碳。挪威国家石油公司（Statoil）这一对斯莱普纳工程负责的挪威公司已经和英国石油公司和阿尔及利亚国家石油天然气公司（Sonatrach）合作，在阿尔及利亚的英沙拉（In Salah）展示如何将二氧化碳封存在天然气储存库中。此外，在加拿大萨斯喀彻温省（Saskatchewan）维本市（Weyburn），一座与煤炭气化项目有关的 CCS 项目已经启动。在这里，CCS 将二氧化碳用于增强型石油开采这一长期目标。通过商业投资活动，CCS 的研究已成为国际合作项目，现在用于监测二氧化碳泄漏的设备也已经到位。

迄今为止，这 3 家 CCS 示范工程还没有发生二氧化碳泄漏。但是麻省理工学院的报告指出作为其研究对象的斯莱普纳、英沙拉、维本这 3 家工程“并没有处理所有的相关问题……很多用来描述那些最急迫的科学疑难的数据还没有收集到位，其中包括二氧化碳饱和度的分布、压力变化、井壁泄漏探测等；还没有得到可能取决于特定压力、pH 值或者置换容积的重要非线性反馈”。

幸运的是，正在建设中的其他 CCS 项目有可能解决其中的一些问题。挪威国家石油公司最近启动了被称为斯诺赫威特（Snohvit）工程的第二个 CCS 项目，这个工程位于北极圈北端的巴伦支海的海底下面。挪威国家石油公司的最大动机来自于每安全封存一吨二氧化碳可抵扣的碳税。瑞典大瀑布电力公司（Vattenfall）这家国有公司在欧洲拥有众多的燃煤发电厂，最近宣布要在欧洲的丹麦启动第一家全面使用 CCS 技术的发电厂的建设工作。假如成功的话，大瀑布电力公司计划在德国的詹斯瓦尔德（Janschwalde）发电厂建设一家分厂。

伊利诺伊州的一座与乙醇生产相关的大规模二氧化碳封存项目也接近收尾。该项目可以将 100 万吨的二氧化碳注入地下超过一英里深处的咸水层中。英国、澳大利亚、挪威、加拿大、中国和美国也计划建造几座年处理能力达百万吨级别的项目；巴西、印度、马来西亚、德国正在建设二氧化碳捕集项目；澳大利亚正在建设二氧化碳地质储存项目。

在靠近纽约市的新泽西州的林登市（Linden）筹建一座使用了创新技术的 CCS 工厂。这座工厂将燃煤发电同化肥的生产结合在一起。由于纽约市对电力的需求很旺盛，这家工厂计划在电价高峰时期出售电力盈利，然后在下一个高峰来临之前拉闸转而生产化肥。基本上所有捕集到的二氧化碳会通过管道输送到 70 英里之外的近海，在那里注入大西洋海底 1~2 英里深处的一处地质、地理、地质化学条件都适宜的封存地点。

美国唯一的一座被称为未来电力（FutureGen）的大型 CCS 示范项目在 2003 年宣布实施。但是在 2008 年年初宣布取消，原因是大幅超过了成本预算而且在很多人眼里目标不明确。对此，爱揶揄的人常挂在嘴边的嘲讽就是“未来很多，发电很少”。现在，在国会增加拨款之后，这个项目又重新启动了。

支持将纳税人的钱用于大力发展煤电以作为美国电力主要来源的观点基于一种深入人心的预设，即美国拥有可以维持 250 年的煤储备，而且世界其他国家的煤供应量也很大。但是，美国国家研究委员会（National Research Council）在 2007 年得出的结论（这个结论反映了很多其他能源专家的评估），“无法证实常常被引用的关

在大瀑布电力公司德国 CCS 试点项目中，二氧化碳被压缩至液体超临界状态，为地下封存做好预备。

于美国的煤可以用上 250 年的说法。”

中国的用煤量是美国的两倍，早已经历了阶段性的煤短缺，正从澳大利亚和其他地方大量进口煤。印度也早已经历了煤短缺，虽然说中印两国的煤短缺主要是由供应链问题造成的。

虽然煤供应的不足会在未来更明显，但是这个问题应当被当做影响我们未来发电能力有关决策的一个因素。供应不足会导致价格上涨，即使光伏电和其他可再生来源的电力价格持续下降。

由于要处理当前发电厂排放的二氧化碳 CCS 项目的规模必须很大，同时整合 CCS 过程中所有步骤并保证封存地点在商业公司通常可以管理的有效时间段之后的安全性，所带来的可预见性困难的存在，很多专家，包括麻省理工学院的专家小组都建议建立新的政府实体来监管 CCS 的各个方面。

美国国会悬而未决的法律在 2009 年为 CCS 研究、示范和前期的布置提供了 100 亿美元，在这 4 年之前美国为此提供了 60 亿美元的补贴。

对 CCS 是否能够成为人类文明与气候危机作战的实际武器之一，很多环保主义者支持对此进行朝气蓬勃的研究。当务之急是要在几种不同的地质条件下建设大规模的示范工程，来认识大规模捕集并长期安全储存二氧化碳的实际可行性。

大部分研究过 CCS 的专家得出结论，认为在未来的很多年里，CCS也许都没有可行性，因为要捕集二氧化碳必须总体上大量增加耗煤量和耗气量，才能产出同样的电量，或者，燃烧和目前同样多的燃料，能够获得的能量就要大打折扣；同时又由于每一座潜在的地质存储库在地层深处的地质特点都不一样，要了解每一座地质存储库并估计存储量、兼顾二氧化碳存储的安全性，是一个极端艰巨的挑战。

要解决关于CCS是否具有经济效益的所有问题和疑虑，并且假如CCS具有经济可行性，哪种技术最好，实际上有一个非常简单的办法，那就是对碳征收重税。当急剧减少二氧化碳排放的现实需求成为包括公用事业及其投资者的决策在内的市场行为的一部分时，市场的力量就会驱使我们尽快地找到我们需要的答案。

靠近挪威的北海斯莱普纳气田是世界上第一座商业级别的CCS工程。

SLEIPNER A
BLOKK 15/9
OPERATØR
STATOIL

我们的能源

OUR SOURCES OF ENERGY

第八章

核能

位于宾夕法尼亚的三里岛核电站。一座反应堆还在正常工作；另外一座在 1979 年发生过反应炉核心局部熔毁事件。

当世人为如何发电而不产生大量污染环境的温室气体而意见不一时，核能这头罕见珍贵的放射性白象正处于争论的中心。

第二次世界大战后的前25年中，使用受控核裂变产生热能来驱动发电机发电的想法激发了巨大的热情。核能委员会在20世纪60年代末期预测美国到了2000年将会有1000多座的核电厂处于运营状态。但是，迄今已建的全部核电厂不过是这个数目的1/10。核能，人们曾经希望它能够提供用之不竭的低成本电能，但是在过去的30年中，它一直是一种处于危机状态的能源。

2003年麻省理工学院对未来核能的利用进行了广泛的研究，研究结论是："核能可以是一种减少碳排放的选择。但是目前来看，核能实现不了这个目标，核能的利用处于停滞和倒退状态。"

赞成使用核电的观点非常具有说服力，依然令人向往。一磅的铀所含能量与300万磅的煤所含的能量相当。核电厂的运行安全性有了提高，公众对核能的接受程度也有所增加。大部分老厂的预期寿命也有所增加，许可证的有效期从40年延长到了60年左右。对二氧化碳征税的预期愈来愈现实的背景下，同化石燃料发电相比，核电的竞争力将有所提高。核电厂提供了一个对外国能源的依赖适度减少的未来，主要是因为美国的很大一部分汽车将从使用基于石油的燃料转向使用电力，对核能而言前景越来越有希望。美国现有核反应堆的"容量因数"从20世纪80年代的56%上升到了过去7年中的90%。因此，在过去的10年中，美国现有核反应堆的发电量持续上升。

可是，核电行业在美国处于垂死状态，在世界范围内的增长率大幅下降，2008年没有新增项目，反而全球范围的容量和产量都有所下降。1972年后在筹建的新核电厂中的私人投资在70年代中遭遇了急刹车式的喊停，大部分尚在图纸上的反应堆被取消或者遭遇无限期的搁置。在美国，1972年后筹建的核电厂没有一家完工的。

核电厂通过受控核裂变链式反应产生热量。铀是地球中最重的自然元素，由于铀的原子核含有92个质子（相比之下，氢原子的原子核只有一个质子），形成原子核的强力作用不强，因此铀的原子核受到中子撞击时更容易分裂。

当铀原子的原子核分裂吋，就会以热和辐射的形式释放出大量的能量。同时还会释放出2~3个中子，这些中子又和附近其他的铀原子的原子核碰撞，不断地释放出热、辐射和更多的中子，这个过程就是著名的链式反应。链式反应可以通过在反应堆中插入"控制棒"（成分有镉、硼、铟、银、铪），吸收部分四射的中子以阻止更多的铀原子分裂这种方式加以调节。

通过使用控制棒，工程师可以调节核反应堆中心容器中积聚起来的热能水平。这些热能被用于加热水至沸点，来驱动蒸汽发电涡轮机发电。很多反应堆首先将热传导给高压的水，之后又将高压的热水所含的热量传导给第二批水，这批水然后就转化成不带放射性的蒸汽。

2/3 的美国核电厂以及超过 60%的世界其他国家的核电厂都使用这种设计（被称为高压水核反应堆）。美国尚在使用的反应堆都是“沸水式”反应堆。其他几个国家不同类型的反应堆也是基于这种基本设计，这些反应堆包括“重水”反应堆和气冷式反应堆。

在大众的想象中，核电行业的所有问题主要归结到两个因素：一个是广为人知的核事故造成的总体破坏，这些事故包括宾夕法尼亚哈里斯堡附近的三里岛在 1979 年 3 月发生的事故，以及 7 年后在位于乌克兰和白俄罗斯边界处切尔诺贝利发生的更为严重的事故。第二是关于在几千年中都具有危险性的发射性废物的长期储存问题，围绕这个问题的分歧由来已久并且尚未解决。

这两个方面的问题都是真实的，而且都可以几乎确定无疑地得到最终解决。但是这两个问题都不是核能行业急剧萎缩的真实原因。相反，其他两种问题，也许是无法解决的问题，才是核能扩张预期的阻力来源。

首先，让曾经意气风发的核电厂梦想变得心灰意冷的原因在于目前核反应堆效率之低让人无法接受。首先，建设核电厂的成本大幅上升到了大部分公共事业部门都早以放弃了规划新的核电厂的计划。在 1985 年，《福布斯》杂志得出结论：“美国核电厂计划的失败位列商业史上最大的管理灾难中，这是具有里程碑意义的灾难”，又补充道，“对于美国而言，核电厂已经死亡，已经丧失了防止油价过高的短期作用，也丧失了作为未来能源的长期地位，这一点并无争议。”

但是核电行业实际上有人反对这个结论。核电行业为自身的衰落找到了其他的原因。常被引用的是核电厂获得管制审批批准结果的周期很长，即使管制程序能根据行业的需要减少曲折而重新设计。人们对于核电安全性的持续性关注（由于核设施建设业务中关键技术的过失而变得错综复杂）对核能的管理不断施加压力，目的就在于避免带有危险性的捷径。

南卡罗来纳州一家核电厂的工人正在密封一含有低放射性废物的容器。

长期以来，核电的支持者常引用法国、韩国以及其他国家已知的成功来证明核技术本身的魅力，作为一种能源选择，在美国和世界其他地方核能不应该被忽视。

法国 3/4 之多的电能都来自于核反应堆，常被引为核能利用典范。但鲜为人知的是法国的核电厂几乎全归国有，生产出来的电力也是出售给政府的。政府对核电的补贴额度难以确定，因为财政运作并不透明。在解决在何处储存核废料的问题方面，法国走在美国的前面。虽然核废料储存技术依赖富有争议并且代价高昂的再次加工，法国在核废料储存的安全可靠性方面做得无可挑剔。可是，法国现在明显面临着严重的财政困难。另外，法国在芬兰建设的新组合式反应堆的施工远落后于预定工期，也大幅超过了预算，而原本的设计理念是施工速度更快、运营成本更低、安全性更高。

从 70 年代到 90 年代，建设核电厂的估计成本从 4 亿美元左右上升到了 40 亿美元，工期同时也延长了一倍。甚至在 2008 年开始的全球经济下滑之前，核电厂的估计建设成本也在以每年 15%的速度上升（这意味着在 17 年不到的时间里，一座新的核电厂完工时的花费将可能会再次增加 10 倍）。

令人难以置信的是，很难在美国或者欧洲找到一家有名的工程公司愿意为在核电厂的当前建设成本作一个估计。

世界核能组织的战略与研究部门主任史蒂夫·基德去年在《国际核能工程》中写道："很明显，要对当前的核电厂建设成本作一个精确的估计是

核反应堆的工作原理

在核反应堆的中心，铀原子在链式反应中分裂，控制棒对链式反应起到减速作用。链式反应释放出伽马射线，伽马射线可以产生高能的热量，然后这种热量被用来加热水。带放射性的水流经穿过冷水的管道，产生蒸汽，蒸汽推动涡轮发电。废热以蒸汽的形式从冷却塔中释放出来。

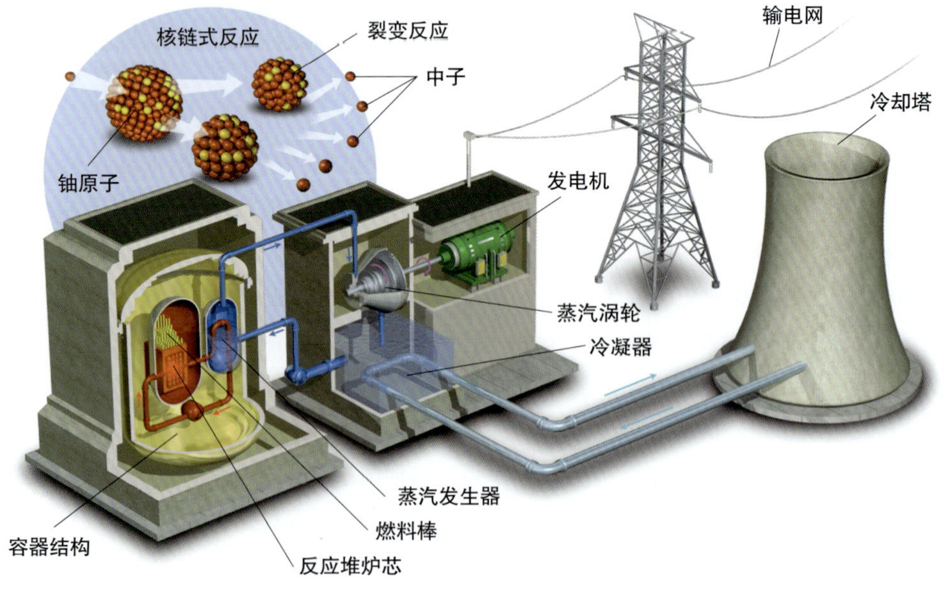

完全不可能的事情。”经验表明核电厂建设每拖延一年，就要增加建设成本 10 亿美元。

70 年代晚期和 80 年代早期，当我还是田纳西州一名年轻众议员的时候，曾亲自见证了核电厂在田纳西流域管理局（TVA）辖内的 7 个州所走的下坡路。田纳西流域管理局自 40 年代核电行业诞生日起就已经存在（并为田纳西州橡树岭国家实验室的铀浓缩提供全部电力），并且是核能源最坚定的支持者之一。在 60 年代和 70 年代早期，田纳西流域管理局一次性筹建了 17 座核反应堆，那时用电量每年的增幅是 7%。

到了 1973 年秋季，欧佩克（OPEC）石油禁运令将石油价格推上了历史高点，也导致煤价急剧上升（煤的需求量增大，替代了石油的不足），两个因素加在一起导致电价更高。由于成本增高，耗电量进入平稳期。

此外，理查德·尼克松总统的“独立运动计划”和吉米·卡特总统的革新政策旨在提高节约能源、提高能源利用效率、开发可再生能源，这些运动标志着美国向低耗能经济的永久性转向。

当假象消散之后，电力需求的增速降到了每年 1%~2%，最终导致田纳西流域管理局取消了 10 座核电厂项目规划并推迟了另外一座的建设。田纳西流域管理局监管下的电力总体价格继续大幅攀升，其中的部分原因就是未完工的核反应堆的成本同已建成的核电厂的成本一起被列入了核电成本计算之内。其他的公用事业也有类似的经历。在 70 年代和 80 年代美国总共取消了 138 个核反应堆，但是有部分 1974 年前筹建的老厂在一度中断建设之后最终还是完工了。

1953~2008 年，美国最初筹建的 253 座核反应堆中 48%被取消，11%被永久性关闭，14%经历了至少为期一年以上的停用，27%在运行过程中没有经历一年以上的停用。因此，筹建的核电厂中只有 1/4，或者说完工的核电厂中的大约一半，还在运行并且相对稳定。

三里岛事件之后的核设施建设处于长期停工状态，导致经验丰富的员工流失、关键技术力量的削弱。工程师对于核能行业未来的担忧打击了他们将此行业当做职业生涯选择而去参加培训、提高技能的热情，这反过来也增加了公用事业部门对于建设运行核电厂所需关键技术人才缺失的担忧。美国在 2012 年以前将会有 1/3 强的现有核电厂职工达到退休年龄。30 年前，美国有 65

1988 年我参观了切尔诺贝利，亲眼看到了两年前熔化的反应堆。我步行穿越了紧邻的鬼城普里皮亚季，这里依然一片阴森的寂静。根据美国原子能管制委员会和国际原子能机构的调查，估计最终死于切尔诺贝利事故的人数会达到 4000。切尔诺贝利事故释放出的辐射量是投在长崎和广岛的原子弹辐射量的 100 倍，35 万人不得不背井离乡，远在 1400 英里以外的英国威尔士也受到了这次事故的危害。四分之一世纪后，威尔士一些地方产的绵羊肉还是不能安全食用。

1984 年西班牙停止建设新的核电站。位于阿明特扎(Armintza)的这座核设施从开工后就一直没有完工过。

个核工程学术项目，现在只剩 30 个不到。

此外，对于核电未来的担忧也打击了对提高发电容量的大规模投资，而这对扩大核电规模起到关键作用。举个例子，目前世界上大部分核反应堆容器都是由位于日本的一家公司生产的，每年最多生产四座核反应堆容器。虽然目前生产能力正在翻番提高，而且其他公司也可以制造新型的专门化的铸件，但是这么做的时间和资金成本很高，同时还面临着与其他国家一起从同一家供应商竞买的局面。对于新铸造厂投资不足的担忧反过来也加强了公用事业对于建设新的核反应堆所需时间和资金预算可行度的怀疑。

这个供求链上几乎每一个环节都面临着其他类型的瓶颈。如果无法确定会拿到订单，部件供应商就不愿意制造零部件，但是如果无法确定能获得资金，公用事业又不愿意下订单。同时，投资者又不愿意提供资金，假如存在供应不足和会导致建设资金和建设时间成本上升的瓶颈状态的话。由此产生的从新的制造商那里订购部件的动机又对质量监督和安全保障提出了挑战。

无独有偶，另外一个常见事实使问题变得更棘手。世界上的 436 座核反应堆都是一次性设计。由于缺乏标准，额外增加了工程建设的成本，使培训的有效性和维持安全规则变得更复杂，对于这个问题，每一种具有自身特征的反应堆设计都必须用相应的方法来处理。对于标准化的呼声越来越高，自 80 年代取消众多的核反应堆以来，这成了大势所趋。韩国在这方面执牛耳者地位体现其国家计划中，美国正在迎头赶上。但是，就算法国的强力国有化和标准化的努力也没有能够使其核项目免于真实成本和建设时间的大幅上升。

未来的电力需求在这个以提高能源利用率、能源保护和开发可再生能源为特色的时代不是确定无疑的。需求的不确定性使建设预算不足的公用事业部不愿意把巨大的赌注押在庞大、昂贵、耗时的核项目上。目前核电厂朝着特大号方向发展的趋势使人更不愿意进行成熟周期长的巨额投资。

在核电行业发展的早期，大部分反应堆的规模都小于现在的巨型反应堆。但是早期由于核电的成本较高难以同煤电竞争这个局面带来的失望情绪，使得核电厂试图通过将核电厂的规模（提高至 1000 兆瓦以上，乃至最高 1600 兆瓦）的办法来将规模效益最大化，以此降低核电的成本。可是，公用事业低估了建设更大规模核电厂

世界范围内核能的利用情况

目前世界上运行中的核反应堆有 436 座，发电功率将近 372 吉瓦。合计 30 个国家拥有至少一座核反应堆。每国运行中的核反应堆有 104 座，是法国（59 座）和日本（53 座）的将近两倍，俄罗斯有 31 座，其他的 35 座位于其他前苏联国家，其中乌克兰拥有 15 座，韩国有 20 座，英国 19 座，加拿大 18 座，德国和印度各 17 座。

在美国，50 个州中的 30 个拥有核电厂。伊利诺伊州的大部分电力来自核电厂，接下来依次是宾夕法尼亚州、南卡罗来纳州、纽约州、阿拉巴马州、得克萨斯州和北卡罗来纳州。总体上美国的核反应堆产生的电力占世界上核电的将近 31%。

14 个国家正在建设另外的 52 座核电厂，其中 16 座在中国，9 座在俄罗斯，6 座在印度，5 座在韩国。

来源：世界核协会（WNA）；美国科学家联盟（FAS）

新一代核能

部分专家相信，最有前景的核能装置是建立在20世纪60年代德国设计基础上的被称为“卵石床”的反应堆。这种装置不使用燃料棒，而是用铀氧化物“卵石”作为燃料，位于反应堆中心位置的“卵石”燃料数目保持在36万个，每天将3000个“卵石”加到反应堆里面去替代用过的3000个“卵石”，用过的燃料从反应堆底部被移走。每一个燃料卵石含有数千个铀氧化物“种仁”，包裹在硅化碳和热分解石墨里面。如台球般大小的卵石包覆石墨外壳，可以耐受2800摄氏度（5000华氏度）的高温，这个温度远大于最高的反应温度。

这个过程理论上可以通过在卵石间的空隙中自由流动的氦来收集热量，用物理学家的话来说，就“好比是巨大的口香糖球贩卖机里面的糖球”。自然界中最重的金属铀和最轻的惰性气体氦的优雅结合使这整个过程更加安全，因为氦在吸收热的时候不会变得具有辐射性；在这种模式中被加热后的氦气推动了发电机涡轮的运转。

人们期望这种方法具有的优势就是它无需在添加燃料的时候停止反应堆的运行。此外，由于卵石燃料更不容易着火，更不容易用作核武器的原料，这种设计会对那些担心发生核事故或者核扩散的人具有吸引力。同样重要的一点是，这种设计天生“防熔化”，因为卵石燃料本身能够吸收多余的中子，假如温度上升到了不安全的程度的话。

潜在的一个问题是氦气短缺。如果建设很多的卵石床反应堆，氦气的供应也许会对该设计的广泛利用产生瓶颈效应。中国有一座小型的实验用反应堆，南非也许很快将建设一座原型工厂。但是大部分专家认为就算这个设计得到成功发展，商业化前景还至少要等待25年。

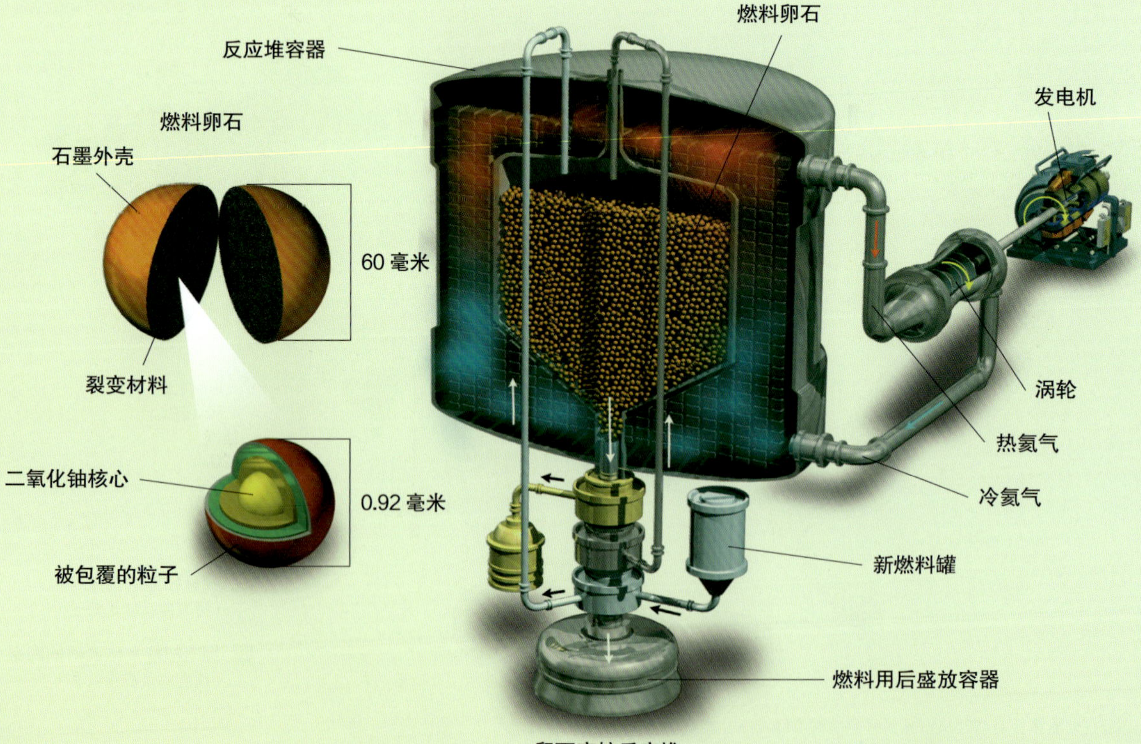

卵石床核反应堆

破解其新的建设难题所需要耗费的额外成本。

在核电行业发展初期，指定承包商建设了全套即交付的核反应堆，当公用事业接过核电站建设管理权的时候，他们面对特殊的管理挑战时却毫无准备。实际上，核物理培训和实践之间存在着一条鸿沟，另外一方面两者之间也是密不可分的。

在反应堆建设的初期要弥补这个鸿沟相对简单，来自军队和原子能委员会的军事科学家和工程师对核反应的各个步骤实施着滴水不漏的管理。但是随着管理权下放到由众多的私人供应商和零部件转包商组成的公用事业后，核能设计与建设的文化和精神就产生了裂痕。

由于核设施建设的规模和持续性具有不确定性，瓶颈状态随之而生，寻找新的承包商和转包商的行为就对工程施工的完整性和可靠性造成了压力。

宏观经济的剧烈动荡也对大型项目完工所需的所有商品的价格造成了通胀压力，这些商品不光包括了钢铁、水泥、工程及设计服务，同时还包括可到位的资金。当在工程开工之时施工时间的延迟和成本的上升就破坏了工程条款的可信任度，公用事业公司通常就会开始担心采购新的核反应堆对于他们信用等级和贷款成本的影响。

第二个延缓了核反应堆在世界各地推广的主要问题是人们对于核武器扩散的深切担忧。

我在白宫的八年里，每一个我们所面对的核武器扩散问题都同核反应堆项目有关。要是在 50 年代和 60 年代这一定会让热心核能的人感到惊讶。因为他们坚信制造核武器所需要解决的科学和工程难题与建设核电厂要解决的问题不可同日而语，建设发电用核反应堆相对简单，并不会增加核武器制造技术落入别有用心的人手中的风险。

然而，不幸的是核武器设计对于寻觅它们的人而言是很容易获得的。制造核武器关键部件的专门工具虽然难以取得，受到无比严格的管制，但是核弹的最关键的要素却是裂变材料。所以，过去的假设已经无法让人高枕无忧。

确实，武器级的核材料浓缩难度远大于普通核反应堆的核材料浓缩，但是随着浓缩技术的发展，拥有核反应堆级别裂变材料的国家进一步将核材料浓缩至武器级别的可能性已经比以前大多了。科学家和工程师组成的能够实施核反应堆项目或者核燃料循环部分环节的团队也可能会迫于某个独裁者的压力而秘密研制核武器。确实，过去 25 年中，核武器主要是以这种形式扩散的。

核材料从用于反应堆变成用于核武器这样的流程也有可能会反过来。1998 年，我参加了美国和俄罗斯就两国核武器大裁军条约的谈判。这次谈判的结果就是核材料出现了多余，技术上讲这些材料可以被转用做非军事核反应堆的燃料。可是事与愿违，这种转换被证明是很难实现的，而且由于出现了大量核材料的剩余，反应堆燃料市场因此处于不稳定状态。

众多的研发团队正在努力开发新的设计来应对当前一代核反应堆遭遇的萧条。他们期冀新一代核反应堆的建设成本会降低，运营安全系数会更高、更便捷，对灾难性事件、恐怖袭击的抵御力更强，小规模也能具有经济效益。这些优点使新一代核能对面临核能需求不确定未来的公共事业公司更具有吸引力。

对所谓的第四代核电厂而言，有超过 100 种的其他设计，其中包括使用液体钠作为制冷剂“钠冷快速反应堆”（又称“一体化快堆”）。这是法国的弗拉芒维尔（Flamanville）目前正在建造一座“第三代”核反应堆。新一代核反应堆的建设由于工期延长、预算超支而受到了负面影响。

根据南非的设计改变而来的，现在爱达荷国家实验室正在研究这种超高温的核反应堆。

无论如何，美国和其他富有的发达国家用来解决气候危机的策略对于世界其他国家而言都是一个富有号召力的样板。既然情况如此，就很难想象发达国家能够摆脱自己的责任，说“核能是我们的选择，但是我们不准备让你用核能，因为我们担心核武器扩散问题”。

虽然如此，要是世界各国愿意将核能作为解决电力问题的特效药，核反应堆会比现在多几千座。其中的很多会位于大多数国民都承诺不拥有核武器的国家。

解决这个问题可能的、常被建议的途径就是建立一个置于有核发达国家监管下的国际组织，这个组织将提供欠发达国家核反应堆核燃料并保证其安全。这一交易的条款将保证核燃料始终会置于提供该核燃料的发达国家的控制之下。用过之后的核燃料也要根据条款规定移除并更换新燃料，这个环节根据规定也不能置于发展中国家控制之下。可是，大部分发展中国家都否决了这样的选择，担心这样的安排将使其国内的能源项目被别的国家所掌控。

将核能作为特效药式选择的另外一个问题是世界各地的反应堆数量大增会对核燃料的供给产生压力。核反应堆数量的显著增加不仅对现有的铀储备产生压力，对全球快速、安全地扩大铀开采和铀加工的有限能力也产生了压力。目前，开采新的铀矿需要较长的一个提前期。铀矿开采公司一半以上的雇员目前都在从事不断的清理工作，目的是防止出现对公众健康的损害和对环境的破坏。

热心于核能的人对已加工铀可能的短缺提供了解决方案：反应堆中已用过的铀可以回收以延长其使用周期。毕竟，他们说，目前的反应堆只利用了铀矿中 1%的可利用能量，在俄罗斯、部分欧洲地区和日本（2008 年），核燃料回收早已大行其道。不过，这种核燃料回收是将钚从废料中分离出来并加以循环利用。

众多核能的拥护者长久以来一直支持核燃料的回收利用，将其作为反应堆堆芯的新来源。这种做法也被打上了“循环利用”的标签，有时被当做是替代核废料长期储存的一种方法。但是这种想法很容易导致误解，因为回收利用实际上增加了废弃物的总量，即使回收利用确实减少了高级废弃物的总量。诚然，回收利用能够丰富世界范围内核电厂可利用的铀资源，并有利于控制需要储存的核废料的数量。但是回收利用也会显著增加核燃料循环的成本，而且废料的长期储存也

各种电力来源的相对二氧化碳足迹

人们对核能的新热情来源是一个认为核电的生产过程不产生二氧化碳的观念。这个想法并不完全正确。核电厂的生命周期——从施工建设开始到铀燃料的开采加工、核废料的运输和储存以及最后核电厂退役——会产生大量的二氧化碳。当所有的二氧化碳按普通核电厂生命周期中所生产的电量的度数来分配时，每千瓦时对应的二氧化碳排放量还是要远远低于燃煤发电的二氧化碳单位排放量。然而，核电的二氧化碳排放量还是要高于风电、太阳能电、水电在同一生命周期中二氧化碳排放量的数倍。

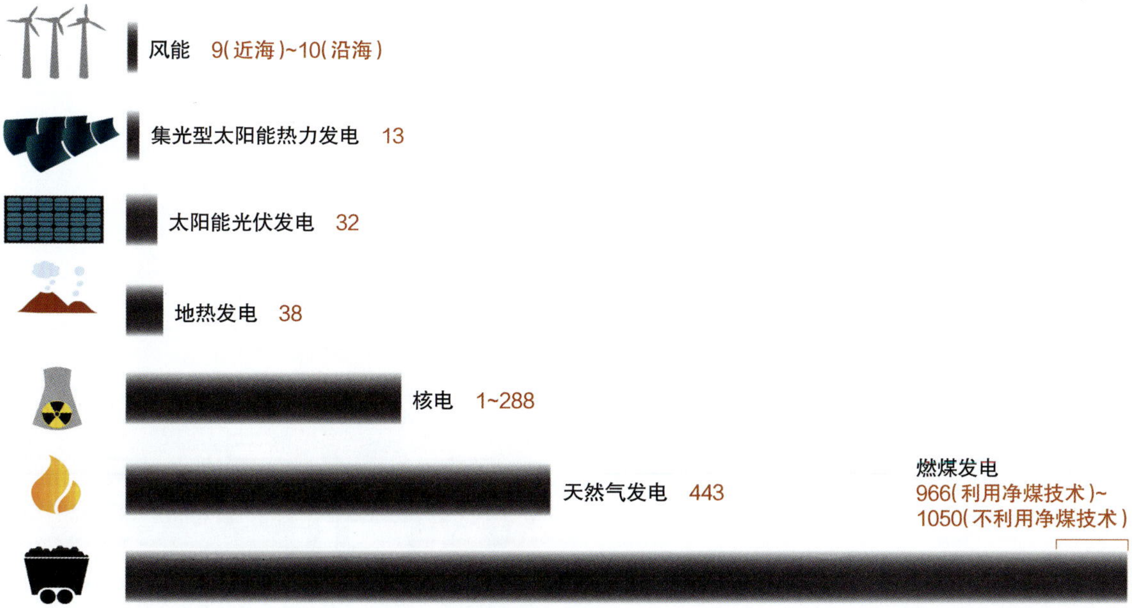

每千瓦时能量所产生的二氧化碳克数

来源：本杰明·K·索法库,《能源政策》第 36 页,2008 年

无法避免。

更重要的是，回收利用能够生产钚的这种核武器原料。这种有争议的选择会导致更加危险的核材料的扩散，扩散的核材料与核技术、核知识、核设备一起可以被用于军事或者非军事的目的。在这种情况下，控制核扩散、防止核武器落入试图实施大规模恐怖袭击的恐怖分子之手的难度就大得多。

当前，并没有针对钚流失的有效监管。哈佛大学的教授马修·邦是当前全球监管机制的领头专家，他认为监管措施完全不到位。他说各国必须将大力加强全球核安全体制作为重中之重。他指出，当前的国际安全体制“完全不具有强制力”。

基地组织、伊朗、朝鲜以及那些认同于巴基斯坦阿卜杜勒·卡迪尔·汗（A.Q.Khan）网络的人有组织地获取钚的行为增加了核扩散的风险。核扩散和恐怖主义问题的重要专家哈佛格拉姆·埃里森教授预言，除非针对核扩散的重要补充安全机制迅速到位，否则今后的10年里恐怖组织在美国引爆核武器的概率为50%。

越来越多的专家最近的几年里得出结论：在任何一种情况下，核废料的回收利用是一个危险的糟糕选择。麻省理工学院的专家指出，“我们对核燃料总循环离开反应堆后的安全所知甚少。”

在核燃料循环的另外一段，核反应堆所产生的废料的储存也提出了挑战，在几十年里面让美

核聚变原理

很多年来，对核能利用的另外一种方式即核聚变的潜力人们兴趣颇浓。当常规的反应堆通过重原子裂变来产生热量的时候，核聚变通过使轻原子聚合在一起而产生更多的热量。第二次世界大战末期使用的原子弹是基于裂变原理的，但是在冷战期间制造的威力更强大的氢弹利用的是由裂变引爆的聚变。聚变也是太阳发光发热的基本反应过程。虽然在研发利用聚变能量方面已经投入了大量资金，但是早期的热情已经让位于一种清醒的认识，即要利用核聚变至少还需要几十年。

研究者继续探索两种利用核聚变的基本方法：一种是对要聚变的原子实施磁约束，另外一种是利用高能激光来引发聚变的惯性约束。位于普林斯顿等离子体物理实验室的托卡马克（Tokamak）聚变项目几十年来已经取得了缓慢的进展。劳伦斯·利弗莫尔国家实验室在2008年春启动的新型国家点火装置（NIF）是探索惯性约束的顶尖设备。

劳伦斯·利弗莫尔国家实验室的国家点火装置将在2010年开始试验。该点火装置的中心将放置这个直径为10米的靶室，科学家希望通过激光束在靶室里面实现核聚变点火。

国和其他几个国家的政治程序差一点陷于瘫痪。众所周知的伴随有争议项目选址的“事不关己，高高挂起”的态度，对于衰变期很长、高放射性的核废料的处理是一个严重的障碍。国际上对核废料在地质构造可以保证长期安全稳定、没有地下水侵蚀风险的选址进行深埋处理的做法的可行性具有共识。这些选址必须足够深，远离人群居住中心，但是又要便于废料运输工具的出入。

尽管全球对于这种储存技术的合适性有所共识，但是世界上还没有国家启用这样的选址。因为最危险的核废料的半衰期长达几十万年，“长期”这个词在衡量每一个可能的废料处理场时都具有完全不同的意义。瑞典和芬兰的地质储存地点看来是合适的，也获得了公众的许可。法国也选择了一个储存地点，计划在 2025 年启用。其他的国家追随美国正在计划之中。

美国核管理委员会将核废料分成 4 种：第一种是“高放射性核废料”——来自核反应堆的已用过的燃料（乏燃料）。通常 1000 兆瓦的轻水反应堆每年会产生大约 27 吨的高放射性核废料。提倡扩大核电厂规模的人指出这相当于普通的煤电厂每年排出 40 万吨的有毒煤灰。全世界核电行业每年要产生大约 10000 立方米的高放射性废料，虽然这些废料只占所有废料的 3%，但是所含有的放射性却占放射性总量的 95%。正是这部分核废料的处理问题，在美国形成了政治性的僵局。

第二类“低辐射性废料”的量要大得多，大部分（正如其名所指）的放射性要低得多。这些废料包括被污染的衣物、过滤器材、抹布和试管、工具等。在某些情况下，这一类的废物还包括取自高放射性核反应容器内部的部件。

能源生产过程中的耗水量

大部分的核电厂需要用大量的水，主要用于冷却。使用“开环”冷却系统的核电站每生产一兆瓦时的电量需要用到 25000~60000 加仑的水，在这个过程中只有 445~870 加仑的水被实际消耗了，实际消耗量取决于核电厂的类型。使用“闭环”冷却系统的核电厂的用水量要低得多，但是实际耗水量差不多。虽然这些水不会沾染放射性，但是被加热后的水又被重新排入了河流、湖泊和海洋，这样就有可能危及鱼类的生存并导致其他问题。有人建议应当利用废水中的余热。

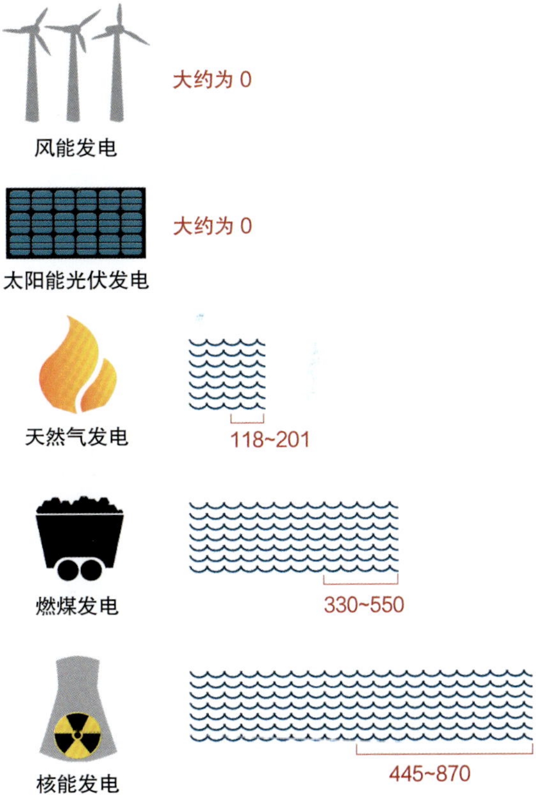

每兆瓦时电量的耗水量（以加仑计）

来源：美国能源部

每一座混凝土桶中都装着来自核反应堆的乏燃料。由于内华达州尤卡山核废料存储设施的关闭，这些核废料桶还在等待永久性安置。

第三类被称为“乏燃料回收附带废物”，这个分类是能源部提出来的，指的是乏燃料回收过程产生的副产品。

第四类“铀矿加工残渣”包括铀矿加工成核燃料过程中产生的废物。这些残渣中还有镭这种半衰期长达 1000 年的元素。铀 238 是自然界中最常见的铀元素形式，与铀 235 相比每个原子多 3 个中子，后者比较少见，用作大部分反应堆的燃料。

大部分围绕核废料的争议都同长期储存库的选址有关，相比之下核废料的近期风险存在于将大量的放射性核废料从反应堆运往存储地点的运输过程之中。

当美国政府在敲定核废料长期储存库方面的努力陷入了僵局时，又试图建立短期的储存库作过渡期使用直到长期储存库完工。但是这样又产生了新的争议。这种做法导致更多的反对短期储存库的意见。批评者认为这种方案实际上是要运

输两次核废料，因而使运输的风险翻了一番：第一次是将核废料运往短期储存库，其次又要将核废料从短期储存库运往长期储存库。出于各种理由，乏燃料在美国通常存放在核电厂的地上干桶中。

将内华达的尤卡山（Yucca）作为主要的长期储存地点自然在内华达州导致了强烈的抗议。但是针对尤卡山的地质结构安全性的争议甚至导致了更强烈抗议。经过仔细的检查，专家发现该储存地点的地质构造处于活跃状态，地质化学环境也具有“氧化性”，这就违背了核废料长期储存的标准。其他的反对声音来自沿运输路线的社区，因为高放射性的核废料将常在这条路线上运输。

虽然在美国新核电站的建设几乎陷于停顿，田纳西流域管理局又将 20 多年前关闭的一座核反应堆重启使用，还恢复了之前筹建但是后来又将之封存的一座反应堆的建设。但是自 1978 年以来，再也没有筹建过新的反应堆。

即使是巨额的新政府补贴和保障也没有吸引多少私人投资到新核电站的建设中。这些补贴根据落基山研究所的共同创始人阿莫里·洛文斯的估计总额超过了 5000 亿美元，其中包括施工贷款担保、为了持续资助核废料长期储存方案而对付费用电户的额外收费、针对核电站灾难性事故责任保险的公共保障、纳税人资助的针对法律或者管理延误的保险、纳税人分担的执照成本、联邦研发支出（超过了 1500 亿美元）以及用来支付搁置成本（如旧核反应堆的施工债款）的公共保障等。由于这种情况，一些公共事业公司又一次同意要从一个新的角度考虑核能选择。17 份包括 26 座新反应堆的申请已经递交给了美国核管理委员会，但是还没有哪一份申请获得了资助承诺，还没有哪一座核电站开始施工。

美国运营中的 104 座核电站中，有 24 座位于目前正遭受严重干旱的地区（大部分位于美国的东南）。这些地区的严重干旱由于全球变暖会变得更频繁。阿拉巴马的一座 TVA 反应堆已经被迫暂时中止运行，不常见的高温使得溪河的径流量变小、水位下降，这就限制了取水量，在某些情况下，还降低了将热水排入河流而不对鱼类生存造成威胁的可能性。

在 2003 年欧洲历史上少见的热浪中，因为水位的下降，法国、西班牙和德国被迫关闭无数的核电厂并减少其他核电厂的发电量。假如，按照科学家的预测，全球变暖未来还会造成更严重的水位下降和旱情，很多建在河滨和湖滨的核电厂也许很快将面临间歇性的也是代价高昂的停工，这会使核电的成本在原来就不具有竞争优势的情况下更乏善可陈。

有生命的系统

LIVING SYSTEMS

第九章

森林

亚马孙流域有着地球上最大的雨林，但是每年遭破坏的面积达 10000 多平方千米（3900 平方英里）。

由于采伐森林产生的二氧化碳排放量仅次于燃烧石油燃料发电发热产生的排量，后者是地球变暖的最大污染源。有确凿证据表明每年二氧化碳排放量的20%~23%来自于破坏并且焚烧森林的行为，这个比例超过了全世界每年轿车和卡车的二氧化碳排放量。

采伐森林最直接的、最重要方式是被称为“刀耕火种”的技术，这种技术被用于快速清理森林，将空地用于持续耕作、种植、放牧牛群，这种做法常见于热带、亚热带国家。著名的生态学家诺曼·迈耶斯最近估计，当前滥伐森林现象中的54%是由刀耕火种式农业行为造成的，22%是由于油棕种植园的扩大造成的，19%是由“过度”采伐木材造成的，5%是由养牛牧场造成的。

令人欣慰的是各国政府间现在已经暂时性达成共识，要致力于大幅度减少森林砍伐。不过，各国政府也发现，必须从滥伐森林的源头上着手，才有可能取得成功。造成滥伐森林的原因有：

- **穷国的贫困与人口增长。**
- **全球化市场对于廉价的木材、棕榈油、牛肉、大豆、甘蔗以及其他商品有吞噬一切的胃口，这些商品都是在砍伐森林后的空地上出产的。**
- **市场经济只看重砍伐森林后带来的利润，而不重视有生命的森林本身的价值。**
- **世界各国对通过征收碳税、支援热带国家的经济方式向全世界凸显森林的真正价值并无共识。**
- **腐败削弱了防止滥伐森林的现行法律和规定的有效性。**

最近几年里，森林的采伐模式的最大变化，按照迈耶斯和其他人的说法，就是刀耕火种的农业生产行为的扩张。以前是小群的人从一片森林迁徙到另外一片森林，而现在几年中，大量的贫困流动人口在从事这种农业生产，特别是在巴西的亚马孙雨林和非洲刚果盆地。

每一秒，便有一英亩出头的森林遭到砍伐。按天计这个数字就上升到了将近10万英亩（3.8万公顷），按年计便是3400万英亩（1370万公顷），相当于一个希腊的面积。这个数字由于森林的自然恢复和人工种植有所抵消，所以每年森林的净损失在1800万英亩（730万公顷）。

疯狂的毁林行为对于气候危机有双重的影响：一方面，树木所含的大部分碳被释放到了大气中；另外一方面，地球由于原本能捕捉二氧化碳的森林被砍伐，部分地损失了吸收二氧化碳的能力。

大部分人都知道美国和中国是全球变暖最大的元凶，但是听到排在第三和第四的国家是印度尼西亚和巴西时很多人都会惊讶。在印度尼西亚和巴西，碳排放都是主要来自滥伐森林。全球资源研究所分析后的卫星资料让人震惊，这些资料显示被砍伐的森林中超过60%都是在巴西和印度尼西亚，集中在亚马孙的马托格罗索州和印度尼西亚的廖内省及附近地区，这些地区都拥有大片的泥炭森林。

联合国粮农组织一直对森林的采伐进行统计，指出最近几年继巴西和印度尼西亚之后，世

欠发达地区采薪烧炭然后用作燃料是滥伐森林的动机之一。中国辽宁：这种做法向大气同时排放二氧化碳和黑碳。

界上最大的滥伐森林的国家包括苏丹、缅甸、赞比亚、坦桑尼亚、尼日利亚、刚果民主共和国、津巴布韦、委内瑞拉。按地区来看，拉丁美洲滥伐森林的面积最大，非洲紧随其后，东南亚排第三，北美排第四，但是砍伐森林的面积小得多。

在亚洲和拉丁美洲，砍伐森林的最大目的是将林地用于大规模农业。在非洲，最主要目的是将林地用作小型农场，但是在非洲大规模农业正呈增长趋势，来自中国的利益集团购买大面积的土地用于种植他们打算在未来进口到中国的粮食。

在巴西（占全世界砍伐森林面积的 48%）2008 年砍伐森林的行为再次升温。亚马孙雨林将近 20%已经遭到了破坏（巴西政府的官方数据是 17%）。在最上乘的木材被砍伐并运走后，剩下的树木被烧掉，以此给牛群和庄稼腾出空地。根据“绿色和平”的最新报告，“亚马孙雨林在 1996 年和 2006 年间被砍伐后的土地有 80%被用做养牛的牧场。”

巴西历史上曾经对国际社会要求巴西签订协议对其他各国承诺亚马孙雨林未来的做法很敏感，但是，现在巴西已经宣告在 2017 年前将森林采伐率减少 70%的国家计划。2008 年 8 月，总统路易斯·伊纳西奥·卢拉·达席尔瓦宣布建立基金和一整套新的规定来保护亚马孙雨林。可是，这些规定还没有得到有效实施。巴西的环境部长卡洛斯·明克承认了失败，他说：“我们并不满意，应当进一步减少滥伐森林，并改善可持续发展的情况。”

荒谬的是，虽然巴西每年破坏森林的面积是印度尼西亚的两倍，印度尼西亚的因破坏森林而产生的二氧化碳排放量却是巴西的两倍。这些二氧化碳主要来自含碳量丰富的泥炭地，当印度尼西亚的森林被砍伐、林地被清空后，这些泥炭地就会变干，被焚烧后的燃烧时间更长，释放出大量的二氧化碳进入大气层。

印度尼西亚和邻居马来西亚种植了世界上80%多的油棕（在过去的10年里，印度尼西亚超过了马来西亚，成为世界头号棕榈油供应国）。在这两个国家，大片的泥炭森林中的树木被砍伐，土地被排干，让位给油棕种植园。为了加速土地变干过程，种植园主就焚烧泥炭地。每到焚烧集中发生的季节，就形成巨大的烟尘云，覆盖了东南亚群岛。

这两个国家都对油棕种植园的迅速扩张实行补贴和其他刺激政策。印度尼西亚的官方政策要求在2020年前将油棕种植园的数目翻三番。有些伐木者就利用政府号召开发新种植园的政策，表面上说是要种植油棕，实际上只是在这个空洞的借口下砍伐本应该得到保护的森林以取得木材。

印度尼西亚和马来西亚（以及文莱王国）共同拥有婆罗洲。韦利·斯密茨这位住在婆罗洲的环保主义者一开始从事拯救濒临灭绝的黄猩猩，后来又将重点放在尽量恢复黄猩猩的栖息地、保护森林土著上。他说：“他们真正在做的事情是偷盗木材，种植（油棕）之前必须砍光树木，但是木材是他们唯一想要的东西，砍了树拿了就跑，根本没有要种植（油棕）的打算。这是一个阴谋。”

但是大部分砍伐后腾出的空地确实建成了正在经营中的油棕种植园。油棕在30年中都可以结果，提供了就业机会，比起其他任何油料作物，单位种植面积的产油量都要高。

滥伐森林最严重的10个国家

在热带地区发展中国家，滥伐森林现象最严重。下面的地图上标示的就是每年毁损的森林（以英亩计算），滥伐森林现象严重程度排名前10的国家。

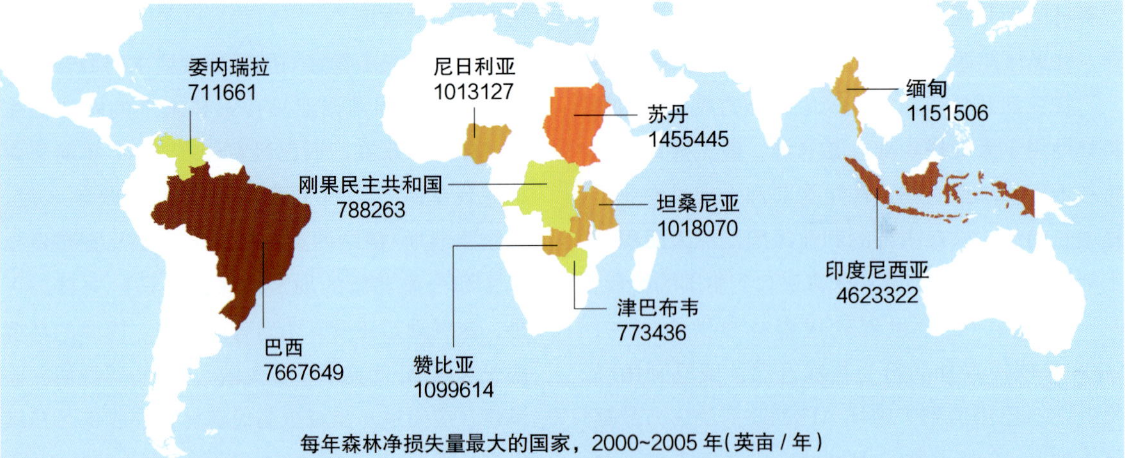

每年森林净损失量最大的国家，2000~2005年（英亩/年）

来源：联合国粮农组织，《世界森林的状况》，2007年

苏门答腊岛上最后的一片泥炭森林正在遭到成片的砍伐、焚烧、排干，用于种植油棕。

苏门答腊岛泥炭森林被成片砍光后，砍伐而来的木材被装上驳船运往市场。

“他们真正在做的事情是偷盗木材，种植（油棕）之前必须砍光树木，但是木材是他们唯一想要的东西；砍了树拿了就跑……”

——韦利·斯密茨

韦利·斯密茨：全力恢复生态系统

1989 年，荷兰森林学家韦利·斯密茨在印度尼西亚巴厘巴板街边市场的垃圾堆里发现了一只奄奄一息的红毛猩猩幼崽，他救了它并照料它直到康复。两年后，斯密茨建立了婆罗洲红毛猩猩拯救基金会，现在这个基金会已是世界上最大的红毛猩猩救助基金会。这个基金会已经帮助 1000 只年幼红毛猩猩重返栖息地。

韦利·斯密茨与几只婆罗洲红毛猩猩拯救基金会救助的红毛猩猩在一起。

斯密茨遇到闯进他生命中的那只红毛猩猩幼崽时才从荷兰过来研究热带森林不久。他认为滥伐森林，尤其是为了获取棕榈油而滥伐森林，对红毛猩猩的生存构成了威胁。滥伐森林也是印度尼西亚成为世界最大的温室气体排放国家之一的主要原因。热带雨林具有永久自持的水循环系统：蒸发自树木和其他植被的水分冷凝成云层，之后又变成雨随风而落。当滥伐森林破坏了这个循环时，就会造成气温上升，引起降雨量下降或者无规律降雨。在印度尼西亚从事恢复热带雨林的工作 7 年之后，斯密茨用自己的资料表明前面讲到的过程反过来也是成立的：恢复森林植被有助于恢复自然的雨水循环。

自那时开始，斯密茨的基金会就不仅从事保护红毛猩猩的工作，还关注保护并恢复印度尼西亚的森林。他知道，要拯救红毛猩猩，就必须为它们提供足够浓密、野生化的栖息地，这样才能保证种群健康、安全、远离偷猎者。为了保护森林，斯密茨让当地人承担森林守护者的责任，具体做法就是建立一个自然保护区，这个保护区所处的生态系统和森林的健康休戚相关。

2002 年，和马萨兰基金会（Masarang Foundation）一起，斯密茨建立了 Samboja Lestari（“永恒的森林”）这个位于巴厘巴板东北 22 英里（35 千米）处面积为 5000 英亩的保护区，该保护区正位于巴厘巴板最贫困的地区之一。斯密茨将全力恢复雨林的努力同农业结合在一起，在该保护区的金合欢树之间种植菠萝、木瓜以及豆类。在树木之间栽种作物可以减少树种之间的竞争，帮助生态系统更快得到恢复。在这片恢复起来的森林深处就是远离人类的红毛猩猩栖息地复原中心。

在被恢复的森林外围是宽达 328 英尺（100 米）、起到防洪、防火作用的桄榔（糖棕，译者注）林圈。这些桄榔树能够充当生态缓冲带，同时也是一种经济作物。桄榔一天可以抽取含糖树液两次，马萨兰的棕糖加工厂会加工这些树液。这家工厂为 3000 人提供了工作机会。

如今，Samboja Lestari 已经成了 200 多只健康红毛猩猩的家园。森林重建计划看来至少已经暂时性地扭转了一些气候变化。当地的平均气温已经下降了 3~5 摄氏度（5.4~9 华氏度），云层覆盖面积增加了 11%，降雨量上升了 20%。这片原本被破坏殆尽几成沙漠的土地现在生长着超过 1800 种树木，栖息着 137 种鸟类，还有 30 种爬行动物。

斯密茨的目标是要人们足够重视生态系统、愿意保持其完整性。为了帮助红毛猩猩，他正在为保证森林的繁荣和当地人的福利而努力。

科学家估计大气中超过40%的多余二氧化碳还是过去几个世纪中因滥伐森林而积聚起来的。

棕榈油不仅是全球使用最普遍的食用油，而且还可以与柴油混合成一种主要的生物柴油。使用这种生物柴油的好处基于如下理论：这种燃料的有机成分在燃烧时释放出二氧化碳，种植更多的油棕又会将之吸收，这样有机成分就处于循环过程中。可是基于多年经验的更深入的研究证实砍伐并焚烧森林释放出的二氧化碳要比重新栽种油棕后吸收的二氧化碳多得多。这种对生命周期的分析是几个导致人们重新思考生物柴油、乙醇和其他生物燃料对环境的终极影响的因素之一。

印度尼西亚已经立法对使用棕榈油的本国产车辆实行补贴。可是，大部分印度尼西亚和马来西亚产的棕榈油都被出口到了北美和欧洲，以满足对生物柴油的需求。具有讽刺意味的是，美国一项旨在提倡使用生物柴油的减税政策成了砍光原始森林、扩大油棕种植园背后的重要推手。这项税收上的漏洞使得棕榈油的美国进口商能拿到每加仑一美元的补贴，只要他们在棕榈油中加入一些生物柴油，然后又将这样的混合生物柴油出口到欧洲市场，在欧洲市场上他们又能得到额外的旨在鼓励使用生物柴油的政府补贴。

这样最后的结果便是美国和欧洲的纳税人正在为破坏原始林的行为提供积极的补贴，而这种破坏行为是在人们一开始都相信的保护环境的名义下进行的。在2009年，美国的立法者成功地堵上了这个美国法律的漏洞。

全球变暖的每一个解决方案都互不相同，这是因为气候危机的每一个成因都深植于长久以来形成的行为、商业和文化模式。每一个解决方案都因为政治、地缘政治的复杂因素而更加复杂，长久以来建设性行动总是因这些复杂因素而受挫。在滥伐森林的问题上，所遇到的主要困难就是当今世界上主要集中在北半球的富裕工业化国家与主要集中在热带和亚热带地区的较为贫困的欠发达国家之间的深层分歧。财富分配的差异当然深植于历史和地理，并因为殖民主义造成的痛苦遗产而更加复杂。

欠发达国家常常提到北美和欧洲前几个世纪中滥伐森林的历史，部分富裕国家指责穷国不断破坏森林的行为在他们看来是伪善的表现。诚然，他们的说法有道理。在20世纪下半期石油和煤的消耗急剧增长之前，滥伐森林是全球最大的二氧化碳排放源。即使是现在，科学家估计大气中超过40%的多余二氧化碳还是过去几个世纪中因滥伐森林而积聚起来的。根据某些计算，直到20世纪70年代使用化石燃料才超过滥伐森林成为全球变暖的主要原因。

地球表面的森林总覆盖面积大约是90亿英亩，覆盖了地球1/3的陆地面积。砍伐森林的行为存在了成千上万年，但是过去的森林砍伐率比目前低得多。根据世界资源研究所的调查，我们现在拥有的森林覆盖率只是300年前的一半。俄罗斯、巴西、加拿大、美国、中国、澳大利亚、刚果、印度尼西亚、秘鲁、印度拥有世界上最大

具有讽刺意味的是，
美国一项旨在提倡使用生物柴油的
减税政策成了砍光原始森林
扩大油棕种植园背后的重要推手。

印度尼西亚婆罗洲以前的泥炭森林现在成了超大规模的油棕种植园。

面积的森林资源。这些国家拥有的森林面积占全球森林总面积的 2/3。

剩下的 1/3 森林依然是“原始林”，人类活动的干扰还没有产生巨大影响。虽然森林总面积还在不断减少，但是净损失率已经开始下降了。

更据联合国粮农组织的说法，“世界上 84% 的森立属于公有，但是私人拥有的比例正在上升。”世界上 1/3 的森林主要被用于生产木材和非木材类森林产品。

但是北半球的温带圈森林和赤道线南北的热带森林之间具有巨大的差异，热带森林的碳含量远远高于地球上其他的生态系统，估计达到了每英亩 49 吨的碳含量，而温带森林的碳含量每英亩仅为 26 吨。热带雨林代表一种特殊情况，虽然仅覆盖了地球陆地面积的 7%，但是却拥有地球上一半的树木。

被逐渐侵蚀的亚马孙河岸显示出，这些热带地区是如何的贫瘠，而且缺乏营养。大部分雨林的养分集中在具有活力的生物圈和有机物质腐殖层。

此外，热带雨林的土壤非常瘠薄。虽然说火山灰和冲积平原的土壤通常比较肥沃，但实际上很多雨林的营养成分不是存在于土壤之中，而存在于地上活着的树木和其他植物形成的绿色殿堂中，存在于地表腐烂分解的废物中。

热带雨林生物多样性损失的后果要严重得多，因为地球上如此丰富的生物多样性大都存在于热带雨林。估计地球上 50%~90%的物种都可以在森林里面找到，这个范围的上阈基于一个生物学家的普遍看法，即科学界未知的物种极大部分都集中在热带雨林。随着动物栖息地的缩减，物种多样性的丰富资源库正在遭到破坏。热带雨林中濒临灭绝的著名物种包括婆罗洲红毛猩猩、苏门答腊虎、亚洲象、非洲的一些大型灵长类动物（人类的近亲），无数的可开发成新药的资源、粮食作物的野生表亲（粮食作物必须依靠这些野生种的基因库，得到偶尔的基因改良才能够抵抗枯萎病和虫害存活下去）。

地球各处的野生动植物栖息地遭到了破坏，其累积的后果即将导致现在一些科学家所说的“第六次生物大灭绝”。（参见“第六次生物大灭绝”，第 142 页）

诺曼·迈耶斯在去年越南举行的亚太森林学会议上作了发言，他说：“现在，我要给大家传达一个讯息，这个讯息包含的事实事先已经触及了我的承受底线：我们正面临一个超级危机，一个让人惊骇的危机，一个 1 万年前人类走出洞穴以来最严重的危机。我指的，毋庸赘言，就是人类毁灭热带森林和以热带森林为家的百万计的物种这一事实。”

碳循环中森林所扮演的角色

在生态系统里面碳的循环过程中，森林扮演了一个双重的角色：一是从大气中吸收碳，二是将碳固定在树木和土壤当中。通过自然的光合作用，大气中的二氧化碳被叶子表面的细孔所吸收并与植物合为一体。“被固定的”碳一直留在那里直到植物被焚烧或者土壤被翻动。因为森林具有“呼入”二氧化碳并“呼出”氧气的能力，所以森林常被称为地球之肺，这个呼吸过程是在微观层面上发生的。光合作用发生在叶绿体和亚细胞内，每一个植物细胞都含有多达 50 个亚细胞。叶绿体含有一种被称为叶绿体基粒的结构，叶绿体基粒外面包着一层水溶性液态蛋白基质。叶绿体基粒是光合作用的容器，光合作用能够将水分解成氢和氧。氧被植物释放入大气，而氢则进入被称为卡尔文循环第二个阶段，在这个阶段光合作用产生的能量被用于将氢原子同二氧化碳结合产生糖类。这些糖类组成了植物更为复杂的细胞，碳就长期储存在这里。

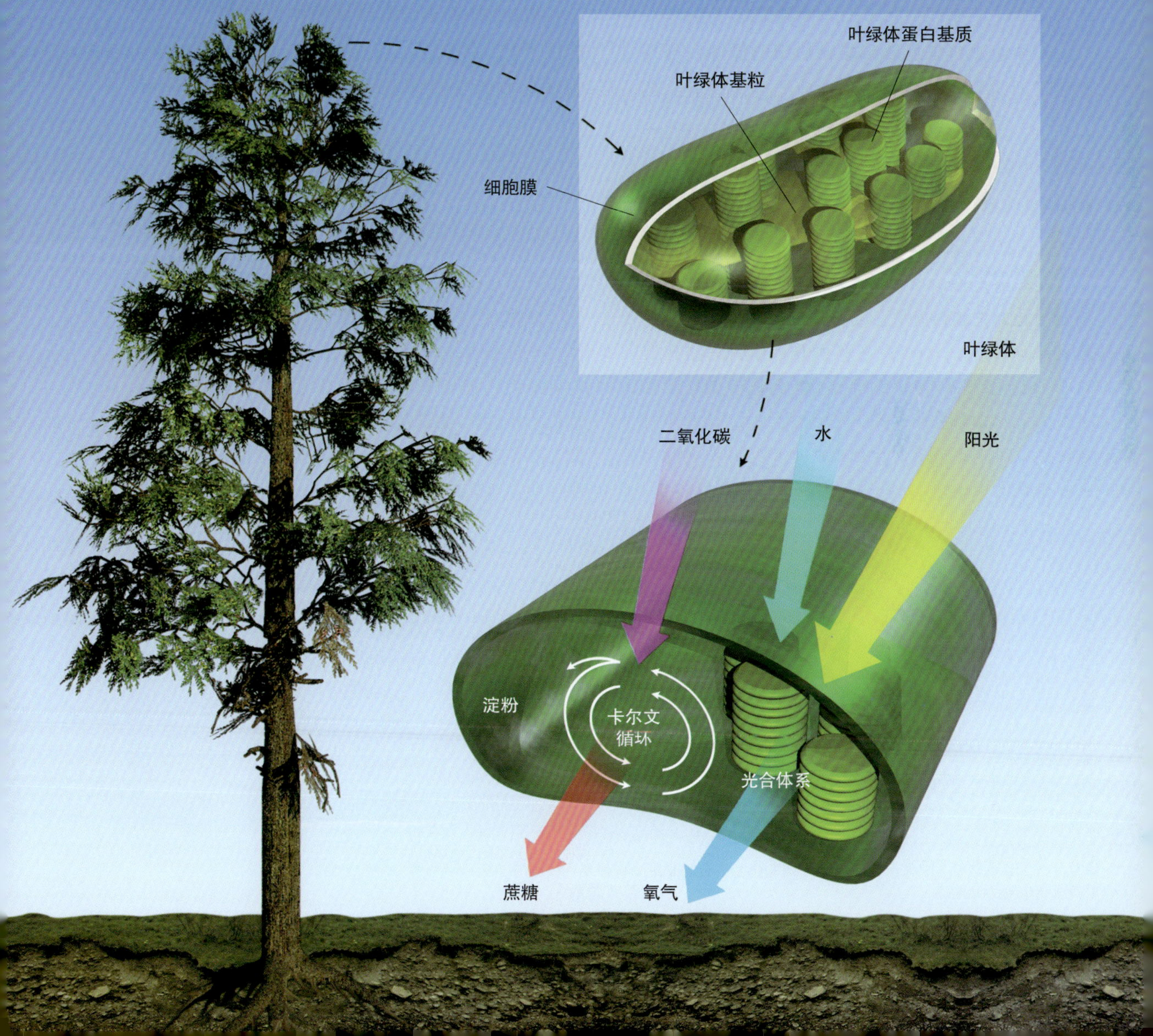

前面5次大灭绝中的3次发生在6500万年前，恐龙在这个时间段里面消失了；2亿年前，76%的物种都消失了，个中原因现在科学家们并不完全清楚；2.5亿年前，96%的海洋生物都灭绝了，陆地上2/3的爬行动物和两栖动物灭绝了。所有灭绝事件都同当时各块陆地聚合在一起形成盘古大陆的地质演变有关。还有两次生物大灭绝发生在3.64亿年前和4.4~4.5亿年前之间，这两次灭绝的原因科学家们尚不清楚。

对生态多样性和森林覆盖价值的低估，与相比之下对木材与赖以为生的农业的经济价值的高估，导致了对滥伐森林所造成的最终影响估计严重失误。实际上，用市场经济来说明环境因素的普遍失败在衡量树木和森林的价值时尤其痛切。只要碳排放没有代价，市场就会不断鼓励往大气中大量排放二氧化碳的行为，就会鼓励大肆破坏地球森林的行为。一旦碳的意义得到了阐明，那么树木在吸收大量二氧化碳方面的价值将在众多情况下远超树木作为木材来源的价值。

拉里·林登这位森林经济学方面的知名专家提供了如下的例子，这个例子阐明了忽略碳的价值所具有的荒谬性：一公顷的树木（2.5英亩）

第六次生物大灭绝

大部分生物学家相信我们正处于地球历史上第六次生物大灭绝的时代。物种的灭绝速度数倍于自然灭绝的速度，这主要是由热带雨林和那些作为90%的地球上已知物种家园的生态系统的迅速破坏造成的。杰出的生物学家E·O·威尔逊在1986年时曾说："事实上所有对生物灭绝过程有所研究的学生一致认为生态多样性正处于第六次大危机当中，这次完全是由人类提前造成的。"

汤姆·拉夫乔这位生物多样性的一流专家曾经说过："假如目前的趋势继续下去的话，部分物种注定要消失，将要灭绝的物种会达到一半，很少有人对此持异议。"照目前的速度，生物学家预测第六次大灭绝会发生在21世纪，除非各国能找到阻止破坏森林和其他重要生态系统的办法。

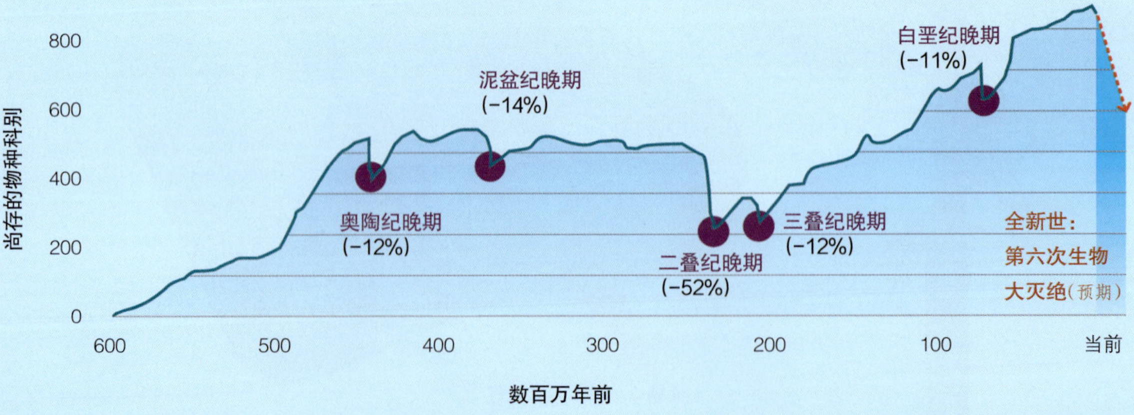

资料来源：David Raup 和 John Seposki，《科学》，3月19日，1982年

被砍光后售往牧场，可以带来平均 300 美元的收益。但是破坏这片土地，却将价值为 1.5 万美元的碳排放到了大气中。（假设碳的价值为 30 美元一吨，这些树固定的二氧化碳总量为 500 吨）林登的计算表明，在世界范围内 30 美元一吨的二氧化碳价格将导致森林砍伐面积减少 80%。以 20 美元一吨计，可以减少 60%的森林砍伐。（五年一期的二氧化碳排放合同在欧洲气候交易所的售价是 26 美元一吨；如果哥本哈根气候大会能够确定最后的全球协定，这个价格还会上升。）

在较为富裕的国家，常见的森林管理措施常忽略树木在固定二氧化碳方面的经济价值。《最后的机会：保护地球上的生命》这本卓越之作的作者拉里·茨威格用白橡的例子来阐释这一点。白橡齐胸部位直径只要长到 12 英寸，便会遭到砍伐。但是白橡的生长模式与其他北半球的温带落叶树种不同，白橡的生长曲线呈钟形。在白橡生命周期的早期，固定的碳相对较少。但是当白橡继续生长，吸收的碳就呈每年加速的趋势，在树龄 120 岁的时候达到高峰，之后吸收的碳就呈慢慢下降的趋势，直到白橡死亡。

假如树木固碳的曲线图为人所知，并在市场上得到重视，那么这些树依然能够得到利用（而不用被砍伐），虽然说在树龄较高时这些树能够固定更多碳。但是只要树木通过市场价格表现出来的额外社会价值依然被忽视，那么通过森林来固定更多的碳的机会就会被丧失。

即使世界各国正在努力恢复森林的健康与完整，将此作为解决气候危机的关键策略，科学家们还对气候危机自身对于森林未来继续吸收二氧化碳能力的影响的担忧还是越来越强烈。

关于全球森林在气候危机影响下的脆弱性，2009 年由国际森林研究组织联盟（IUFRO）所作的大型研究中有了重要的新发现。该报告得出结论，气温上升 4.5 华氏度（2.5 摄氏度）便会造成全球很多处森林失去吸收碳的能力，最终这些森林反而成了二氧化碳排放来源。

IUFRO 在研究中指出：“几个研究项目表明，假如全球升温 2.5 摄氏度，陆地生态系统便会成为碳的最终排放来源，那么当前的碳调节机制彻底失效的风险将非常高……此外，由于砍伐森林和其他破坏性因素，森林会释放出大量的碳，森林反而会进一步加剧气候变化。”

树木吸收的碳

树木一生的碳吸收率类似钟形曲线图，在树木生长的前几十年里面吸收率较小，在之后的多年里达到一个峰值，之后又呈下降趋势。关注树木的生长和二氧化碳吸收率，就能了解树木采伐的合适时间，尽量让树木能够固定更多的碳。下面的曲线图适用于大部分树木，具体的树种碳的吸收率会有所不同。

树木一生中二氧化碳相对固定率

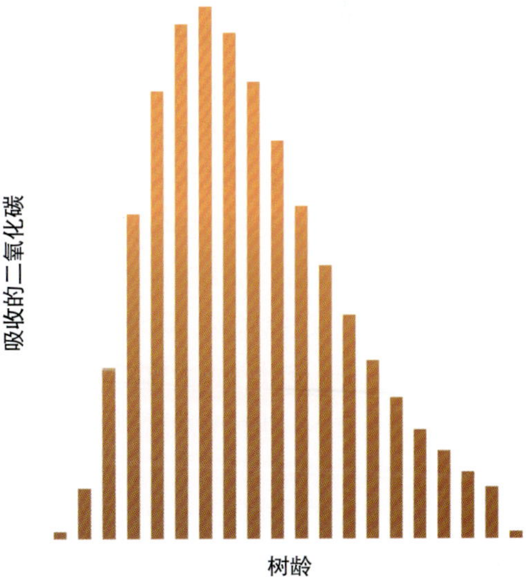

来源：Börje Kyrklund, *Unasylva* 163，1990

科罗拉多的冬季不够寒冷，冻不死高山松树甲虫的幼虫。该州 60 多万英亩的森林都受到了这种害虫的危害。

这点似乎已经早在加拿大的北温带北部森林开始得到验证了，加拿大森林署得出结论说加拿大的森林早已成为二氧化碳的最终排放源。加拿大森林发生的这种角色转换主要是由来自英属哥伦比亚和阿尔伯特省的高山松树甲虫（学名“中欧山松大小蠹”，译者注）猖獗活动造成的，这些甲虫已经毁灭了 3000 多万英亩成熟林。在美国，700 多万英亩的森林受到了影响，估计将受影响的还有 1400 万英亩。原来限制了这些甲虫活动范围的低温日子已经太少。此外，荒火频发，创下了历史纪录。由于高温天气，土壤湿度降低，树木更容易着火，也更容易受到干旱、甲虫的危害。

事实上，北美的西部和欧洲大部的常绿森林正在遭受树皮甲虫（学名“西部松小蠹”，译者注）和高山松树甲虫前所未见的侵袭，这是由于夏季的延长、能够冻死甲虫幼虫的低温日子迅速减少造成的。美国地质勘探局（U.S. Geological Survey）一月份发现美国西部古老原始森林中树木的死亡率翻了一番，这个趋势据说有可能是由西部变暖和由此带来的干旱造成的。

亚利桑那大学生物圈 2 号的独立研究证实温度的上升使一些树种更可能干旱而死。虽然研究中温度只提高了 4 摄氏度，却通过实验第一次表明温度升高对于树种产生了生存压力并导致这些树种更容易遭受甲虫和干旱的危害。

斯克里普海洋学研究所 A·L·韦斯特林带领的研究团队 2006 年在《科学》杂志发表了他们的研究结果，记录了一个事实，那就是“20 世纪 80 年代中期大规模荒火现象突然增多增强，表现为大规模荒火的频率增高、持续时间增强、荒火发生的季节延长。中海拔的落基山北部地区的森林荒火发生率大大提高，而这些地方土地利用的历史与荒火风险之间的关联相对较小，而与春夏两季的升温及早春融雪有很强关联”。

此外，特拉维夫大学的研究者发现有充足的证据表明未来气温上升将使雷击的平均概率显著上升。根据他们的研究，气温每上升额外的 1 摄氏度就有可能使雷击的概率上升 10%，温度上升 5 摄氏度（9 华氏度）的话，就会使雷击概率平均提高一半，这样荒火的发生概率就会大增。

有些植物在二氧化碳浓度提高的情况下会生长得更快，但是，有些地方必须在温度和干旱度超过二氧化碳施肥效果之后森林才长得更好，很多地方又不是这样。实际上，很多地方的植物必须在外界的输入，比如水和氮的供应量增加后植物才能长得好。然而，新的研究表明土壤平均温度的上升会干扰构成树木营养成分（比如氮）的重要挥发性分子成分的生成，从而破坏土地的肥力。

在更大的层面上，最新的研究证实，温度压力因素、甲虫危害增加、范围更广时间更长的干旱、更频发的荒火，加速了树木和森林的损失。

一些研究者注意到在像巴拿马和哥斯达黎加这样的国家，原生树木被砍光后地方的次生林的增速变快了，城市和市镇的相对繁荣吸引了来自乡村的流动人口，减轻了森林地区的贫困压力和人口增速。但是在大部分热带国家，这种现象无法复制，对土地的压力持续性不变。这种人口统计学现象部分解释了北美和欧洲在 20 世纪大部分森林被砍伐地区的森林自然重生。欧洲和北美长期以来净森林覆盖率一直在恢复，中国比起世界上其他国家在这方面做得最成功。

再生林通常无法完全替代被毁之前的森林所能提供的生态作用。重新栽种的不同方式产生的结果截然不同。假如重新栽种的树是同一个品种，生态多样性的缺乏使这些树木非常容易遭受愈加常见的干旱、火灾、甲虫的危害。比起成熟的、具有生态多样性的森林尤其是雨林，这些再生林对于丰富多样的生物资源的宜居性较差。此外，这些再生林需要几十年才能在生长周期中达到一个能使它们固定大量二氧化碳的水平。

在收支账的另外一面，成熟林中很多的树木都已过了生长的高峰期，总体上成熟林的二氧化碳排放和吸收处于平衡状态。成熟林固定的碳总量非常高，但是二氧化碳的新增固定净值比起年轻的快速成长中的树林却要低得多。所以，当成熟林被破坏后，所有固定的碳都被返还到了大气中，通过替代了成熟林的再生林来将这些二氧化

查尔斯·戴维·基林在夏威夷莫纳罗亚天文台与罗杰·雷维尔合作，共同主持了一项具有里程碑意义的针对大气中二氧化碳水平的研究。他们的研究发现，随着时间推移，大气中二氧化碳的季节性循环和大气中二氧化碳的含量都呈上升趋势。

中国政府已经种下了数百万计的树木，其中包括围绕北京的宽阔的树木绿化带：这是建设城市“绿化”、在土壤侵蚀地带退耕还林计划的一部分。

碳再次吸收回来要花很长的时间。

二氧化碳的固定和地球生态多样性的保持只是生态环境的益处之二，有时这些益处被称为“生态系统服务功能”，是森林提供给人的服务。森林能够减少气温极端天气，假如管理得当则能产生效益，能够增加净水的来源，防止沙漠化，防止海岸侵蚀，控制山体滑坡，提供人类社会需要的野生动物的栖息地，为地球陆地上多达 90% 的已知物种提供家园。森林还能够提高森林中、森林周边地区的可持续性农业的产量。

比起没有森林的地方，有森林的地方降雨量有显著提高，从树木上面飘起的细菌能够成为播云种雨的力量，充当雨云形成第一步中冰晶结构的凝结核。高空的水蒸气只有在温度低于冰点时才会结合在一起构成冰晶。但是在来自树木的细菌的帮助下，结晶过程却可以在相对较高的温度下进行，这是因为细菌的蛋白质结构能充当空气中的水蒸气凝结的媒介而促使雨滴的形成。路易斯安那州立大学的微生物学家布伦特·克里斯特纳领导的研究团队最近发现树木在促使雨云形成中的作用远比 70 年代刚发现这种现象时人们的浅见来得深远。

森林还能调节水循环，具体就是吸收过量的降雨、增加雨水在树木根茎密布的地下的渗透率、减少地表土壤的流失。在这个方面，森林使每年的降雨得到均匀的分配，在山区往往降雨是冰雪的形式。在像亚马孙那样的雨林，蒸发返回到大气的湿气能够让湿气随向下的风流动，湿润整个森林。实际上，汤姆·拉夫乔这位亚马孙雨林研究专家说亚马孙雨林实际上提供了一半的惠及自身的降雨，同时还为巴西位于亚马孙西部以南地区的国土提供了湿气。

基于以上的理由，全世界都有必要高度重视碳、鼓励保护地球的更快吸收人为碳排放的能力、避免继续破坏森林而增加二氧化碳的排放。

减少二氧化碳排放的全球解决方案中的大多数建议都包括某种形式的南北半球的宏大交易，越来越多的资助正从富有国家流向欠发达国家，来资助这些国家阻止猖獗的滥伐森林、并与贫困作斗争所必须要做出的变革。因此，人们对国际社会资助热带国家改变其通行的森林砍伐模式的方法投以密切的关注。

基林曲线

森林在固碳方面的巨大作用可以经由著名的基林曲线看出来，基林曲线从1958年开始对大气中二氧化碳的快速累积做了观测。这台阶式的图形反映了北半球一年一度在夏季朝太阳的倾斜和在冬季对太阳的偏离。当北半球的落叶树（树形大于南半球的落叶树）落叶的时候，它们呼出的二氧化碳进入大气后会使大气中二氧化碳的浓度急剧上升。当来年春夏时这些落叶树又重新萌芽长叶，大气中的二氧化碳含量又会下降。但是大气浓度的逐年上升这个事实反映了大量燃烧煤、石油、天然气以及大量砍伐森林所造成的后果。

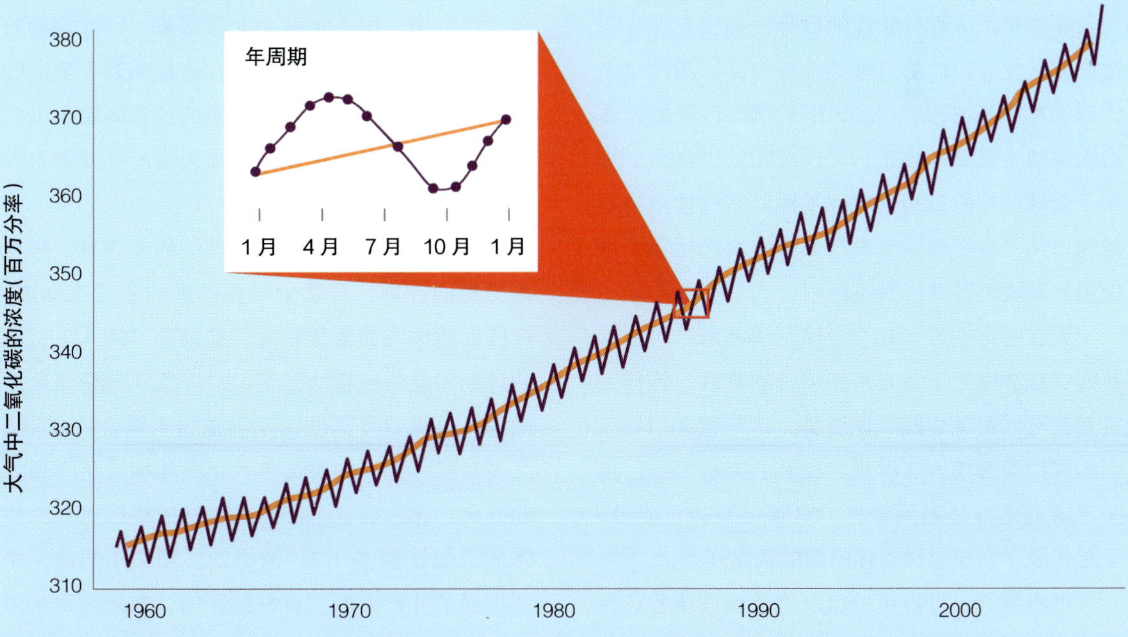

来源：美国国家海洋和大气管理局(NOAA)/斯克里普斯海洋学研究所，加利福尼亚大学，圣地亚哥

1997 年的《京都议定书》在第 3.3 款中特别关注了控制森林砍伐的必要性以及通过人工造林和自然恢复的方式来保有全球各地的现有森林的必要性。然而，《京都议定书》并没有包括任何达成该目标的机制，这是由于发达国家深切忧虑并没有可靠、精确的测量方法来判断哪片森林在该议定书缺位的情况下已经得到了保护，也没有这样的测量方法来发现以国家瞒报滥伐森林的形式存在的“漏洞”。

自从那时起，卫星测量技术便得到了迅速的提高，以至于科学家现在自信能够精确地监测地球各个角落的动态，在某些地方甚至可以监测每一棵树木。现在已经有可能建立高精度的“国家基准线”来完全消除漏洞问题。此外，各国环保非政府组织在过去十年中的快速成长也戏剧性地提供了更多关于世界上几乎每一片森林的土地使用政策和意图的资料。

因此，参与 2007 年 11 月份巴厘岛谈判的谈判者能够将减少森林砍伐的目标同减少工业、运输业二氧化碳排放的目标结合在一起。虽然这个构想的框架还必须在 2009 年下半叶召开的哥本哈根谈判中更新、修正，它已经起到了作为一个真正全球范围的二氧化碳和其他温室气体减排框架的作用，这个框架有史以来第一次包括了土地使用和燃烧化石燃料的问题。

现在已经形成了几个全球认证体系，可以判断哪些森林得到了具有可持续性的管理，这样购买者就可以避免加剧滥伐森林。这些意在引导人们购买用可持续方法种植并收获的森林产品，连同严厉取缔非法利用森林、对碳征税的可能性，一起代表了解决滥伐森林问题的关键环节。

世界银行、世界可持续发展工商理事会、世界资源研究院在 1999 年作出了第二个创举，那就是建立森林对话组织（Forests Dialogue）。这个组织的任务就是要在所有森林经营活动的大股东之间形成富有建设性的对话，并处理好出发点和动机都不尽相同的股东之间只有通过互相理解和达成一致意见才能解决的关键问题。他们寻求给拥有森林的国家为解决滥伐森林的源头性冲动而建设约束机制提供大量的额外资金，并支持在对森林的有效管理负责的同时进行可持续开发。

在很多地方，必须同地区的、区域的、中央的官员腐败作斗争，才能取得成功，否则这些腐败就会导致意在阻止破坏性砍伐森林、非法伐木、毁林开荒的法律法规执行不力。在很多地方，包括亚马孙雨林和刚果盆地的中央地带，当地土著和长期住在森林的居民没有明晰的产权，这也构成了森林被持续破坏的原因之一。

正如大部分专家所指出的那样，并没有放之四海而皆准的办法。错综复杂的气候谈判离不开全球性举措，很多组织为此做准备，也就是朝着建设全国性的基准线在努力，这是朝建设全国性的会计制度和可靠的国家水平的监管体制迈出的第一步。遏制滥伐森林的最终关键所在就是对碳征税。

一些国家正在推进全国性的恢复森林、种植人工林的计划，虽然全球性的条约还没有形成。中国在植树方面全球领先，在其高效的人工造林的计划和退耕还林计划下，过去几年的每一年中的树木种植量是其他国家种植树木综合的 2.5 倍之多。实际上，中国迄今为止每年树木种植量如此之大，比巴西这个最大的森林砍伐国每年的树木砍伐量还要多 1/3。但是，必须指出的是，中国在保护并扩大本国森林的同时，对来自热带森林的木材的需求量非常大。最近中国在刚果盆地购买了面积为 690 万英亩的土地，据说将用于种植油棕。

十多年前，中国就停止了滥伐森林，在 1981 年人民代表大会宣布所有的年满 11 岁（直至 60 岁）的中国公民都有每年至少种 3 棵树的义务。植树活动通常在 3 月和 4 月开展，这跨越了中国大部分地区的春季。中国的植树计划由北京中央政府推行，地方政府加以配合。根据中国全国绿化委员会公布的数据，光 2008 年，中国人就种植了 1170 万英亩的森林，比 2007 年增加了 22%。

中国的学校要求每个学生在毕业之前至少种植一棵树，大部分学校都会安排时间进行“绿色教育”。中国去年宣布将耗资将近 90 亿美元用于当年的植树，并且确定了要在明年绿化 20%的国土目标。中国国家主席胡锦涛亲自参加植树活动，以突出植树活动在国家政策中的优先地位。

2004 年诺贝尔和平奖获得者、肯尼亚绿色地带运动的创始人旺加里·马塔伊在过去 30 年中领导人们在肯尼亚和非洲其他 11 个国家种植了 3000 多万棵树。她对说服联合国环境规划署开展“种十亿棵树保护地球”的重要活动居功厥伟。在这项活动带动下，已经种植了 30 多亿棵树，现在目标又变成了种植 70 亿棵树。

除了中国开展植树活动，按植树规划的规模大小排列，接下来依次是西班牙、越南、美国、意大利、智利、古巴、保加利亚、法国、葡萄牙。

最近，巴西提出了一项对小农场主提供资金，让其在亚马孙被砍伐地区种植新的树木的计划，但是迄今为止，该计划还没有取得什么明显的效果。

布基纳法索（Burkina Faso，位于非洲西部沃尔特河上游的内陆国，译者注）的村民展示的照片摄于 1986 年，拍摄时这片土地上的植树造林活动还没有开始。

国际农业森林研究中心建议在缺水地区种植落叶树，因为落叶树的耗水量比常青树低，更容易适应间歇性缺水。假如全球每一个人每一年都能够种植并照料至少两棵树苗，那么全球就能在未来 10 年里弥补在过去的 10 年中由于砍伐森林而失去的树木。国际合作能够为热带国家种植树木的工作提供资金资助，这样其实也就是同时与贫困和气候危机在作斗争。同样，我们也可以为解决生物灭绝问题伸出援助之手。

有生命的系统

LIVING SYSTEMS

第十章
土壤

土壤是地球活的皮肤。一位科学家正在研究华盛顿州帕罗斯（Palouse）河流域已经遭到侵蚀的土壤剖面。

我的孩提时代，夏季都在田纳西州的自家农场上度过。从父亲那里我学会了如何分辨最肥沃、产量最高的土壤：一句话，那就是黑土。黑土具有多孔隙和湿润的特征。直到多年之后，我才了解为什么肥沃的土壤是黑色的：这是由于碳的缘故。

地球表面几英尺厚的土壤中的碳含量是所有植物含碳总量的3~4.5倍，是大气中目前碳含量的2倍。随着农业技术、土地管理技术的改进，我们能够显著提高植被从大气中抽取的二氧化碳和土壤固定的二氧化碳的总量。与此同时，农业产量也能得到提高，粮食安全更有保障，退化的土壤能够得到恢复。

和其他气候危机的应对方案一样，这种有前途的策略的成功取决于对长期存在的模式作出大范围的改变。

当我父亲年轻时，土壤侵蚀是美国土地出产能力所面对的最大威胁。他那一代的农夫和土地所有者在富兰克林·D·罗斯福的带领下发动了一场针对土壤侵蚀的战斗，当时由于土壤侵蚀导致了20世纪30年代的大沙尘暴，并使很多农场的土地上出现了很深的沟壑，最肥沃的土壤都从这些沟壑里面被水冲走了。直到今日，我还记得父亲教给我的经验。例如，当穿越农场的时候，要留心土壤侵蚀的第一迹象，在沟壑突然变深的地方要停下来。

在美国，同土壤侵蚀和农庄土质退化进行的斗争取得了成功。通过减缓土壤侵蚀的速度，美国开始恢复土壤的含碳量。健康土壤中关键的腐殖质层平均含有58%的碳。当然，威胁土壤质量的因素与提高土壤含碳量的机会是并存的。

更重要的是，在大部分发展中国家，尤其是撒哈拉以南的非洲国家，土壤肥力退化在持续恶化中，现在已经到了威胁数以亿计的人口的粮食安全的程度。非洲农田中的土壤含碳量的损失已经超过了美国80年前未发生沙尘暴时土壤所遭受的碳损失的水平。有效应对该威胁不仅能够提高非洲土壤的肥力，还能够从大气中捕集更多的二氧化碳并将其固定在土壤中，恢复土壤的健康。

土壤是地壳表面的薄薄一层，可以把它大致比作是地球的皮肤。土壤是有生命的，里面充满了微生物、真菌、蠕虫、矿物质和养分，所有这些构成了植物生长不可或缺的条件。植物通过光合作用合成来自空气的二氧化碳和来自土壤的水、氮、有机碳及其他的养分、矿物质。植物生长的复杂生物地球化学过程非常依赖于植物和微生物之间的共生关系，植物的根系和土壤之间的分子交换是离不开这些微生物的。

砍伐并焚烧树木和其他植被、犁地、滥用合成化学药剂这些对土地的掠夺性使用，会干扰植物生长的生物地球化学过程，虽然会在短期内提高作物的产量，但是付出的代价就是土壤肥力下降。土壤肥力的损失不可避免地会导致原本健康、处于自我更新状态的土壤，释放出大量储存的碳。

土壤中的碳

土壤在地球的碳循环中扮演一个积极的角色，土壤存储的碳估计是地球上所有植物性材料含碳总量的 3~4.5 倍。通过植物的根系和腐烂的有机物，比如树叶和树枝，碳进入了土壤。有些进入土壤的碳很快又会回到大气中，但是很多进入土壤的碳会留存在那里。真菌、细菌还有其他的微型生物对有机物的分解起到辅助作用，它们是碳成为土壤一部分的重要途径。

中国陕西的黄土高原，有着世界上最严重的土壤侵蚀现象。当地表土壤被剥离之后，只剩下了小片的耕地。

农业革命始于 1 万多年前上一个冰川纪结束之后的肥沃新月地带（从埃及延伸到美索不达米亚），这次农业革命还同时发源于印度和中国的南方。在农业发展的早期，使用的是最原始的犁：一纵向的木器，由两个人拉动，划过土壤的表面。2000 年之后，牛在美索不达米亚驯养成功，此后耕地的效率有所提高。更往后到了公元前 3500 年左右，犁头有了改进，犁的木质犁铧包上了铁边，这样破开土壤就更轻松了。全铁制的罗马犁可以追溯到公元 1 年，这项技术革新一直沿用了 1000 年，直到后来演变成能够在破开土地时翻转土壤的曲面铁板犁设计。

1837 年美国中西部的一个名叫约翰·迪尔的铁匠，设计并出售一种改良式的铸铁曲面铁板犁，美国西进拓荒的定居者开始使用这种犁来犁地。当有人在 20 世纪初第一次用一台拖拉机来牵引迪尔设计的犁时，美国大平原就被翻了遍，中西部的土壤中释放出大量的碳，土壤变得更松散，土壤侵蚀的灾难也就由此开始，最终演变成 30 年代的沙尘暴。这促使人们开始重视土壤保护，也是我父亲后来在我孩提时代传授给我的经验教训。

从 19 世纪 80 年代晚期开始到第二次世界大战初，美国土壤的含碳量下降了 50% 多。在 1943 年爱德华·福克纳的《把犁人的愚蠢》一书出版后，农业改革者开始提倡放弃犁地式耕作。但

是“免耕”和“保护性耕作”运动直到二战后除草剂面世才形成了气候，化学武器的存货全数变成了除草剂。

耕地的主要目的就是要种子更容易进入土壤并控制杂草。松土可以使土壤变得更多孔，但是20 世纪的经验有力证明耕地使土地更容易遭受侵蚀，这个缺点远远超过了耕地后土壤更容易吸收水和肥料的优点。

将除草剂和机械式播种结合在一起使得耕作基本上丧失了必要性。但是除草剂会产生自己的问题：强效除草剂和很多健康风险有关联。在制造过程中每 1 磅除草剂会造成 6 磅的碳（22 磅二氧化碳）排放。此外，播种需要用到大型拖拉机，这种拖拉机的马力比欠发达国家常见的拖拉机马力强劲得多，燃料消耗也更多。

植物残留物的管理也是保护土壤和土壤中碳的重要因素。假如将所有的秸秆都从地里拿走去喂牲口或者用作生物燃料的原料，那么也就丧失了秸秆作为防止水和风造成土壤流失的最有价值的保护作用。这些秸秆是土壤肥力更新的来源，也是土壤中生物食物的来源。实际上，这也是免耕法农业的论点之一：免耕法能够尽量避免干扰土壤的生命过程，避免耗竭土地肥力，避免轻易发生土壤侵蚀。

可是，当今世界上 37.5 亿英亩耕地当中只有不到 2.5 亿英亩土地使用了免耕技术，这些耕

传统的犁地方式会加速地表土壤的流失、降低土地中的碳含量。

地主要集中在美国、巴西、阿根廷、加拿大和澳大利亚。这是为什么发展中国家土地含碳量和土壤肥力下降速度更快的原因之一。此外，很多非洲的农民得到的土地租约是一年一期，这就鼓励他们在耕作之后将秸秆从地里拿走增加额外的经济收入，而不是将秸秆留在地里以保护并更新土壤，留待明年的使用。

虽然气候危机的开端常被追溯到一个半世纪之前的第二次工业革命初期，但是第一次人为的二氧化碳大排放实际上来自农业革命蓬勃兴起造成森林被清理式砍伐、地表土地使用方式的大改变。后来，大规模犁地造成植被和土壤排放出大量的二氧化碳。

确实，有一些科学家通过计算得出结论，直到 70 年代，燃烧化石燃料才成为全球变暖的主要污染源，超过了农业和滥伐森林之和。

俄亥俄州立大学的土地专家赖丹·莱尔估计在过去一万年中，大约有 470 千兆吨（4000 兆吨相当于大气中一百万分率）的二氧化碳是由于砍伐并焚烧树木、土壤退化造成的，还有 300 千兆吨的二氧化碳来自于燃烧化石燃料。

在上半个世纪中，这个比例发生了急剧性的变化。最近几十年中来自燃烧化石燃料的二氧化碳排放量呈现相当大的加速趋势。莱尔的数据表明，燃烧化石燃料造成的全球变暖污染是土地使用不当造成的污染的 4 倍之多。

此外，在农业革命早期排放的二氧化碳中有很多早已经通过循环回到了土地和植被当中。气候焦点（Climate Focus）的创始人之一夏洛特·史瑞克最近说：“土壤中的有机碳在土地和大气之间的流动是地球上最大的碳流动形式。”卡里生态系统研究所的所长威廉·H·施莱辛格博士表明大气中每年将近有 10%的二氧化碳会经过土壤，而莱尔得到的数字是 7.5%。

土壤退化问题不解决，我们就不可能在同非洲的贫困、营养不良问题的斗争中取得任何实质性的进展。

——汉斯·凡·金克尔

尽管如此，当前的农业模式和土壤退化还在继续使得全球变暖恶化。虽然美国在控制土壤侵蚀方面取得了成功，20 世纪的农业机械化、人口翻了四番、饮食的变化、石油柴油和汽油的大量使用、合成氮肥的使用，这些因素加在一起使现代农业成为全球变暖最大的来源之一。

联合国气候变化政府间专家委员会（IPCC）表明农业用地是 12%的全球温室气体的来源，这些温室气体就是甲烷和一氧化二氮，从分子角度分析，这两种气体都要比二氧化碳阻热能力更强。在美国，政府研究表明由于使用化肥、杀虫剂，加上大量消耗化石燃料，美国农业造成的二氧化碳排放将近占美国总排放量的 20%。

此外，由于土壤持续退化和刀耕火种的土地利用方式，欠发达国家大大加重了我们当前的全球农业系统对地球气候的毁灭性影响。

通过改变农业模式，我们不仅可以减少二氧化碳、甲烷和一氧化二氮的排放，还可以使大量累积在大气中的二氧化碳重新回到土壤，土壤可以将二氧化碳固定成百上千年。这不仅是气候危机众多解决方案之一，它带来的其他好处对于人类文明也是功不可没。

具有讽刺意味的是，通过土壤固定二氧化碳的希望居然要寄托在早已退化的土地上。例如，在全球恢复大草原就代表着从大气中捕集二氧化碳并将其固定在土壤中的一种无与伦比的良机。草原的固碳能力非常强，这是因为高高的草丛根系的输碳量很高。

专家特别认为非洲因为退化的土壤和快速增长的人口正面临严重且迫切的粮食短缺。前联合国副秘书长汉斯·凡·金克尔说：“非洲土壤的低肥力是制约非洲区域经济发展的最关键因素。土壤退化问题不解决，我们就不可能在同非洲的贫困、营养不良问题的斗争中取得任何实质性的进展。”

根据莱尔的说法，在撒哈拉以南的非洲地区的“大部分农业用地已经丧失了 50%~70%的有机碳，地力耗竭问题又由于进一步的土壤退化和沙漠化而更益加恶化……在西非，耗竭地力的农业耕作方式、过度放牧以及对柴火的需求已经导致严重的土地退化”。

史瑞克最近指出，“撒哈拉以南地区超过 80%的农业用地由于人口增长、无力使用肥料、滥伐森林以及使用边际耕地已经严重退化。”

湿地，包括泥炭地，目前的碳储量是最高的。很多专家认为土地使用模式需要一个巨大的改变，那就是要禁止砍伐、排干、焚烧泥炭地。实际上，海因茨中心的生物多样性首席专家托马斯·拉夫乔提出来，当泥炭地的森林被砍光移走后，必须采取“加湿”以防止其变干释放出二氧化碳的措施。

遥远的北方——北极和亚北极圈内的苔原、北温带北部森林的冻土中存储的碳的含量仅次于泥炭地。即使这些地方地表的植被很少，土壤中

现代农业
是全球变暖污染最大的来源之一。

田纳西州靠近孟菲斯的这片土地上空，飞机正在播撒杀虫剂。

累积的碳含量也非常之高，因为低温抑制了会释放出碳的微生物的活动。

假如全球变暖继续使这些北方的永冻土解冻，那么大量的二氧化碳和甲烷就有可能以相对较快的速度释放到大气中。要防止这样的大灾难发生，必须先减缓然后扭转抬高全球气温的变暖污染物质的不断累积趋势。

当科学家们关注如何以改良后的农业技术固定更多的碳的时候，世界范围内的农业产量正面临气候危机的威胁。虽然地区之间受到的影响存在差异，但是全世界将会经历与全球变暖相伴的农业产量严重持续性下降。在热带和亚热带欠发达国家，农业严重歉收的风险更高，这是因为这些国家的气温早已经处于作物所能承受的温度水平，或者已经高于这个温度水平。

在高温中植物需要更多的水以保持凉爽，植物能够承受而免于死亡的温度有一个上限。假如气温真的按人们对其已经熟视无睹的预测那样在20世纪上升11华氏度的话，那将是特别严重的威胁。

印度，是被预言将会遭到最严重的农业危机的国家之一。科学家们说印度21世纪农业将会在无所作为的氛围中减产30%~40%，而且这还是发生在印度超过中国成为世界上人口最多的国家这个背景下。比这还要糟糕的是，苏丹面临着农业减产50%，塞纳加尔预计农业减产52%。墨西哥的农业减产预计达到1/3。

长期形成的气候模式的大起大落的变化使农业工作者难以预测合适的种植时间。今年，国家土壤耕作实验室（National Soil Tilth Laboratory）的主任杰里·L·哈特菲尔德证实了这一点，他说："极端气候事件，比如高温和区域性干旱，已经

在尼日尔的凯塔（Keita），为了捡柴村民们要走6英里的路。当地的森林多年前遭到了破坏，加速了土壤的退化。

在过去50年中变得更频繁、更严重，影响了农业生产和决策。"

菲律宾的农业部部长阿瑟·亚珀去年告诉我，他活了一辈子，之前农民都能够有把握地预测在六月份的头两个星期中会有季节性降雨，但是现在长期稳定的气候模式已经被扰乱，他已经无法为本国的农民提供天气和农时方面的建议。季节的紊乱对植物是一个特别严重的问题，因为春天来得更早，气温更暖和，植物萌发得更早，但是突然的降温使植物更容易在萌芽状态就遭受霜冻之害。

联合国政府间气候变化委员会（IPCC）警告说可利用的水资源的变化（合适的水量和合适的季节）会在很多农业种植区造成特别的混乱现象。雨涝常伴随着洪水和土壤侵蚀，预计会更频发。大雨和大旱连续发生就会造成严重的农业减产，这在全球将成为常见现象。由于美国将近95%的农业都单独依靠降雨而非灌溉，那么大雨和大旱交替的无规律天气模式将会对农业造成严重危害。根据美国联邦紧急事务管理署（FEMA）

澳大利亚创纪录的干旱和高温对农业造成了一场灾难。在维多利亚州，枝头的苹果被太阳晒枯萎了。

的数据，美国早已因为干旱而遭受了年均60亿~80亿美元的损失，其中大部分都是作物的损失。

西部的农业种植区依赖季节性的高山融雪，由于高山积雪的迅速消融、早春现象造成的积雪过早融化、降雪更多地变成降雨，已经面临生产方面的难题，而这些困难会因为全球持续变暖而更加恶化。

预计美国的东南部和西南部的平原地区将遭受最严重的打击，预计农业产量将蒙受25%~35%的损失。这些预计的数字还不包括额外的由病虫害造成的损失、由更多的干旱造成的损失、灌溉用水不足造成的损失。美国中西部的北部一些州却由于该地区雨水的变化已经出现了农业增产。

现代农业对为数不多的几种杂交作物的依赖产生后果之一便是这些作物只适应有限的生态条件，这些生态条件包括这些作物生长区内的气温和降雨。这种特化使这些农作物更容易遭受预计将更频发的极端天气事件（超高温天气持续好几天以上的特别时间段）的危害。有些植物对于夜间持续高温特别敏感，这种夜间高温会加速植物生长和繁殖，结果便是缩短了植物的生长周期，造成减产。

暴雨增多和降雨减少事件结合在一起就会耽误春耕，这对于那些依赖出售高价的早熟作物而获取溢价的农业工作者而言是极为严重的打击。同样，收获季节的洪涝会造成尤为严重的损失。

高温对于土壤水分的蒸发率有显著影响，加重了间歇性干旱造成的影响。平均气温上升，尤其是在夏季的升温，对那些早已遭受高温对农业产量影响的地区是最严重的打击。在一些干旱地区，土壤水分的损失也可能导致沙尘暴。2009

年，美国西部出现了罕见的沙尘暴增多现象。长时间的滚滚热浪使动物苦不堪言并造成了牲口的死亡。

赖丹·莱尔在《可持续土壤管理的法则》一书中写到：“土壤的退化率和易退化性同年均气温的上升和年均降雨量的减少成正比关系。”

气温上升还会使农业面对更多的病虫害。作物生长季节延长就意味着昆虫种群繁殖次数的增加和种群规模的扩大。

第九章中讲到，二氧化碳水平的提高可以促进植物生长，但是这必须以水分和其他的养分（特别是氮）没有对植物的额外生长形成制约为前提，否则情况就不是这样。此外，得益于高二氧化碳水平的植物通常长得更大，但却因为吸收的氮较少而造成蛋白质含量的不足，因而营养价值较低。这种情况在草类植物身上表现得较为明显，促使牧场饲养的动物不得不吃更多的草，以获取必要的蛋白质。

此外，高二氧化碳水平会使杂草的长势超过粮食作物。这些因二氧化碳而长势增强的杂草的抗药性更强。

这些在高二氧化碳环境中欣欣向荣的杂草中有一类是毒葛，这种植物在高二氧化碳环境中不仅能够长得更大，而且会产生更高浓度的漆酚，80%的人对此过敏。按美国全球变化研究计划（USGCRP）的说法，“假如二氧化碳的排放量继续攀升，那么未来毒葛将有可能分布更广、毒性更强。”

预计现在生长范围被限制在南纬度地区的一些杂草有可能会向北方蔓延。

更频繁的荒火和大风预计会给农业造成重大损失。空气中低浓度的臭氧（对植物有毒，能够抑制其生长）水平的上升，也会在一些地区抵消由于二氧化碳浓度提高而带来的植物生长的增势。

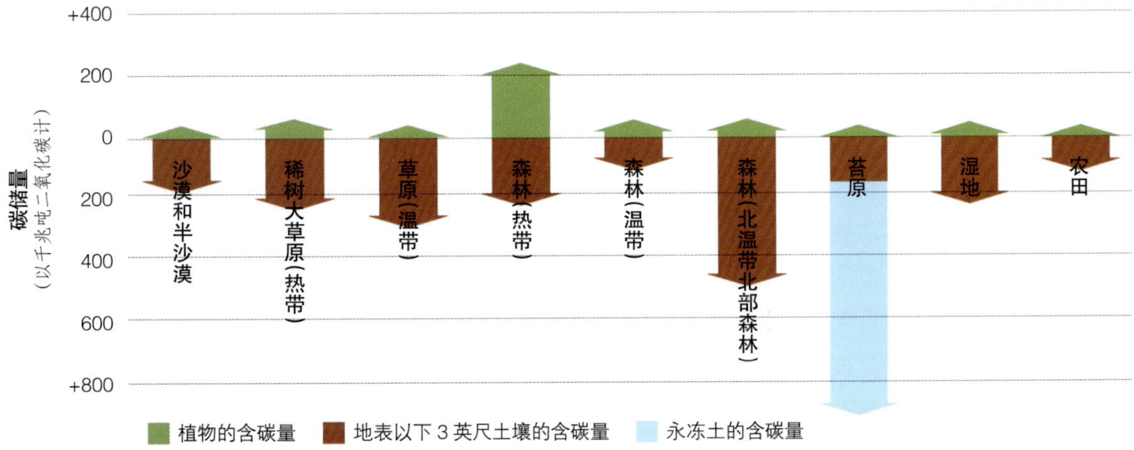

生态系统中的碳

植被和土壤都是巨大的储碳槽罐。土壤的含碳量甚至高于树木等植物的含碳量。科学家发现土壤中含碳量最高的是湿地、草原、泥炭地。有些土地管理方法可以提高土壤的含碳量，而很多农业方法却会降低土壤含碳量。

来源：IPCC

有证据表明，经常是在小范围内开展的有机农业，能够增加土壤的含碳量。一位农民和他的儿子正在田头干活。华盛顿州，瓦特康县（Whatcom County）。

在家庭农场我从父亲那里得到的另外一课就是我们在夏季种植的用来补充冬季饲料的玉米必须采取轮作，以保证前一年内种植了玉米的土壤在施用牛粪或者种植了三叶草、紫花苜蓿或其他能够给土壤增加氮肥的植物之后营养元素能够得到更新。

玉米等作物会在生长过程中从土壤里面吸收大量的氮，轮作和使用动物粪肥在以前是恢复土壤含氮量的主要方法。但是现代工业化农业打破了农场上动植物之间的古老生态平衡。大部分动物和农场的联系被切断，被集中到大型的养殖场饲养，动物粪肥不再被当做有用的肥料，而被视为一个重大污染源。实际上，牛的消化系统已经进化成适合吃草，用玉米来喂牛是违背自然之举，牛的胃和牛的粪肥会因此变成酸性的。

最终的结果就是来自饲养场的粪肥不再适合用作肥料，因为这些粪肥新近合成的毒素会使植物生长迟缓，严重破坏土壤的肥力。所以，农夫们很明智地不使用这样的粪肥作肥料。

在 1909 年德国发现人工合成氨的可行方法之前，农夫都是靠在田地施用粪肥和轮作技术来更新土壤含氮量、维持土地肥力的。第二次世界大战之后，德国人利用战争中制造军需品剩下的大量硝酸铵制造合成氨肥，自此依赖合成氮肥的风气迅速传播开来。来自中东的廉价石油以及后来开发的大型天然气田为大规模制造合成氮肥提供了巨大的的能源和氢。

正如迈克尔·坡伦在《杂食动物的困境》中的精彩阐释所言，合成氮肥供应量的上升与玉米杂交新品种的推介、农业政策转而补贴过度的谷物生产是同时发生的。实际上，自 70 年代早期以来的美国农业政策一直在为放开粮食生产提供

集约化农业
目前要使用含 41 焦能量的
化石能源才能生产出含 4 焦能量的食物。

柴油卡车和叉式升降机将大堆的紫花苜蓿运往位于北加利福尼亚的奶牛场做饲料。

巨额的补贴，其政治目标就是要使粮食的价格尽量低走，并刺激农产品出口。目前，假如离开了纳税人的补贴，大部分的大规模农场都会巨额亏损，补贴的作用就是支持他们浪费性的有害无益的经营方式。工业化农业目前要使用含 41 焦能量的化石能源才能生产出含 4 焦能量的食物。

当下人们还有一点不明白，那就是这种新的生产模式中使用的氮肥不仅促进了植物的长势，同时还能够刺激土壤中嗜碳细菌的生长。每生产 1 吨的氮肥需要消耗的大量天然气会造成 1.25 吨的碳排量（4.6 吨二氧化碳）。

当化肥被施用到地表土壤的时候，土壤中的细菌每消耗 1 吨化肥就要同时消耗 30 吨的碳。氮肥施用越频繁，细菌增殖的速度就越快，就会大量消耗土壤中的碳。同其他的生化过程一样这个过程是复杂的，最终的结果就是耗竭土壤中的碳，以及将生物质中的碳转换成腐殖质所必需的氮元素等。

过量使用氮肥造成了排水渠和径流中的氮含量过高，从而刺激了河流入海口（比如说墨西哥湾）海域的藻类生长。当疯长的藻类死亡后，分解过程就会大量消耗水中的氧气，让鱼类窒息而死，出现科学家所言的死亡地带。海洋中的这些死亡地带的数量和规模都在迅速扩大。

很多人将我们对合成氮肥的依赖描述成浮士德式的交易，短期内合成氮肥许诺了大量的好处，但是长远来看却是以土壤中不可缺少的碳的耗竭为代价。这有点像运动员服用类固醇的做法，他们的肌肉以不自然的速度生长，但是他们的健康和身体的完整性却出现了退化，这种损害一开始难以察觉，但是时间久了就会变得极其严重。

最近几年里，天然气已经成了制造合成氨（合成氮肥的原材料）的主要能量和氢的来源。按美国化肥研究所所长福特·B·韦斯特的说法，“生产 1 吨氨高达 90%的成本以及其他氮肥的基本成本同天然气的价格是直接挂钩的。这使生产氮肥成为所有工业制造过程中最消耗能源的那种。”

到 2000 年为止，美国国内的化肥制造商为美国的农民提供了 85%的氮肥。此后，有 26 家化肥公司倒闭。根据韦斯特的说法，这是“主要由于天然气价格太高”。现在美国需要的合成氮肥有超过一半都是进口的。

但是，有一点也必须指出，世界上有些地方严重退化的土地急需施用更多的化肥，而非减少化肥的用量。氮肥所产生的影响因土质而异，因国家而异。例如，秸秆还田的同时还需要施用氮肥，以增强秸秆的效用。其他类型的肥料，如磷肥和含硫化肥，也是有益的。

在撒哈拉以南的非洲国家，退化的农田碳含量平均低于 10%~20%这个勉强保证产量的最低门槛。每英亩施用的化肥只有 8 磅，不到美国中西部的通常施肥量的 2%、中国华北地区施肥量的 0.5%。这些国家的谷物的平均产量只有每公顷（2.5 英亩）1 吨，而美国中西部很多地方的平均产量达到了每公顷 10 吨，亚洲国家是每公顷 5~6 吨。

饮食的变化对现代农业产生的压力被转移到了气候危机上。大部分人吃的肉比父辈和祖父辈多得多。平均每生产 1 磅的牛肉需要消耗 7 磅多的植物蛋白，同时还要消耗 6000 多加仑的水！牛、猪、鸡饲养数量的爆炸性增长也导致了甲烷排放的农业性来源急剧增长（《每日科学》最近

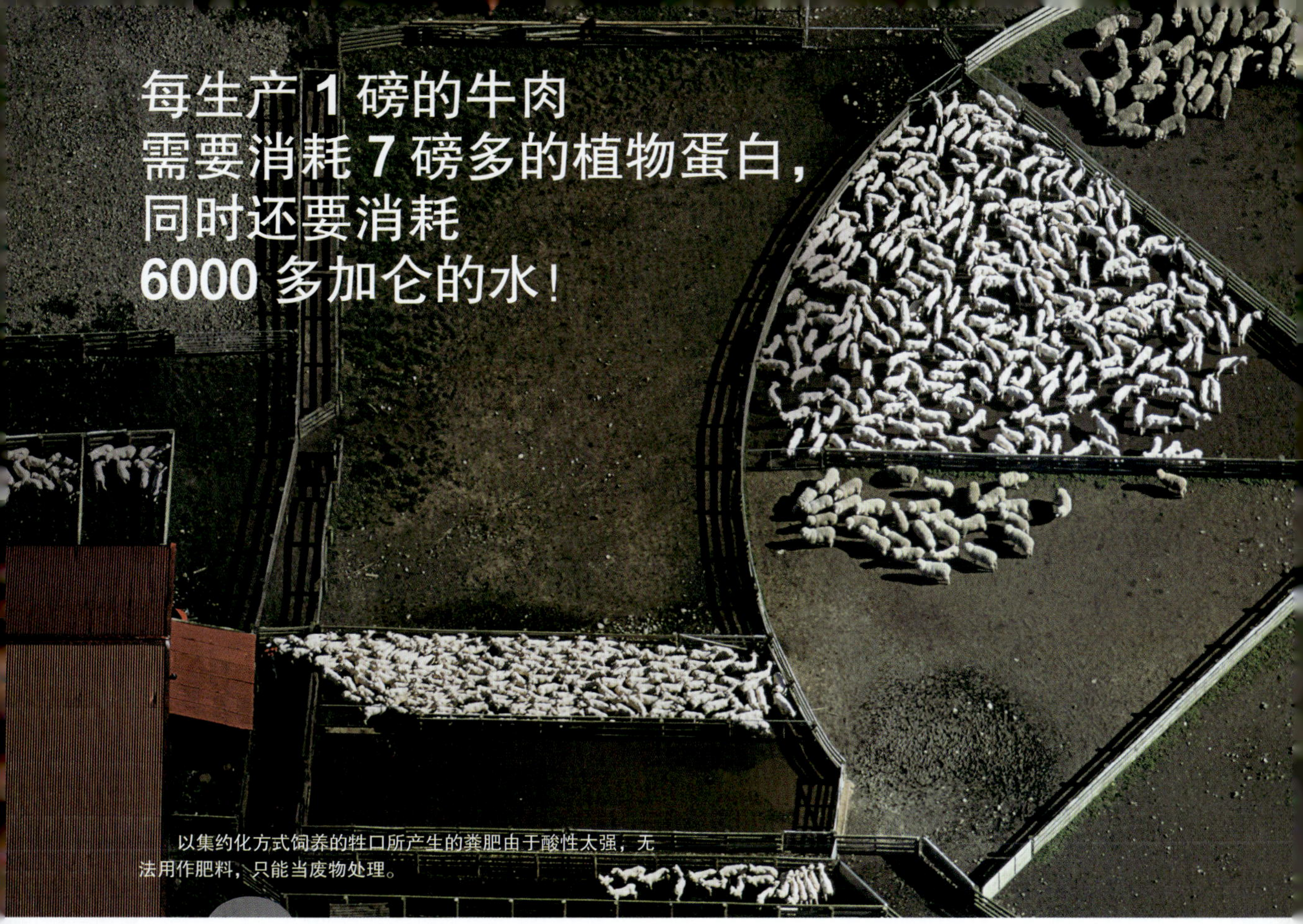

以集约化方式饲养的牲口所产生的粪肥由于酸性太强，无法用作肥料，只能当废物处理。

报道的一个研究表明，加拿大 72%的甲烷排量都来自于养牛业），有些研究者正在研究改变牛饲料以减少牛打嗝释放出的甲烷，同时又不降低牛排的质量或者影响其风味。

发达国家人均肉类消费量在上半个世纪中上升了 50%，发展中国家上升了 200%。吃肉更多的饮食习惯造成的健康问题（心脏病、高血压、癌症、肥胖高发率），先是出现在发达国家，现在已经快速蔓延到了欠发达国家。

对大规模工厂化农业（这同那些过去众多的靠近城镇的小型农场形成了对照）的依赖增加了将食物从田地或饲养场运往餐桌的运输燃料耗费。此外，驱动拖拉机和卡车所需的化石燃料、制造化肥和杀虫剂所需的化石燃料和运输食物（常常是跨洲运输）所需的化石燃料，加在一起就导致了温室气体排放量的显著增加。

也要看到事情的积极一面，所有这些生产模式都是可以改变的，我们可以改变农业和土地管理模式使其成为解决气候危机的重要途径。赖丹·莱尔曾经说过，我们可以对土壤施加更有效的管理，使它能够固定高达 15%的全球每年燃烧化石燃料产生的二氧化碳。通过土壤和树木固定碳来恢复地球的碳含量，在余下的 50 年里能够将高达 50 百万分率的二氧化碳从大气中清除掉。

作为有机农业的重要领导者，罗代尔研究所的首席执行官蒂莫西·J·拉萨利博士提倡大力扭转农业政策和农业生产方式，重点关注如何通过有机农业管理、增强土地肥力的方法来提高土壤有机质含量（包括恢复土壤的碳含量）。拉萨利指出，在土地中施用溶解性氮肥会促使“有机质更快、更完全地腐败，释放出碳而非将其留在土壤中，这与有机生态系统原理相悖”。通过使用免耕法，以及利用天然肥料增强土地肥力的技术，农民可以降低成本，同时提高产量和利润。

“在全国范围内成功实行有机可再生农业生产方式取决于两个因素，”拉萨利说。“一是强烈的自下而上对变革的要求；二是自上而下的州政府、联邦政府支持农民作出这样的转变的政策变革……农民应当根据他们土地土壤的固碳量而非根据他们出产了多少蒲式耳的谷物得到相应的报酬。政策利好会激励人们保护资源以及采用固碳率高的方式来生产用作食物、饲料和纤维原料的作物。”

同其他人相比，拉萨利在进行了这样激进的农业政策变革之后可能取得的成效问题上持有更加乐观的态度。他相信假如全球的耕地都采用可再生农业模式的话，“将固定目前二氧化碳排放量的40%”。其他专家认为拉萨利和莱尔过于乐观了。另外一位土地碳含量方面的顶尖专家威廉·施莱辛格认为“要通过树木和土壤吸收美国每年燃烧化石燃料所产生的二氧化碳的仅仅10%，就需要相当于得克萨斯州那么大的一块土地用于种植”。尽管如此，施莱辛格也承认，“假如我们能够恢复土壤一小部分损失的碳的话，那么大气中大量的二氧化碳就可能被固定在土壤之中。”

关于未来，土壤科学领域的乐观主义和悲观主义之间的态度分歧部分导致了针对新近发现的能够迅速提高土壤含碳量的技术所具有的潜力的两种不同观点。这些振奋人心的能够恢复土壤含碳量、将二氧化碳大量固定在土壤中长达1000年以上的新技术之一，便是使用生物炭。

生物炭是一种有细密纹理的多孔炭，在大部分土壤环境中都极不容易分解。生物炭可以自然形成，但是也可以通过无氧或者低氧闷烧木柴、软枝草、粪肥或者其他形式的生物质制取，批量生产的成本低廉。通过这种方法能够将生物质转换成占原始总量80%之多的纯炭。

制取生物炭的过程中还能够生产燃气或者液态燃料，可以将其用于发电或者作为制取更多生物碳的能源。此外，为欠发达国家设计的一种清洁、较少污染空气的新型烹饪炉旨在让习惯烧木柴和粪肥的人们只烧木柴产生的油和气，同时还能提炼生物炭。

将生物炭掩埋在土壤中能够更新土壤的碳结构，保护重要的土壤微生物，并保住土壤的养分和水分。同时还能够避免地表生物质腐败之后将温室气体排放到大气中，能够将生物炭所含的二氧化碳固定在内，还能够对植物通过光合作用从空气中吸收二氧化碳起到辅助作用。

生物炭通过促进根瘤菌和菌根真菌的生长提高土壤的有机质，这两种菌类能够进一步促进土壤总体质量。戴维·谢厄是一位生物炭企业家，他对生物炭有详尽的了解，他说：“假如你将生物炭埋进土里，它实际上能够存在成百上千年。生物炭是一种碳的孔洞结构，

在过去的 30 年里，宾夕法尼亚的罗代尔研究所
致力于利用有机农业的方法来更新土壤的肥力。

在西弗吉尼亚，一位养鸡场主利用鸡粪和碎木片提炼生物炭，将废物变成了能够恢复土壤含碳量的珍贵资源。

为真菌和细菌能够在里面生存的栖息之所，为离子交换充当载体。”

最近几十年中，土壤科学家发现亚马孙地区的印第安人使用生物炭的历史已经至少有 1000 年，他们利用生物炭创造出了肥沃的黑土，即使这些生物炭还是 1000 年前埋在土中的，这种黑土比起周边其他的土地肥力要高得多。这种土壤被称为 terra preta（“黑土”的葡萄牙语叫法），为评估生物炭对土壤的长期价值提供了一个独到的参考。此外，这种肥沃的黑土似乎具有自我更新的能力。

气候专家，其中包括澳大利亚的提姆·富兰纳瑞和英国的詹姆士·拉夫洛克，他们对全球生物炭农业的设想非常支持。康奈尔大学的土壤专家约翰内斯·雷曼提出，“将有机质从光合作用的快速循环过程中取出来置于一个很缓慢的生物炭循环过程中，能够有效地将二氧化碳从大气中除去。”

拉夫洛克一直是一位对气候危机的未来进程抱有最悲观看法的专家，他曾在 2009 年说：“我们只有一种办法可以拯救人类，那就是将大量的木炭埋在地下。这意味着农夫必须将所有的农业废弃物（其中含有植物在夏天固定的碳）转化成非生物降解性的木炭并将其埋在土壤之中。这样，你才能开始将货真价实的碳从生态系统中剥离，使二氧化碳水平相当迅速地降低……这是我们唯一能做的、会取得成效的措施，但是我想他们不会这么做。”

在 2008 年的公开信中，富兰纳瑞写到：“生物炭可以代表最重要的关于人类未来环境的创举。生物炭法提供的是独一无二的有力举措，它让我们能够以非常实际的态度同时来处理粮食安全、燃料危机、气候问题。生物炭既是一个非常古老的概念，又是我们思维中的一个非常新的概念。”他将生物炭战略描述为“我们拥有的清洁大气的最强劲引擎”。

有一些环保激进分子针对很多气候、土壤领域的专家对生物炭不加掩饰的溢美之词表达了他们对全球生物炭战略的担忧，他们担心假如这个战略设计有缺陷，将重蹈东南亚油棕种植园泛滥加速热带雨林毁灭的旧辙。他们对“生物炭种植园”的噩梦式想象假定了原始森林会遭到砍伐，被用于提炼生物炭，然后在原地又替代性地种上专门为此过程设计的改良树种。

理解他们担忧的基础其实很简单。给予乙醇生产补贴的政策（我在承担公职时是支持的）迄今为止执行的结果是弊大于利。乙醇生产的生命周期分析证实，在很多情况下温室气体的排放量大于减少量。此外，纤维素乙醇的利用迫在眉睫，这种工艺将用玉米秸秆、甘蔗渣和其他作物

> 生物炭可以代表人类未来环境最重要的创举。
>
> ——提姆·富兰纳瑞

的秸秆作为生产乙醇燃料的原料。但是作物秸秆换个角度来看并非是真正的无用之物，对于土壤的保护和更新是有重要意义的。

虽然如此，生物炭战略的提倡者指出，粪肥、软枝草、藻类、稻壳这样的生物质是制取生物炭成本效益很高的材料。任何以制取生物炭为目的的树木和高草可以种在早已退化的土地上，收获和管理都遵从有利于该地区土地肥力恢复并能够为其他地方土地养分恢复提供大量生物炭的原则。

执行生物炭战略的主要障碍是缺乏能够驱动经济朝最有效固碳途径发展的碳税机制。目前还没有成形的生物炭分销渠道网络和能够进行工业化生产的设施。但是稳定的碳税能够促使这些兴起，因为生物炭用于土壤固碳价廉高效，前景极为乐观。现在至少有一家公司——田纳西州邓莱普的曼特里公司，已经建设了一座商业级别的生物炭厂，已于2009年8月启动，并将以恒绿（EternaGreen）作为品牌的名字。公司自称是“世界上第一家工业规模的生物炭公司”。

现在人们对播种时在土壤中添加根瘤菌和菌根真菌的作用兴致日渐浓厚。根瘤菌是一种高度特化的细菌，能够将碳从豆科植物的根系中提取出来并将其固定在土壤中，同时还能“固定”氮原子（将有机氮中的两个氮原子分开并将其与氢原子结合在一起，为植物提供氮元素），使土壤更加肥沃。农艺学家老早就教导我们，碳是植物性材料的主体，比如植物细胞壁就主要是由碳组成，而氮是合成氨基酸和酶的素材，氨基酸是形成蛋白质、叶绿素和其他决定植物质量和价值的要素的成分。这些细菌决定了轮作曾经是并且现在依然是一种恢复土壤健康的成功策略。

在最近的几十年里，科学家对菌根真菌在自然地促进植物生长并增加土壤含碳量方面的重要作用感到惊讶。有些真菌专家，其中包括保罗·斯塔密特这位研究完全菌的专家，建议成立大规模的项目，利用菌根真菌增加土壤的肥力。

真菌是最早遍布大地的生命形式之一，实际上更接近于动物界而非植物界。例如，真菌吸入氧气呼出二氧化碳。但是虽然真菌输出的碳有一部分为植物的生长所吸收，但是大部分都留在了土壤里面。菌根真菌同植物之间形成了复杂的共生关系。它们能够将极细微的菌丝网（超级细的丝状物，只有通过显微镜才能看到）遍布土壤并产生一种叫球囊霉素的胶状物质，这种物质对土壤起到固定作用，使土壤不容易被侵蚀，能增加土壤的吸水率。当这些真菌分解植物根部的材质时，会产生更多的养分并固定更多的碳。这些真菌为植物提供养分，作为回报，植物也为它们提供小滴的糖液。这种互利的共生关系增强了土壤肥力并且同时提高土壤的养分和含碳量。深耕的坏处之一就是破坏了这些精细的菌根真菌网。

假如我们将拯救地球环境的任务（其中最重要的就是解决气候危机）看得很急迫，那么我们

改变农业补贴的出发点，从奖励过度生产转向鼓励提高土壤碳含量并恢复土地肥力。

就应该改变农业补贴的出发点，从奖励过度生产转向鼓励提高土壤碳含量并恢复土地肥力。

提高土壤的固碳率的全球方案应该包括以下几个要点：

▶ **恢复湿地本来面貌并且禁止排干、开垦泥炭地。**

▶ **大量减少耕作并在尽量多的土地上采用免耕法，形成地表有机覆盖层。**

▶ **隔年栽种能形成覆盖层的作物，利用复杂的轮作循环。**

▶ **每隔 30 英尺左右就栽种豆科树种做分界篱笆或者防侵蚀缓冲带，还能起到更新土壤氮元素的作用。**

▶ **重新在农场上饲养动物，将其粪便用作天然的肥料。**

▶ **少吃肉。**

▶ **多吃当地产农产品。**

▶ **支持农民自产自销的集市。**

▶ **将秸秆留在农田。**

▶ **通过一个谨慎管理、得到公共财政补贴的全球项目使用生物炭（但是要注意生物炭的合理来源，不要使用玉米秸秆或者其他作物废料做生物炭的原材料，这些都应该还田，用作地表的可再生保护层）。**

▶ **在土壤中添加根瘤菌和菌根真菌，起到加快土壤肥力恢复和土壤固碳的作用。**

▶ **在河水流域或者农场上保护、利用并且循环水资源。**

一个有效的方案应当要求为生态系统建立一个碳和养分的明确预算，这个预算中碳输入量必须总是大于碳输出量。在这样的预算中，一体化的养分管理和周全的土地利用办法，在很多专家看来能够对减少大气中的二氧化碳含量起到显著作用。正如前面提到过的那样，这种策略具有多方面的好处，既能够增加土壤的肥力，又能够推进同贫困、营养不良和饥荒所作的斗争。

该政策的执行关键是征收碳税将控制土壤的碳流量作为全球战略的一部分。要将森林整合为碳减排国际协议框架的一部分还需要好多年的基础工作。此项工作预计会在哥本哈根协议中写成完整的文本。

不幸的是，来自发达国家的谈判者称为了建立国家基准线、对土壤碳含量增减进行常规监测，而进行的土壤碳含量测量工作存在诸多较大困难，难以保证土壤的碳含量规定写入全球协议。目前，全球最大的欧盟温室气体排放权交易制度不承认森林和土壤碳减排。只有芝加哥气候交换计划（CCX）承认有证明的土壤碳减排。国际社会必须建立土壤碳减排的标准，以此作为建立可信的土壤碳减排制度的前提条件。

虽然如此，土壤固碳提供了一个巨大的机遇，这是驱使谈判者为那些他们引为碳减排协议完善障碍的问题寻求答案的动力所在。此外，撒哈拉以南非洲国家会成为任何不承认土壤固碳的

华盛顿州帕罗斯河流域。草地对于固碳的作用特别明显。

协议的牺牲品，因为在非洲恢复土壤碳含量代表了巨大的机遇，不仅有助于减少大气中的二氧化碳，同时还有助于恢复土壤的肥力。

2009 年，凭借来自比尔 & 梅琳达基金的启动资金，一群科学家建立了一个雄心勃勃的项目，要绘制全球的土壤数字地图。这个计划被称为 GlobalSoilMap.net（全球土壤地图网），由国际土壤参考信息中心的阿尔弗莱德·哈特明克所领导，将优先绘制非洲的数字土壤地图。“人们意识到食物来自土壤，假如你要终结饥饿，那么你需要了解你土地的土壤并且保证其处于良好的状态。”哈特明克如是说。

至于测量土地含碳量的困难这一点，土壤学方面的众多优秀专家表示强烈的置疑。他们认为，由于科学的进步，发达国家的谈判者提出的这个观点早已过时。大量的努力和成就提高了科学家的信心，很明显，测量全球土地碳含量这项任务是可以完成的。

布洛克黑汶国家实验室已经对这项技术的运用作出了创新，这项技术革新被称为非弹性中子散射技术，可以精确测量拖拉机经过的地表以下 2 英尺深处的土壤含碳量。基于卫星的近红外光谱分析法也可以用于监测土壤碳含量。洛斯阿拉莫斯国家实验室研发了激光感生击穿光谱技术（LIBS），可以分析代表性土壤标本的碳含量。

利用尖端的土壤测样技术，新兴的科技能够高度精确地测量全球各国的土壤含碳量，并促进土壤碳流量的精确监测。这对全球环境和巩固富国与穷国之间的碳交易的益处使应对这个挑战显得尤为重要。

有生命的系统
LIVING SYSTEMS

第十一章 人口

尼日利亚首都拉各斯(Lagos)的欧首迪(Oshodi)市场。
预计全球超过 90%的城市人口增长都来自发展中国家。

自 18 世纪以来，全球人口显著增长，特别是在 20 世纪，人口几乎翻了四番，这明显是人类文明和地球生态系统之间关系突变的主要原因之一。假如我们能够减少自然资源的平均消耗量，能够有更好、更有效率的技术来替代我们目前的资源利用技术，将对环境的破坏最小化的话，那么巨大的人口造成的影响会小很多。

随着人口的骤增——从 1900 年的 16 亿到今天的将近 68 亿，高新技术也在世界范围内急速传播，尤其是在 20 世纪的下半叶。新技术为经济活动的蓬勃扩张提供了原动力，自二战后经济复兴起，世界经济发展的步伐便日益加快。工商业全球化导致煤和石油的使用量大增，因此导致二氧化碳、甲烷和其他温室气体的排放也以更快的速度飙升，此外，我们还将在 2025 年面临相当于一个中国人口量的人口增长，大部分集中在低收入的发展中国家。在所有这些国家中，高新技术越来越容易获得，而这些技术常常会放大对于环境的有害影响。

基于以上理由，任何旨在解决环境危机的方案必须尽快实际地应对稳定全球人口的挑战。可是，我们大部分关于如何解决气候危机的讨论都几乎没有触及人口问题，这让一些观察者觉得这个问题在某种程度上已经成了一个禁忌。确实，人们常问我为什么在就如何挽救地球气候平衡的辩论中人口问题没有被提到一个更重要的位置。

答案就是全球稳定人口增长的努力实际上已经取得了历史性的成就，即使这个成就来得很慢。但尽管如此，围绕如何稳定人口大体上还是有为数不多的全球共识，有据可考的成功故事也不断涌现。

在 20 世纪最后的 25 年里，人口统计学家和其他社会科学家对人口增长和稳定的复杂机制的深刻认识发展得非常快。这种新的认知在全球各国有了应用，并大幅延缓了人口增长。由于坚持不懈的努力，世界人口有望在 21 世纪中期稳定在 90 亿略多一点。

但是这个预测也具有很大的不确定性，很多专家怀疑各国政界领导会付出持续努力推动工作进展以保证实现该目标。虽然人口主题在气候议题中并非禁忌，但是相关的一些议题，比如避孕和男女平等在世界很多国家都是棘手的问题。

几十年前，人口统计学家注意到高收入国家人口增长较慢，同时这些国家的工业化水平较高。基于这种关联，他们得出结论，延缓人口增长的办法就是在人口迅猛增长的低收入国家加快工业化进程。然而多年以后，他们意识到高收入和低人口增长率之间存在关联主要是因为高收入国家的其他所作所为实际上导致了家庭规模的缩小。

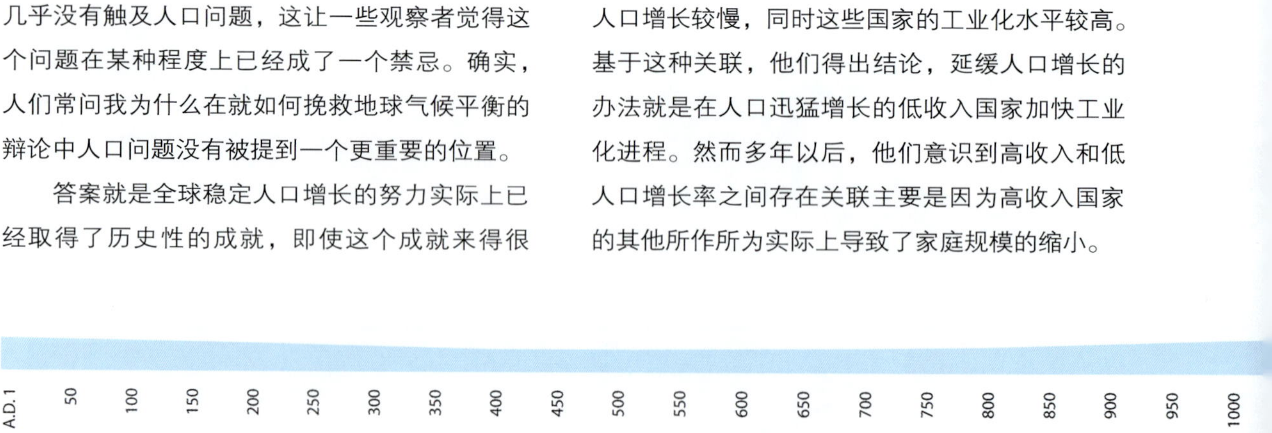

来源：美国人口普查；联合国：《2300 年的世界人口》，2004 年；二氧化碳信息分析中心；《AAAS 人口和环境地图册》

1994 年开罗召开的联合国人口和发展国际会议达成的预见性协议中包含了一种新的共识性见解，即各国人口中存在一种动态的复杂机制，会随时间变化而改变人口模式：从之前的高死亡率、高出生率、大家庭模式转变为一种新的平衡：低死亡率、低出生率、小家庭。

此外，人口统计专家发现了实现这种人口模式转变的 4 个因素。这些因素包括：

- **普及对女童的教育。**
- **给予妇女参与家庭、社区、国家决议的社会、政治权利。**
- **儿童的高存活率使父母自信他们大部分或者全部的孩子都能够长大成人。**
- **妇女能够决定生育数量和生育间隔。**

全球人口增长和碳排放

全球人口还在增长中，但是预期在 21 世纪的中叶将会达到 90 亿略多一点的稳定水平。然而，即使人口增长稳定下来，温室气体的排放速度也在上升。自 1950 年来，年均碳排放量已经翻了 4 倍，而且增长速度在 2000 年与 2008 年间提高很快。很多科学家说大气中的二氧化碳浓度必须稳定在 350 百万分率，这就要求实实在在降低目前的大气二氧化碳浓度。

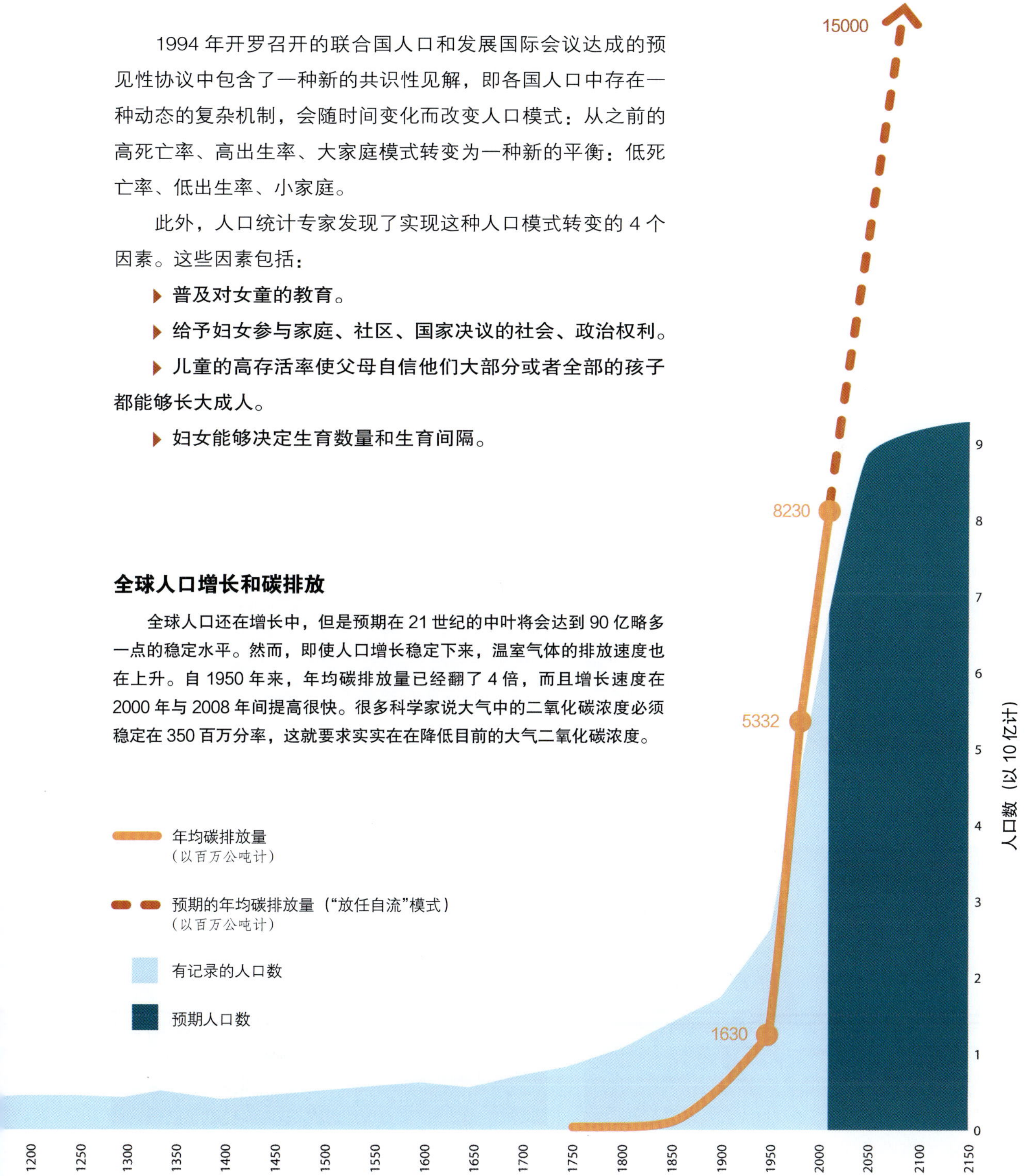

以上4个因素互相关联，人口态势发生变化这四个因素缺一不可。但是从经验中现在已经可以得出结论，当4个因素都实现了的时候，向小家庭和人口增速变缓的转变将无可避免，这是一个好消息。实际上，几乎每一个国家都在发生这种被称为人口统计学变化的转变。富裕国家正在经历这种快速而深刻的转变，45个人口超过10万的发达国家里面有44个人口出生率低于维持目前人口数的要求。2009年完成新的人口分析表明一个让人诧异的新趋势已经开始形成：很多发达国家，当他们达到更高的发展水平的时候，出生率出现了轻微的上升趋势。专家们试图理解其含义和持续多久，但是这种趋势无法改变全球人口增长的总体趋势，因为拥有导致此现象发展水平的国家寥寥无几。对于出现人口老龄化、存在劳动力\退休人口比例失衡担忧的富裕国家这是一个好消息。目前，假如不考虑移民，发达国家整体上正在经历人口下降。（美国是一个例外，同欧洲相比，美国的人口增长是导致美国的二氧化碳排量增速超过欧洲的一个重要原因。）

稳定人口的四种因素

巴基斯坦俾路支省的小学

1. 普及对女童的教育。

伊朗德黑兰的投票仪式

2. 给予妇女参与家庭、社区、国家决议的社会、政治权利。

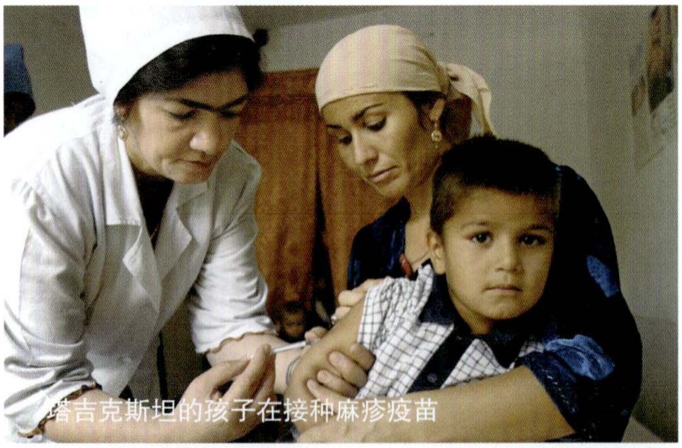
塔吉克斯坦的孩子在接种麻疹疫苗

3. 儿童的高存活率使父母自信他们大部分或者全部的孩子都能够长大成人。

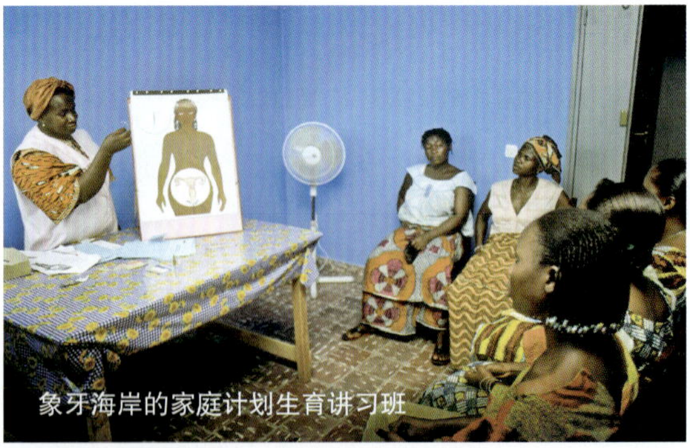
象牙海岸的家庭计划生育讲习班

4. 妇女能够决定生育数量和生育间隔。

巴西靠近维拉卡努佩斯的一片刚刚被焚烧过的森林，一名定居者在种植牧草。

事实上，即使人口统计通常针对全国总人口，每一个国家的实际统计数据也根据不同的民族而分成不同的类别，少数民族的生存同主流民族的生存是不同的。这种差异在低收入、享受较少权利和较少的优质妇幼保健的少数民族社区体现得尤为明显。美国人口增速比其他发达国家更高的原因之一是美国的贫富差异在发达国家中是最大的，贫穷的家庭较少享受到医保和高质量的教育，出生率却较高。然而，大体上，富国和穷国之间的差异还是影响人口出生率的最大相关因素，尤其是因为国家政策和稳定人口增长的全球性努力之间存在着最大关联度。

在欠发达国家和比较贫困的国家，人口统计学变化也悄然而来。其中很多国家人口增长速度还很高，人口至少还要持续攀升好几十年，但是即使在这样的国家，人口增长速度也变慢了。

穷国的人口持续性猛增对环境和由家庭、社区组成的社会结构产生了史无前例的压力。在很多欠发达国家，境况窘迫的农民涌入森林地区，砍伐并焚烧树木，为生存而苦苦挣扎。在这个过程中，世界上越来越多的森林，在吸收二氧化碳、提供丰富的生物多样性方面无可替代的森林，正在消逝，特别是在热带和亚热带地区。第九章已经提到了，将森林变成农田，常导致降雨量减少。

淡水资源短缺正在威胁大部分森林遭到破坏的地方。人口的增长超过了饮用水的供给能力，将水运往人口迅速膨胀的城市供给城市居民的基

德里的一处贫民窟，居民在抢水。这里住着 4000 工人，却没有净水供应。

础设施也无法配套。在几个国家，增长中的人口耗竭了地表水资源和地下含水层资源。例如，在墨西哥城这个西半球最大的城市，2009 年的低降雨量和基础设施不完善、人口增长过快，导致墨西哥城在五种情况下切断了对成千上万的人饮用水供应。此外，未经处理的废物严重污染了水质，使霍乱这样通过水源传播的疾病更严重地威胁了居民的健康。

社会也面临更大的压力，不仅是因为绝对人口数量上升，而且还因为城市化这个相关的人口统计学趋势。在人类历史大部分阶段，只有 15% 不到的人口是居住在城市的。在 20 世纪，这种模式却发生了激进的变革。在 2008 年中期，世界上的城市人口首度超过了总人口的一半。在整个 20 世纪，全球人口翻了 4 倍，全球的城市人口却增长了 10 倍。在世界范围内，在可预见的未来，所有的人口增长都将集中在城市地区，乡村人口预计将实际下降。尤其是在发展中国家，更多的人从乡村地区迁往城市。全世界正在增长的城市人口中 90%之多预计将集中在发展中国家。以中国为例，城市人口在过去 30 年里从 2 亿增加到了 6 亿之多，人口统计学家预计在接下来的 15 年中，中国的城市人口将继续增加 3.5 亿，这个增幅超过了整个美国的人口。当毛主席在 1949 年执政时，中国只有 11%的人口居住在城市。但是今后的 20 年里，中国人口的城市人口预计将达总人口的 70%。

还有一点值得指出，在全世界，新的城市人口中很大比重的一部分正在迁往海拔较低的沿海城市。而全球变暖使格陵兰和南极的冰雪加速消融，这些城市易受海平面升高的影响。

城市人口的增速实际已经减缓。但是根据

城市化以及超大城市的扩张

全世界的人口超过一半居住在城市中，这在人类历史上还是第一次。在过去 100 年里，全球人口翻了 4 倍，而城市人口增长了 10 倍。到 2025 年，全球将拥有 27 个超大城市——里面住着 1000 多万居民。超大城市的迅速扩张代表着全球温室气体减排的一个机遇。人口密集的城市拥有节约能源的基础设施，包括紧凑的住宅区、更短的出行路线、公共交通和高楼，比起郊区和乡村，这些有助于减少以个人为单位的温室气体排放。纽约人的碳足迹只是美国人平均碳足迹的三分之一不到；圣保罗居民的排放量只是巴西人平均排放量的 18%。城市人口增长的 90%都将集中在发展中国家。

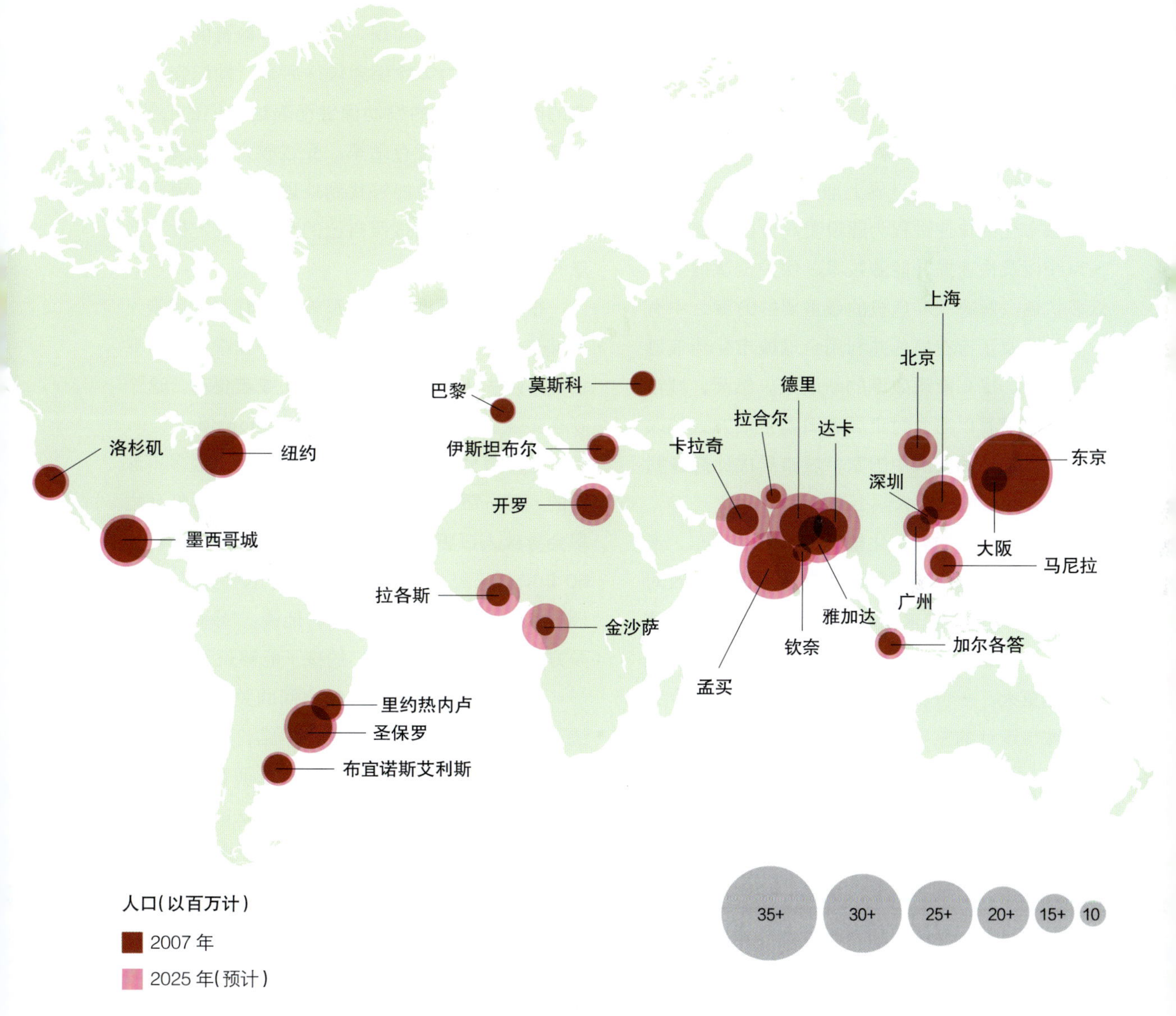

来源:美国人口比例;中央情报局世界实况资料手册(CIA World Factbook)

联合国人口基金的研究，城市人口的增“速”比起城市人口的绝对增长“数”，是一个次要问题，尤其是在亚洲和非洲。即使总体上城市人口增速较慢，新增的城市地区也提出了严峻的挑战。亚非两地，在今后的20年里，城市总人口预计将增长100%。在拉各斯这个尼日利亚的最大城市，人口在1975年到2007年间从1900000增加到了9500000，预计到了2025年将达到15800000；刚果的金沙萨和孟加拉国的达卡连同拉各斯同为世界上增速最快的大城市。

城市化的快速进程为建设更高效的建筑、运输系统以及快速提升能源效率、保护资源提供了众多机遇。解决气候危机的最重要的方案之中有一些就涉及了旨在抓住并利用全球城市化新浪潮丰富潜力、提高能源效率的新政策。然而，城市化总是伴随着以前乡村定居者田园生活方式的改变，在大部分的发展中国家，城市居民比起乡村居民来，消耗的能源大幅上升。

此外，目前的城市化模式过分强调汽车、卡车的使用，而忽略了现代公共交通。这就导致对沥青和混凝土的需求大增，道路拥挤现象更突出，空气污染更严重，能源消耗更高，二氧化碳排放量更大。一位城市规划专家讽刺说，当今大部分城市设计的主导原则是“保证所有的汽车很幸福”。

即使全球增长的人口都集中在城市，人口统计学专家指出来自农村地区的迁徙人口，不再是大部分城市人口增长的最大因素——城市人口是一种自然增长。因此，稳定城市人口增速的有效策略就是早已被用于稳定世界人口总体增长的那个策略。还是要回到那4个因素，经验证明这4个因素一定会导致小家庭模式形成、人口增速变慢、在21世纪中叶停止世界人口增长（可能稳定在91亿人左右）。

这4个因素结合在一起的结果就是人口统计学转变，其中最重要的因素是对女童的教育。当女孩普遍受到良好教育时，她们长大成人时就能够加快妇女权益的实现。受过良好教育的女性结婚和\或生育的年龄都会较往后延。她们会在各自的国家为更好的妇幼保健而表达她们的心声，这样就能提高儿童存活率。受过教育的、有社会政治权利的妇女也能够找到处理好自己生育问题的办法，这样就能按照自己的意愿来决定生育数量和生育间隔。

很有必要强调一点，那就是所有4个因素没有哪一个可以忽略。例如，在各个国家，儿童死亡率下降先于出生率下降半代人或者更高。这个硬事实强调了提高儿童存活率的核心价值。

这个等式看起来像是自相矛盾的，很多不深究的人第一眼看过去就感到疑惑，为什么低死亡率会导致人口更少呢？对这个貌似悖论的解释在60年前就已经由一位名为裘里斯·K·尼雷尔的非洲国家首脑给出了最佳阐释，他说：“最有效的避孕方法就是父母相信他们的孩子能够长大成人。”

低死亡率和更少的人口之间的关联并非人口统计学家发现的唯一似非而是的结论。很多禁止堕胎的国家的堕胎率比美国还高，而在美国，妇女怀孕的前6个月中堕胎基本是合法的，不过从第4个月到第6个月堕胎会有更严格的管理措施，而到了怀孕的最后3个月，堕胎几乎是被禁止的。来自世界各国的资料似乎表明当妇女能够得到全方位的生殖医疗服务时，意外怀孕而需要流产的情形很少。

全球通讯革命（特别是卫星电视、因特网、

中国上海的公路。

“最有效的避孕方法
就是父母相信
他们的孩子能够长大成人”。

——裘里斯·K·尼雷尔

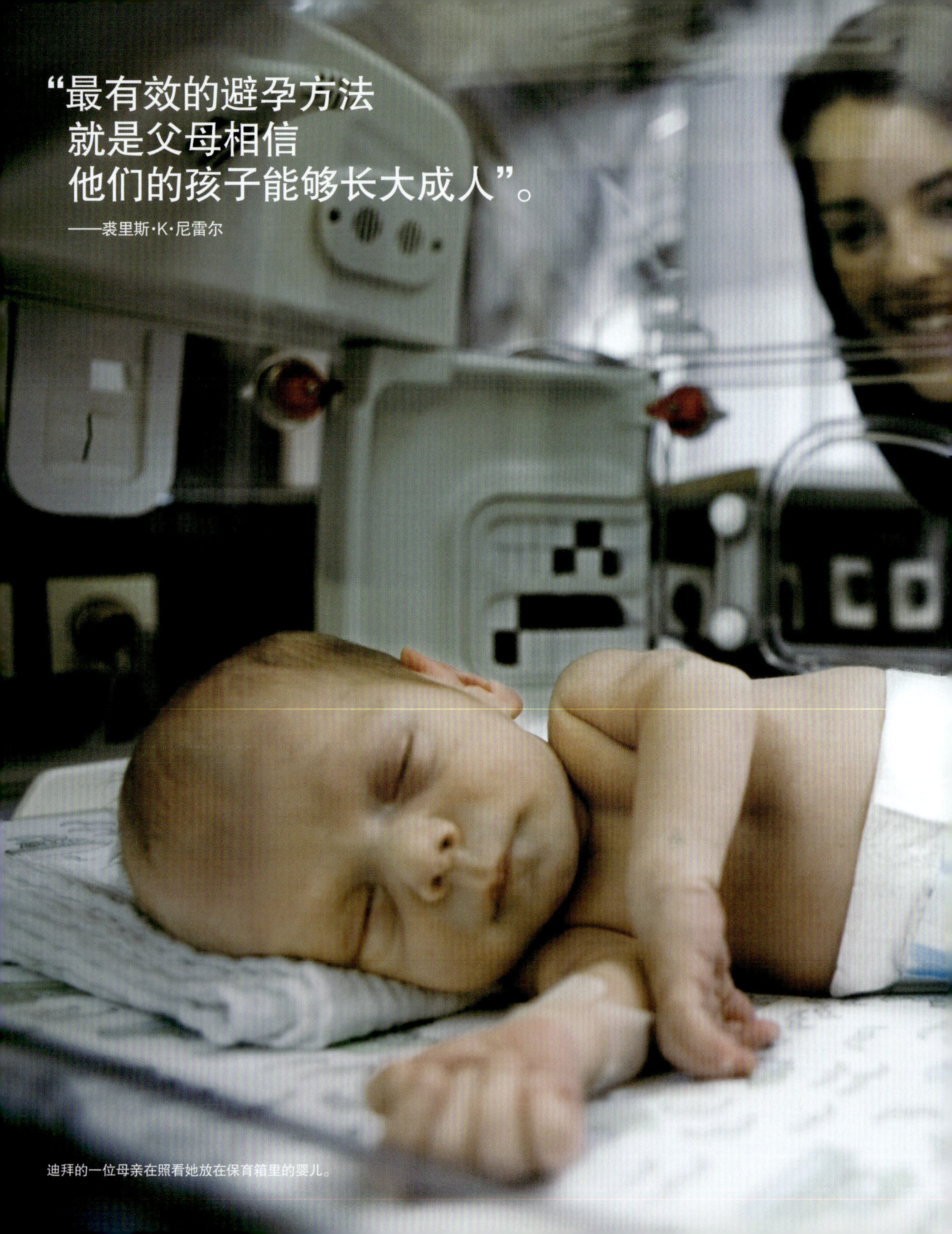

迪拜的一位母亲在照看她放在保育箱里的婴儿。

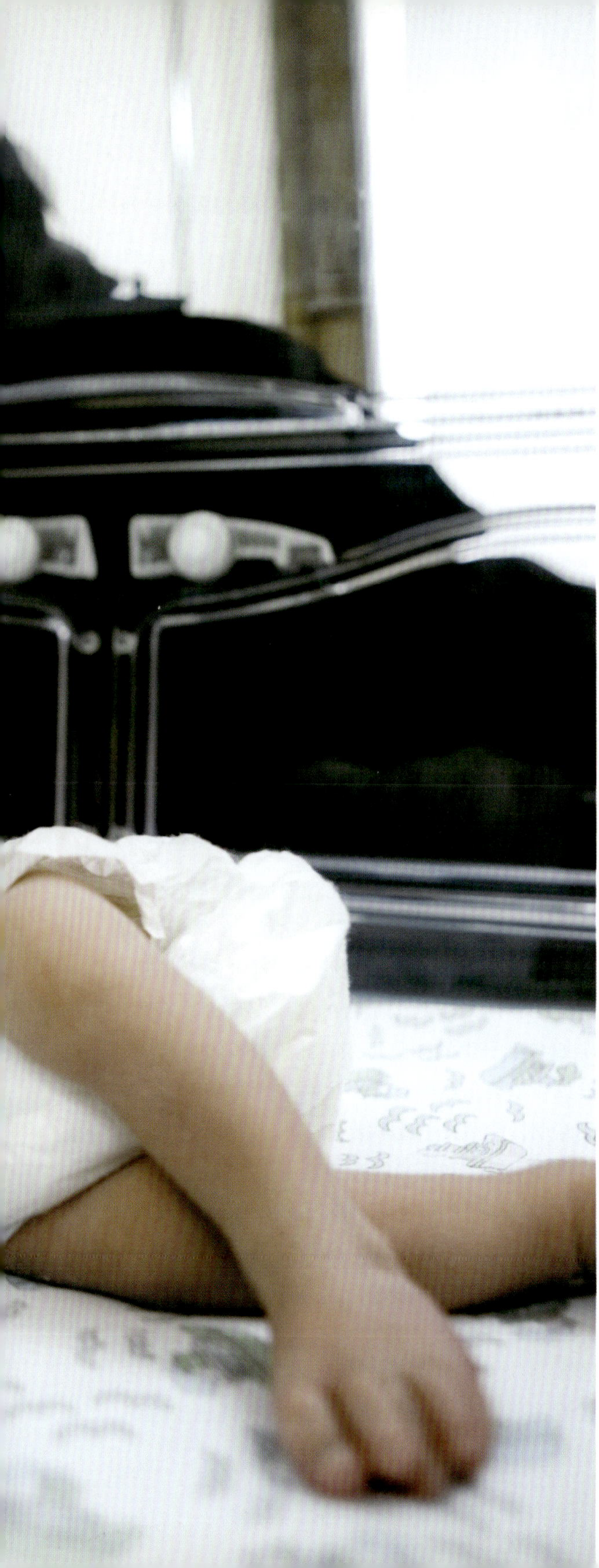

手机技术）看起来已经加快了女孩受教育、妇女拥有社会政治权利的运动。例如，在沙特阿拉伯，过去拥有世界上最高的人口增长率，现在55%的大学毕业生都是女性。当然，毫无疑问，沙特阿拉伯的人口增长率到现在为止一直在大幅下降。从 1975 年到 1980 年，每户抚养的儿童平均数目是 7.3 个，而现在是 3.2 个。

最近去了一趟波斯湾国家，我遇到一位在波音 747 上担任飞行员的女性。她在头巾上戴着机长的帽子。我没有问她有几个孩子，但是我打赌她的孩子肯定没有她母亲或者祖母多。

相反，死亡率最高的最贫困的国家的人口增长率是最高的。这样的国家的人口常常拥有很年轻的平均年龄。尼日尔的死亡率是世界上最高的，在所有国家中人口构成最年轻：平均年龄 15 岁。

20 世纪的人口增长速度和最近几十年中的人口统计学转变带来了国家人口代际结构中断的历史性挑战。例如在日本，每户抚养的孩子的平均数量迅速下降（移民受到严格控制），4 年前总人口就出现了下降。可以预计，日本人口结构中老人的比例将史无前例地高企。日本的平均年龄不是尼日尔那样的 15 岁，而是 43 岁，几乎是 3 倍高了。

在很多国家，同时存在高比例的老年人和高比例的年轻人，造成了人口统计学家所谓的“高依存率”。1960 年，美国每 5.1 个劳动力支付社保金负担 1 个领取社保支票的退休人员。但是今日，这个比例已经下降为 3：1，并且将变成 2：1。很明显，每个劳动力所承担的经济压力在劳动力更少、过了退休年龄的人更多的时候预期压力会大得多。在大部分发展中国家，并没有可以和美国的社保体制相提并论的针对老年人的国家保障体制，所以，养儿防老的正常需求就被强化了。在很多文化里，这种自然需求通过强调延续家族姓氏与传统的宗教、文化行为得到了巩固，同时也可以通过前农业社会重视多生育子嗣，以提供农作劳动力的积重难返的习俗而得到强化。

然而经验证明当儿童长大成人的比例很高时，当其他三个因素都实现时，大部分人就会有自愿少生孩子的自然愿望，这种自然愿望就会压倒大家庭背后的所有动机。

人口增长速度自身对于人口高增长率的国家就是一个重大的社会政治挑战。所有的支柱性体系，如医疗、教育、社保等都已经达到了弹性的限度。这些国家的政治家们常常在扩大这些体系，以满足增长的人口所产生的需求方面力不从心。

此外，当新的工作机会远不能满足迅速增长的人口的工作需求时，社会的不稳定，特别是年轻人中的躁动，会导致政治动荡，甚至更糟。国内不稳定、失业、环境退化也会引发大规模的非法移民跨越边界去寻求更富裕、祥和、有创造力的生活。当然，气候危机的影响，特别是那些遭受高温和土壤水分蒸发之苦的干旱国家，将会使促使人口移居他国的压力更大。

当贫困的移民迁入其他不同文化、传统、信仰、语言的民族居住的地区时，爆发冲突和暴力的可能性就会上升。联合国秘书长潘基文曾引用东乍得的气候变化作为一个主要原因来说明邻国苏丹西部的达富尔地区的恐怖的暴力。乍得湖因为干旱水位急剧下降，大量的乍得人越过边境去了苏丹。虽然说种族灭绝暴力的主要责任在于苏丹政府的政治决定和国际社会没有及时干预，但是事件的背景却是由气候危机和人口统计学之间的相互影响而设定的。

很具有讽刺意味，冷战期间美国很多保守分子强烈支持发展中国家实行计划生育，以此作为一种避免不稳定局面被苏联集团利用。乔治·H·W·布什在其政治生涯的早期坚定地鼓吹国际性计划生育，杜威特·艾森豪威尔总统当过计划生育联合会的联名主席。在最近的几年里，美国共和党将反对堕胎当做一个重要点列入了其政治议程。共和党人倾向于将反对堕胎与反对发展中国家的所有计划生育医疗服务混为一谈，因为假如不对支持堕胎的组织提供资金，那么也无法支持计划生育医疗服务。

美国的这种政治新动态对国际社会加大资助发展中国家计划生育的努力产生了深远的影响。主要因为这个原因，4 个减缓人口增长的要素当中受到政治干扰最多的就是避孕的普及。即使其他 3 个因素实现了，女性还是必须自主决定生育数量和生育间隔。

贫困妇女没有能力自己计划生育，最有效地解决这个问题的方案就是“一站式”的针对妇幼的医疗服务。孕妇可以在此得到产前医学护理，这样的诊所对于她们宝宝的健康发育极其重要；孕妇和肚子里的孩子可以在此检查有没有疾病；孕妇可以提出任何咨询，在生育间隔管理方面得到帮助，包括关于避孕措施的建议和帮助。

追求深造和更高的社会政治权利的妇女和选择少生育孩子的妇女之间似乎有所关联。反对妇女提高计划能力的声音，当然主要来自那些深植于长久以来反对妇女权利的文化宗教传统的群体。在一些地区，原教旨主义的正统思想甚至导致阻挠女孩和妇女得到教育。例如在塔利班控制的阿富汗和巴基斯坦地区，不断出现强行

印度尼西亚的一家寄宿学校，女学生在学习生物学。

关闭女校的行为，将妇女权利运动取得的成果全部推翻了。

大多数反对妇女权利的情况都表现得比较温和（但仍然是一种施压的行为）。这种反对情况表现了更广泛意义上社会对全球化、现代通讯方式、其他威胁父权制社会稳定和权威的文化变革等带来的颠覆性突变所作出的反应。

反对妇女获得计划生育知识的想法逐渐让位于世界各地越来越多的人想拥有小家庭的事实。

1994 年，我带领美国代表团参加在埃及举行的联合国人口与发展会议，在同来自世界各国的代表、宗教团体、非政府组织等的广泛商谈中，我们学到了知识并过得很愉快。

在开罗共识形成后 15 年已经过去了，很明显那时采取的政策现在正在执行中。但是很多富有的发达国家却没有能够很好履行在开罗会议以及之后所作出的资助承诺。造成这样美中不足的主要原因是布什 – 切尼政府拒绝资助国际性的计划生育项目，即使在避孕援助和提供合法堕胎的组织只有一种间接的关联。部分由于布什的政策，国际组织被迫不再强调计划生育援助。

实现计划生育还有一个巨大的没有达成的要求，任何应对气候危机的综合性方案都必须包括实现该要求的措施。将全球人口稳定在 91 亿或者以下的努力的继续进展依赖于富国信守诺言、按照承诺提供帮助的诚意。

奥巴马已经扭转了美国的政策。在推进普及女孩的教育、妇女享有权利运动和妇幼保健方面，特别是发展中国家妇女自我安排生育数量和生育间隔所需的手段方面，还需要提供额外的资源。

因为涡轮是发电机的核心部件，涡轮机效率的提高能带来巨大的影响。新型高精度涡轮机的效率几乎是旧型号的 2 倍。

第十二章

节约即有余

能源利用效率的提高提供了最大的减少能源消耗、降低二氧化碳排放量的机遇，同时还能够节约资金、提高产量。改进效率也是从长远来看最具有成本效益的气候危机解决方案，并且比起其他方案，更易于执行。

此外，曾经专注于提高能源利用率的人表明这其实相当于拥有了一种用之不竭的资源，因为能源利用技术创新具有真正意义上的内在可更新性。提高效率这个过程中能够持续带来益处。选择这条道路的国家和组织会取得一个接一个的成功。当节能文化在一个组织中深入人心时，来自各个层次的员工便会建言献策，为进一步节能提供最佳理念。

在国民经济的各个环节都存在节能的巨大机遇，尤其是在以下部门：工业加工、民用和商用建筑、发电厂、运输部门甚至城市设计自身。

通过节能带来的大量开支节余、减少的大量二氧化碳排放不是凭空想象出来的，而是实实在在的。美国的发电业只能将燃料所含能量的 33% 转化为电，热电联合发电厂（CHP）通过能量二次利用可以提高能源利用率的两倍之多。国际分散式能源联盟（WADE）的最新研究表明，通过建设热电联合发电厂可以减少美国二氧化碳排放总量的 20%，每年节约 800 亿美元。节电还可能有更大的潜力。例如，国际能源组织（IEA）发现，“在提高用电设备能效上平均每花费 1 美元，就可以在发电业、输电网和配电网设施上少投资 2 美元。”

实际上每项研究都能够得出同样结论，但是我们要大规模实施节电措施，还有些困难。

根据节能专家罗伯特·艾利斯的说法，1900 年美国的能源转换系统只能有效利用能源所含 3%的能量。经过一个多世纪的技术革新，美国能够有效利用 13%的能量，能源的浪费率还是有 87%。能源利用率低下的原因之一在于节约能源需要利用众多领域的不同技术。

但是能效专家已经找到了几个有可能大量节能的途径：

- **循环利用发电过程中产生的废热，或者是来自高热耗工业生产的废热。**
- **用高效的现代电动机替代低效的工业用电动机。**
- **为建筑物，特别是民居的每一部分安装充分有效的绝缘层。**
- **使用能效更高的现代窗户、照明系统、热水器、家用电器、电子产品，淘汰低效的过时产品。**
- **为轿车、卡车制定更高的节能标准，并更多地使用公共交通工具。**

改进能源利用效率带来的可观经济效益有目共睹，让人不由心动。采取坚定、持续、广泛的能效改造国策，将很快就能意识到这是节能并减少全球变暖污染的最有效途径。

这条法则对于穷国富国皆适用。麦肯锡在一份发表于 2009 年 7 月的报告中表明，美国投资

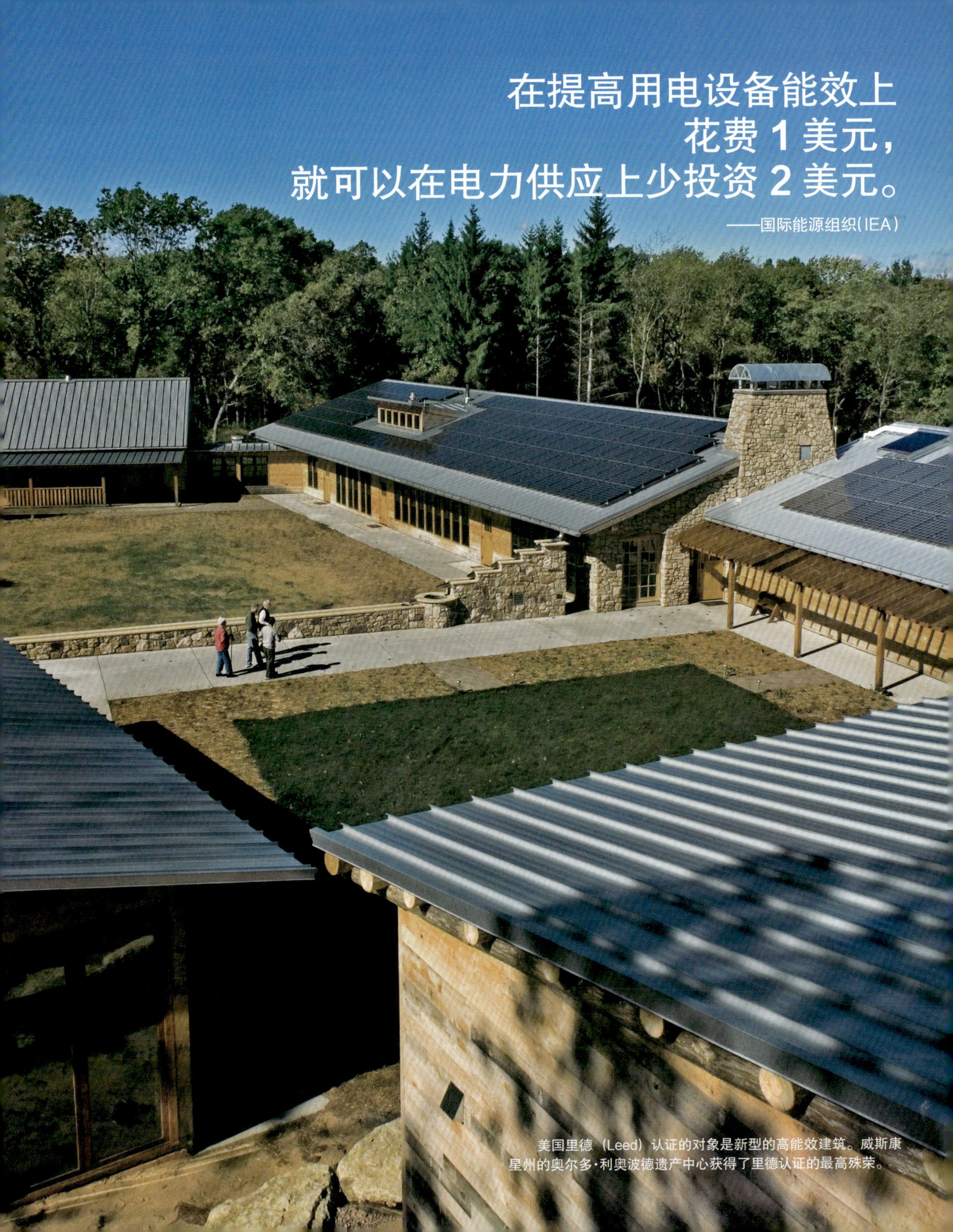

在提高用电设备能效上
花费 1 美元，
就可以在电力供应上少投资 2 美元。

——国际能源组织（IEA）

美国里德（Leed）认证的对象是新型的高能效建筑。威斯康星州的奥尔多·利奥波德遗产中心获得了里德认证的最高殊荣。

减少温室气体排放的成本(常表现为负成本)

成立于2006年的麦肯锡(Mckinsey & Company)启动了一项现在已经蜚声在外的关注如何减少温室气体(GHGs)排放的不同办法的研究。下列图表被称为全球GHG减排成本曲线，显示了减排的潜力和大约200个最重要的GHG减排方法的相关成本。

最重要的发现之一就是全球将近40%的减排措施实际上在短期内就能够节约开支!

图表中绿色部分项目都是负成本的，这表明每一项的生命周期内都能产生净利润或者节余。研究的结论表明只要投资达到GDP的0.6%，全世界就可以减少二氧化碳的排放，将其大气浓度稳定在450百万分率，这主要是由于能效提高带来了节余。

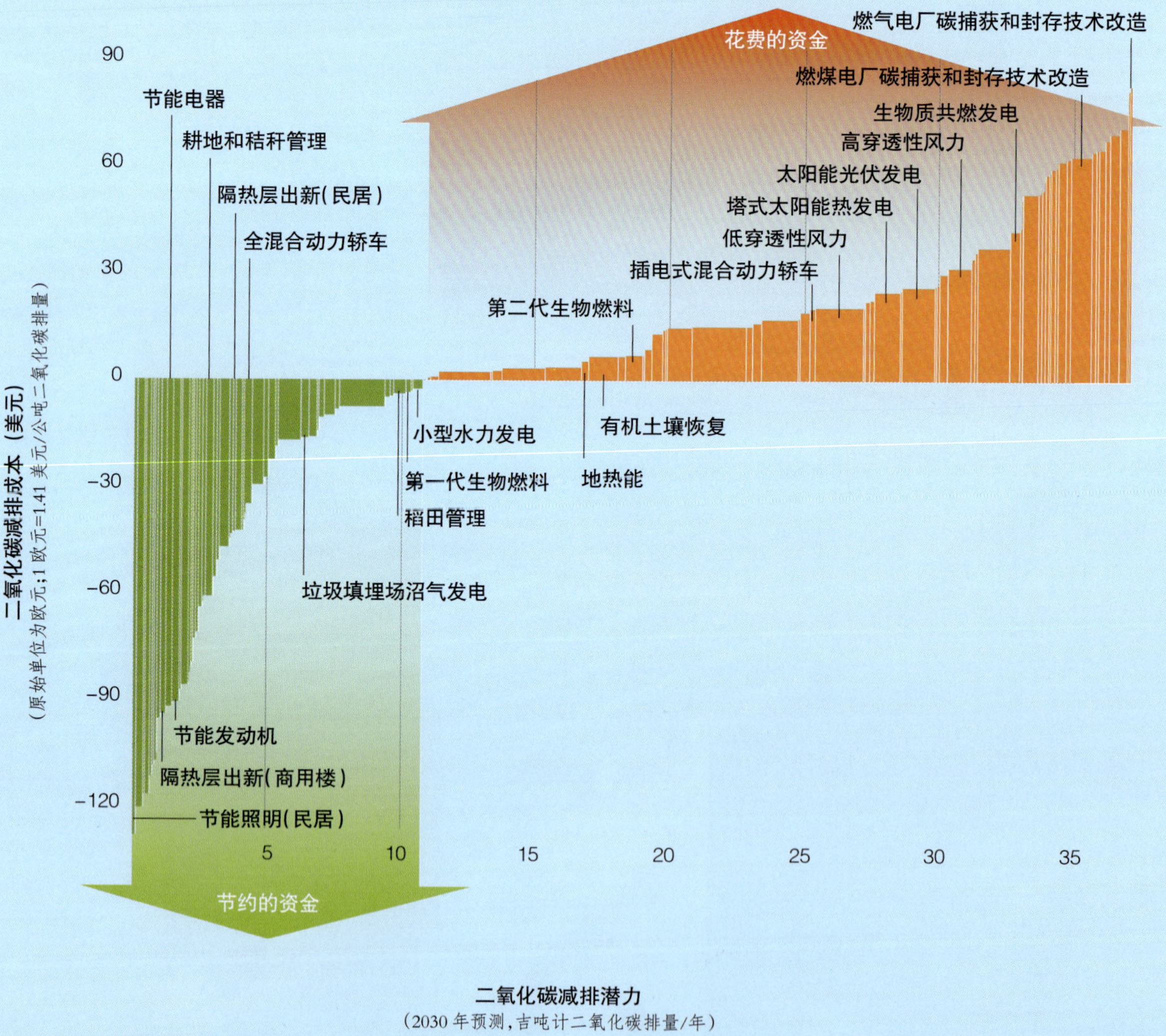

于高能效就可以获得经济回报，仅通过这一点预计就可以在 2030 年前减少 23%的能耗。之前，麦肯锡全球研究机构发现发展中国家“可以减少一半多的能源需求……在 2020 年前预计减少 22%的能耗……仅促进发展中国家单位能源生产率的提高就能够在 2020 年前减少 15%的全球二氧化碳排放，这对于全球气候变化的未来起到了关键性的作用”。

例如，世界工业能效领域的顶尖企业江森自控（Johnson Control）指出日本工厂的能源效率达到了 85%以上，中国的工厂能效却只有 50%。工厂能效每减少 10%就意味能耗要提高一倍，这导致中国工厂单位产出的耗能比日本工厂平均多 350%。

美国在 1977 年到 1985 年间短期内密切关注过能效提高，这是自 70 年代石油禁运后美国历史上第一次试图减少石油消耗的认真努力，取得的成效让人印象深刻。由于吉米·卡特总统首倡、罗纳德·里根总统执政初期继承的智慧而执着的政策，美国减少了 17%的石油消耗，同时增加了 27%的经济产出。相应的，我们对进口石油的依赖减少了一半。因此，欧佩克不得不大幅降低石油价格。但是，随着对节约的重视时过境迁，我们放慢了能效提高的速度。技术改造还在继续，在 1985~2008 年间单位 GDP 的能耗下降了 1/3。虽然如此，我们对进口石油的依赖却再次如同坐上了火箭一样猛涨，石油价格再次快速攀升。

但是加利福尼亚并没有不重视节能。加利福尼亚的能源部长阿特·罗森费尔德，这位加州能效政策的发起人，他指出加州自二战结束到 1973 年的第一次石油禁运，加州的能耗一直在迅速增长，这和其他州没有什么两样。但是在过去 30 年里，加州的人均总耗电量就根本没有再增长过，即使人均经济产出翻了两番。与此同时，美国其他州的人均耗电量增长了 60%，而经济产出实际和加州持平。

与 1993 年相比，加州的单位美元 GDP 的能耗率减少了一半，加州通过提高能效节省下来的总资金达到了大约 1 万亿美元。加州的经验和其他一些州的经验证明减少耗电量、提高能效的措施成本常常要大大低于建设新的发电厂的成本。

在加州，因为能源消耗减少了，相应的建设更多的公用事业的诱因也少了，电器和建筑的能效标准更高，汽车的行车里程要求更高，所有这

加利福尼亚领导潮流

自 20 世纪 70 年代能源危机以来，加利福尼亚的法律便鼓励提高能效。在过去 25 年中，加州的人均耗电量一直保持平稳，而美国其他地方却一下子提高了 60%。

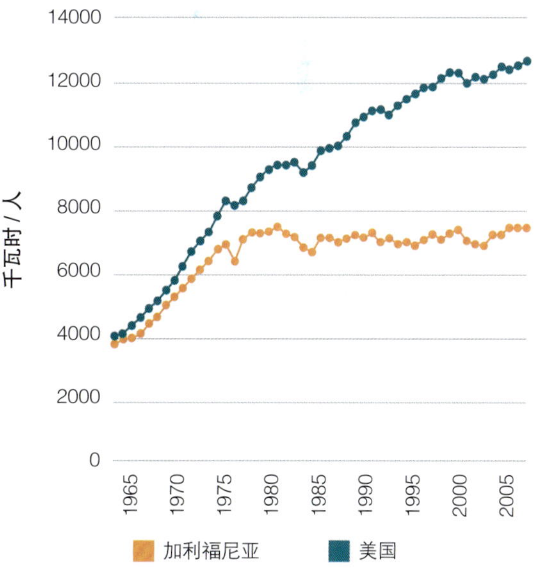

来源：加利福尼亚能源委员会

炼钢新技术，例如薄板坯铸造技术，可以节省大量的能源，降低二氧化碳排放，减少高达 20%的生产成本。

些因素加在一起实现了让人印象深刻的节能成就。

在全球一体化经济中，在发电过程中同时利用废热就等于二次利用了燃料，这带来了巨大的节能机会。虽然很多重大的节能项目都集中在一些特殊的行业（可以举出成百的例子来），能效专家常常会提到四个最有价值的节能途径。

首先，全球经济中工业部门最大的节能机会是存在于旧式低效电机的现代升级改造，在短期内这种技术革新就能取得经济效益，在电机驱动的系统取得优化之后，节能带来的效益还会进一步凸显。

根据能源部能源效益和可再生能源办公室的说法，“电机驱动的设备要消耗美国工业部门耗电量的 64%”。确实，电机在全球工业部门中无处不在，大部分也都是极度低效的。电机在世界各地的工业活动中扮演着类似的重要角色。

阿莫里·拉文斯也许可以算得上是世界上最优秀的能效专家，他说：“电机要消耗工业用电的 3/4，总用电量的 3/5，比公路交通工具的初级能耗还要高。电机的使用具有高密集性：大约一半的电机耗电量都集中在 100 万台最大型的电机上，3/4 的耗电量集中在 300 台大型电机上……对电机系统进行全面的升级改造一般可以节约一半的能耗，而且在大约 16 个月后就能收回投资。”此外，拉文斯补充说，新型的高效工业电机几乎总是更安静、更可靠并且更容易操作的。

新型的高效的大型电机节约的电力成本往往只要几周就能够超过购买价。即使算上安装新电机而损失的生产时间，大部分厂家还是能够因为选择了效率更高的新电机而节约资金、减少污染。

其次，钢铁厂传统使用二次铸造法因而能耗很高。首先，为了浇铸厚板，要将金属熔化成液态，然后又必须第二次加热铁板，再次将钢铁浇铸成设计的形状：I 形钢梁，厚钢板，薄钢板，或者是其他形状。最近被称为“薄板坯铸造”或者“直接铸造”的技术突破可以免除第二次加热和重铸的过程，节约巨大的能量、减少大量的二氧化碳排放。这种高效的新铸造法，将钢铁直接从液态铸造成设计的形状。很多专家宣称这样制造出来的产品不仅成本降低了 20%，而且比起用传统方法铸造的产品更轻、强度更高。虽然这种新技术一开始只是用在“小作坊”里，现在已经开始在大型工厂中得到了应用。

第三，(使用泵和管道的）液体操作系统，在很多加工厂和商业建筑中都属于常见的。实际上，工业部门的加工制造环节中超过 1/4 多的电力都用于维持泵的运行。此外，市政当局使用大量的水泵和污水转移、处理系统。然而，传统上，工程师都将水泵设计的尺寸过大，没有能够将水泵和水管系统之间的相互作用最优化。用现代的水泵来替换低效的旧水泵，重新设计水管系统来最优化液体的流动效率，为每一个目的选择最能发挥效率的水泵尺寸，这样，很多公司就能够节约大量的能源，提高生产力，降低生产和维护成本，提高设备可靠性和产品质量。

第四，大部分石油精炼以及很多的化学加工都需要经过第一步高能耗的“蒸馏”，很多专家说这个步骤可以用一种更节能的、有利可图的被称为“膜分离法”的技术来替代。特种膜研制、批量生产的进展很迅速，在很多领域得到了新的应用。仅仅过去了 10 年，用于在石油精炼和化学加工厂分离气体的特种膜就面世了，使用这种膜的能耗只是传统蒸馏法耗能的一小部分。

在一些行业，对一些广泛使用的材料进行回收可以急剧减少加工过程所需的能耗。例如，多进行纸张回收，可以节约巨量的能耗，为缓解全球滥伐森林现象起到一定的作用。

回收为铝业提供了更大的盈利机遇。在全球经济中用铝土矿生产铝是能源高密集产业。但是利用回收铝比起用铝土矿生产铝能够减少 95%的能耗。可是事与愿违，每年被废弃的大量铝都被浪费性地填埋了。

光美国，每年要扔掉超过 500 亿个铝罐，这占每年出售的 1000 亿个铝罐中的一半多。容器回收研究所报道说在过去的 1990~2000 年的 10 年里，美国人浪费了大量铝罐，“全世界商用飞机加在一起所消耗的铝，只是其 1/25。”除此以外，大量的铝以器具和耐用品的形式被扔掉了，并没有得到回收。

美国人每年还要扔掉 500 亿个用聚对苯二甲酸乙二醇酯（PET）制造的塑料瓶，这些瓶子都没有能够被回收利用。科学家们发现这些瓶子所含的邻苯二甲酸盐属于“内分泌干扰剂”，很多医疗专家都将此同婴儿性畸形、精子数量低下、精子活力不够等健康问题联系在一起。美国内分泌学会（Endocrine Society）警告说，邻苯二甲酸盐和其他的内分泌干扰剂是“危害公共健康的重大因素”。

当我们每年将 290 亿个玻璃瓶、70 亿个高密度塑料瓶和罐扔到填埋场，而不是回收时，这相当于每一个美国人，不论男女老幼，平均每周都要扔掉 9 个铝、塑料或者玻璃制容器。假如这

仅仅 10 年间，
美国公民就浪费了大量的铝罐，
全世界商用飞机加在一起所消耗的铝，
只是其 1/25。

——容器回收研究所

西雅图正在等待回收利用的大捆废金属。与从矿石提炼金属相比，金属回收可以减少 95%的能耗。

些容器能够得到习惯性回收，那么因为不用再生产新的容器而省下的能源相当于 53500000 桶的进口原油，这还相当于可以减少 2000000 辆轿车的汽油消耗量。

提高能效的另外一个重要途径就是利用废热，这个节能机遇存在于发电行业和很多工业部门。实际上，大部分大量耗热的工业设施可以收集废热并将其重新在生产过程中加以利用，或者还可以出售给附近的建筑用于制冷或者制热。还可以同时将废热用于实地发电，这样就可以大大减少从电力工业购买的电量，因此还能急剧减少二氧化碳排放。

同时将能量用于两个生产性目的的技术叫热电联供或者叫热电联合发电（CHP）。像回收能源研发公司的董事长、企业家汤姆·卡斯顿就不时地阐明，愿意投资于热电联供技术的工业公司如何能够提高效率、在短期内提高盈利能力。

橡树岭国家实验室（ORNL）在一项重大研究中得出结论说，CHP 是“一种已经得到验证的有效能源利用方式，可以在短期内得到应用，可以帮助应对美国当前和未来的能源需求”，并补充说，“能源效率改造，包括 CHP，是目前可以利用的成本最低、最易于实施的能源策略”。

一项美国能源部的研究在 2007 年得出数据

热电联供原理

热电联供，或者叫热电联合发电（CHP），是利用同一种燃料来发热发电、集热集电的系统（在常规发电厂中，2/3 的热能都是被浪费的）。捕集的热量可以通过多种途径得到再次利用，其中包括制造蒸汽来发电或者直接用于空间取暖。热电联合发电厂的能效可以达到 80%~90%。

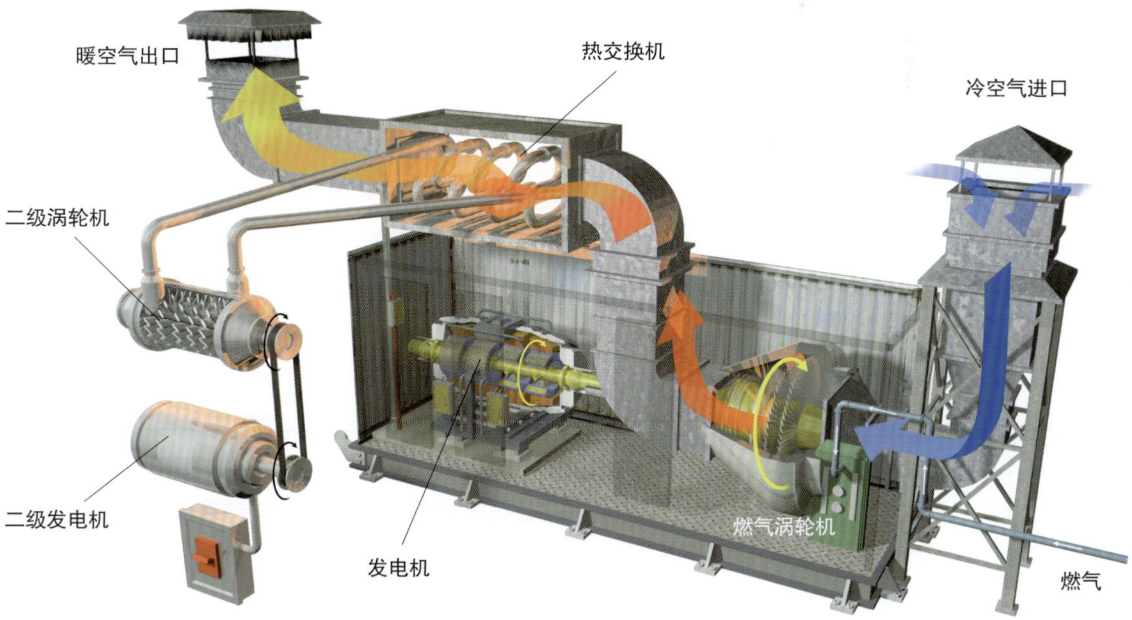

能源效率改造，包括 CHP，是目前可以利用的成本最低、最易于实施的能源策略。

——橡树岭国家实验室

说，利用工业活动当前排放的可利用废热进行 CHP 发电的潜力相当于目前美国燃煤发电总输出功率的 40%。

橡树岭国家实验室还预测到了 2030 年热电联合发电在盈利的背景下得到广泛的应用，“将在美国创造将近 100 万个高技术要求的新工作机会。二氧化碳减排可以达到每年 800000000 公吨多，相当于让当前美国一半多的乘用车不再上路的减排量。”根据橡树岭国家实验室的分析，美国的发电量只要有 20%来自热电联合发电的话，“就可以减少从目前到 2030 年预计二氧化碳新增排量的 60%。”这个 20%的目标并非一个非常远大的理想。

一些国家早已扩大了热电联合发电的应用，其中有 5 个国家热电联合发电占发电总量的比例已经达到了 30%和 50%，这些国家是丹麦、芬兰、俄罗斯、拉脱维亚、荷兰。

事实上，假如美国的工厂所浪费的能量都能够被捕集并回收利用的话，将可以减少美国目前 20%的化石燃料用量和二氧化碳排放量。此外，这些投资的真实成本将通过自身产生的效益而在短期内收回，同时还能减少能耗的总成本。

美国节能经济委员会（ACEEE）和国际区域能源协会（IDEA）的专家最近的研究发现经济体中的工业部门“拥有最大的节能短期增长潜力。这主要是因为工业部门使用大量的蒸汽设备”。

国际能源机构报道说在全球范围内，五大工业部门在加工过程中耗费大量的热能，这五个部门是：食品加工业、纸浆业、化工业、冶金业、石油精炼业。这五个部门进行热电联合发电改造后的发电潜力将占到全球热电联合发电总量的 80%。

不幸的是，这些行业依然被排除在热电联合发电改造之外。事实上，几乎每个能耗高的工业部门都可以进行热电联供技术改造，这样的结果是有利可图的，可以大量减少能源成本和全球变暖污染。可是，国际能源机构总结说，“除了欧洲、美国、日本等国家已经在政策上逐日重视热电联供技术，在过去的几年中，其他国家的热电联合发电的应用依然维持在全球 9%这个沉闷的比例上。”

此外，美国还低于重要工业国家平均水平不少，美国节能经济委员会说，其中的一个原因就是“很多设施的管理者没有意识到技术的发展已经扩大了 CHP 的成本效益潜力”。

但是也有众多形形色色的专家认为，美国扩大 CHP 应用的主要障碍在电力工业主动通过各种歧视性策略，来将自己的利益最大化，同时避免客户实地发电带来的低成本能源竞争。

正如橡树岭国家实验室所言，“很多美国当前的税率制度将电力工业的税收和税收返点同电力销售的实际度数联系在一起，这就使电力工业没有动机去鼓励客户自己拥有 CHP 或其他形式的实地发电。”也正如汤姆·卡斯顿所言，“电力属于成本加费世界。”大部分人都熟悉美国国防合同“成本加费”模式被公然滥用的例子。

美国大多数州的电力工业使用各种策略来阻挠它们最大的客户使用 CHP。它们常向管理方请愿，要求意图使用 CHP 的工业厂家支付昂贵的备用发电费来保护电力工业免于出现 CHP 系统失效造成的电力需求猛增的情况。虽然这在原则上听起来是合理的，但是这个策略常被习惯性用来抬高 CHP 的价格来应对几乎不大可能出现的偶然情况。电力工业迫使工业客户进行大规模无利可图的投资来预防据统计分析发生概率只有六百万分之一的不测事件，这只是它们惯常的伎俩罢了。

美国节能经济委员会说，很多的电力工业收取“针对建设 CHP 设施客户的、令人望而却步的‘退出费’”。下面是该组织列出的阻挠 CHP 的其他因素：

- **当前的管理措施没有能够意识到或者彰显 CHP 的超级能效和被淘汰发电设施改造后所带来的低排放。**
- **针对 CHP 投资的扭曲的折旧表，折旧周期长达 39 年，而实际的 CHP 折旧周期应当是 7 年。**
- **将 CHP 与电网联接的国家标准尚缺，为一些电力工业要求高昂得令人咂舌的研究费用和并无必要的昂贵设备来阻挠 CHP 的应用大开方便之门。**

美国有针对可再生能源的投资、生产的慷慨税收抵免，但是在 2009 年前 CHP 还没有享受此待遇。换言之，政府几乎没有针对电力行业的推广高能效 CHP 的鼓励措施。大部分州没有认可将 CHP 列入被很多州采纳的可再生能源配额制。另外一个重大的障碍就是将本地 CHP 厂所生产的电力与来自遥远的中央发电厂的电力同等对待，完全无视本地发电无需投资建设输电网和配电网、可以避免远程输电的电损失这两方面的价值。假如 CHP 因为可以免除上述成本而得到优惠政策，那么企业家将纷至沓来地投资建设能效更高的本地发电厂。

此外，电力工业的政治能量和影响力常被用来阻挠变革陈旧的法律条款、行政规定。例如，49 个州规定禁止使用私人电线将电接过公共大街。建设有 CHP 发电厂的大学可以、但是必须向当地的电力局支付过高的费用，才能将电穿过公共大街接到大学内的其他建筑物去。

加利福尼亚和其他的一些州将电力工业的盈利机会同经常性的出售电力的压力相分离。加州计划使电力公司能够和 CHP 及其他节能项目一起给居民和商业客户带来开销的节余。假如所有的州都采取类似的方法，那么建设新的发电厂的需求就会大幅迅速地下降。

比电力行业阻挠大客户使用二氧化碳减排的热电联供技术的做法更蛮横的是，电力行业自己不愿意建设能利用来自客户工厂的废热的新一代发电设备，不愿意建设大小合适的、临近客户、能够利用作为副产品的废热的发电厂。的的确确，我们用来生产了大部分电能的荒谬且浪费的发电方式毫无必要地让燃料的用量、发电成本、二氧化碳的排量翻了一番。这些陈旧的以发电为唯一宗旨的发电厂早已超过了它们的计划中的生命周期，它们继续存在是因为人们允许它们继续污染环境。已经到了让 CHP 来代替它们的时候了。CHP 改造是短期内减少二氧化碳排放的最大、最划算的方式。

浪费的能量是巨大的。根据橡树岭国家实验

在东京附近，摩天大楼通过热电联供系统（如下图所示）来运转空调。这样的联供系统比常规供电系统能效要高 30%~40%。

每年美国发电的能量损失达 65%。

——卡内基梅隆大学

室的说法，“美国在电力行业的废热中损耗的能量要比日本使用的能量之和还要高。”卡内基梅隆大学的建筑质量和诊断研究中心的报告说每年美国用来发电的能量中 65%都被损耗了。（电能研究学院发现来自发电厂的电能中 10%都是在输电和配电的过程中损失的。）麦肯锡全球学院补充说，“旧式燃煤发电机的能量转换效率是不到 30%，而高级的联合循环的燃气涡轮机的效率达到了 60%，那么新旧发电厂的成本还是有很大的下降空间的。”

虽然如此，目前全球筹建的数以百计的发电厂还是只发电，燃料的浪费率在 40%~65%之间，而没有通过热电联供的方式达到 65%~95%的能量转换效率。

节约的空间相当大，根据麦肯锡的说法，“在很多地区，淘汰旧式的低效发电机能够带来经济效益，因为未来节省的能源成本就可以支付对新式的高能效设备的投资。”美国国家科学基金会说常见的大型发电厂的平均能效是 30%，在输电过程中还有额外的电损失。通过转向 CHP 和分散式发电，我们可以获得平均为 80%的能效，而且实际上不产生输电中的能量损失。

不幸的是，大部分电力管理局还是继续使用过时的方法，让电力行业出售能源浪费率达 2/3 的电力时更加有利可图。由于管理上的障碍，发电行业的效率在过去 50 年中（从德怀特·戴维·艾森豪威尔总体就任时算起）只提高了 1%不到。

而具有讽刺意味的是，CHP 在 125 多年前就有人用过了。1882 年 9 月 4 日，可以精确到下午 3 点，在曼哈顿南部，托马斯·爱迪生合上电闸开始运营世界上第一家发电厂。安装在《纽约时报》办公室和当时其他主流报社办公室、华尔街股票交易行和纽约证券交易所以及其几家大银行的电灯开始闪亮。

《泰晤士报》在第二天报道说让人感觉新鲜的灯光“柔软、甜美、眼睛看着舒服……不发出让人恶心的气味，不会忽明忽暗，也不刺眼”。这位记者谈到他报社的同事时说电灯“是由那些多

改良中的灯泡

托马斯·爱迪生发明的白炽灯的能效高于汽灯，自从白炽灯面世以来，以每瓦特功率的发光量来计算，灯泡的能效已经提高了 70 多倍。

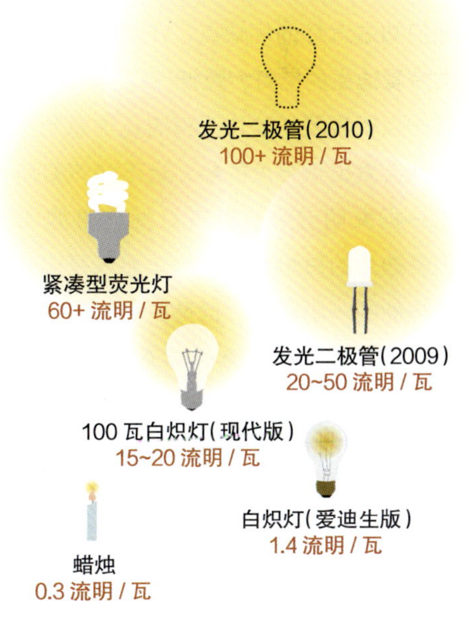

来源：菲律宾；美国能源部

在非营利的电能研究机构，研究者正在测试发电机、灯泡、家电等用电设备的能效和质量。

年来因为晚上工作而视力受损严重的人参与测试的，他们知道汽灯的优缺点，在测试结论中他们一致支持爱迪生的电灯，贬低汽灯”。

有一点很重要，这位观察者还注意到“每一盏电灯都会发出低强度的热，远不如汽灯所发出的热——据发明者说只有汽灯发热量的 1/15”。的确，爱迪生的白炽灯浪费的热能只是旧式汽灯所浪费热能的一小部分。但是白炽灯每消耗 1 瓦的电还是只能发出 1.4 流明［流明（lumen）是可见光亮度的标准计量单位］的光亮度。

现代的白炽灯效率要高得多，每瓦功率的光亮度达到了 15~20 流明，最新品种能够达到或者高于 20 流明。新型的紧凑型荧光灯（即节能灯，译者注）较受推崇，因为其转换效率和寿命是白炽灯的 4 倍。虽然早期的节能灯发光率与白炽灯相比较低，这让很多用户感觉恼火，他们还是习惯于用白炽灯，但是最新品种的节能灯亮度已经提高了。

发光二极管是一种更新型的照明设备，能达到 100 流明 / 瓦的光亮度，每隔 18~24 个月能效就能提高一倍。将在一年内推出的新用户型发光二极管灯泡有望在设计上可以匹配通用灯座。

广泛使用新型发光二极管来替代白炽灯所能带来的节能效果是惊人的。全球将近 12.5%的电力是用来照明的，提高路灯照明效果和效率可以为城市节省不菲的开支。

正如爱迪生的第一个灯泡比起现代白炽灯能效差很多，他发明的第一台以 P·T·巴纳姆的著名非洲象江波为名的发电机比起如今的发电机效率很低。爱迪生用江波发电机只能转换煤所含能量的 3%~4%，而今日的发电机能效是江波的 10 倍。

但是今日的发电机还是要将 2/3 的热能倾泻到大气中，而不是将其再次用来发电，或者回收后用于其他目的。

即使爱迪生发明的第一台发电机比起今日的发电设备能效不高，但是爱迪生却很用心地去回收废热并物尽其用。自从在曼哈顿启动第一台发电机后，爱迪生亲自检查安装在圣地亚哥的克罗拉多旅馆的另外一套新发电机组。这家旅馆首次利用了热电联供式区域集中供暖。

区域集中供暖和区域集中供暖供冷是用来描述将废热从发电厂运往周边建筑的系统的术语。在常见的欧洲系统中，来自 CHP 系统的热水通过街道下面的管道穿越城市进入安装在建筑物内的热交换机被用来给室内供暖；或者利用制冷剂来为室内供冷。这作为发电副产品的热能可以替代锅炉来为城市供暖或供冷。

实际上，对于能效专家最重要的指导原则就是设计避免能量形式转换的能量系统。任何形式的能量转换都会不可避免地带来大量的能量耗损。例如，用天然气来发电，然后又将电用于电炉来为烹饪提供热量，在第一次能量转换中就损耗了天然气所含能量的 65%；剩下的能量中的 10%又在输电和配电过程中损耗了，在电力入户时又有所损耗；最终当电又被变回成炉子发出的热时，能量损耗又达到了一个更高的程度。

区域集中供暖最有效的应用就是为像医院、大学、军事基地这样的大型机构提供热能，这些

汽油的能量去哪了

由于普通轿车中的内燃机和其他耗能系统的能量损耗，一加仑汽油的能量中只有不到 13%实际上是用来驱动一辆普通轿车的。这 13%的能量中大部分又是用来推动汽车本身，只有不到 1%是用来将轿车里面的人从甲地运往乙地的。

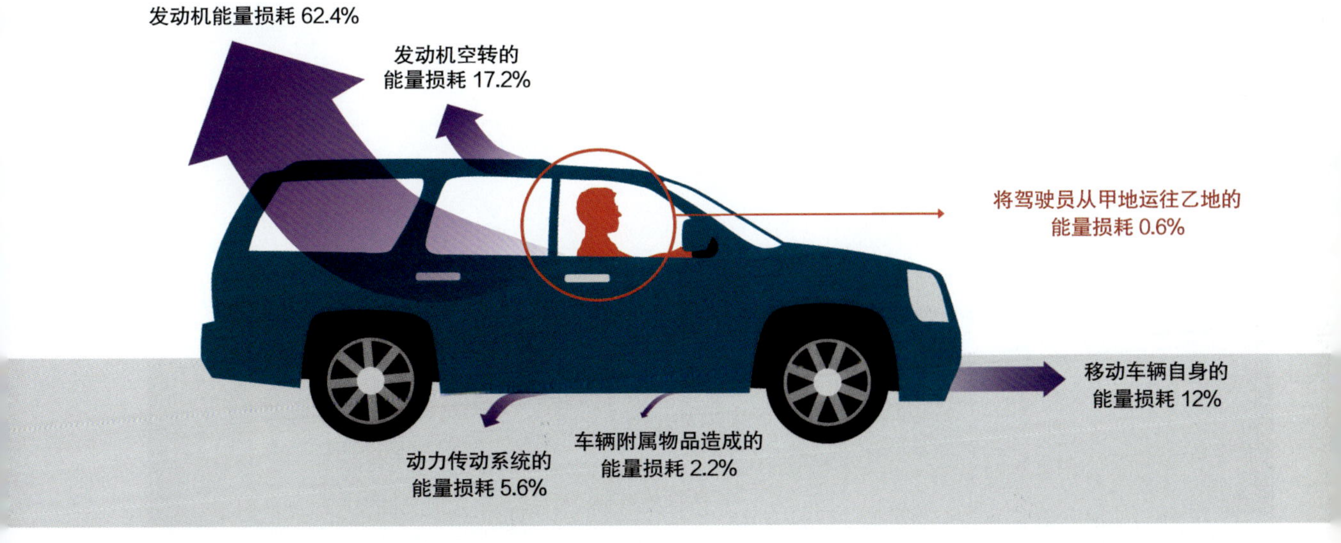

机构只需要一次安装和一份合同就能为所有建筑物供暖。

最近几年里区域集中供暖和供冷系统应用最快的增长出现在闹市区，其中主要是供冷这一块的增长。例如在芬兰首都赫尔辛基长期以来就靠着 CHP 为其建筑物提供 92%的供暖，同时发电量很大，还将多余的电力出售给其他的北欧国家。根据赫尔辛基能源公司 2008 年的报告，芬兰全国几乎有一半的室内供暖都来自于区域集中供暖，而区域集中供暖的热源又是由 CHP 厂所供应的。

让人惊讶的是，利用区域集中供暖的领头羊之一中有俄罗斯，俄罗斯全部电力的 30%来自热电联供，产生的热水用于区域供暖。德国和中国的区域集中供暖也达到了 10%之多。但是其他国家，包括美国，对于这种能效很高的方式还几乎没有利用的先河。

小型的 CHP 装置在欧洲和日本都取得了成功，为独立的建筑物供暖或者供冷。例如，日本超过 50000 户住所安装了 CHP 装置，或者是一小型的活塞引擎或者是一小型的涡轮机，只有在家庭需要供暖或者热水的时候才启动，在热能够

热成像技术可以精确地揭示居所热能流失的方位。屋顶和窗棂常常是最浪费热能的区域。

用的时候又停止运行。作为副产品的电力又能够使电表读数倒回去。这样的系统能效达到了90%，社会赢了。然而像这样的系统和大型的CHP厂却还没有在美国和其他国家得到广泛的应用。但是，对于“电能自给的房屋”的兴趣日渐浓厚，开始为小型的CHP应用创造了需求。

1882年，爱迪生出售的是直流电，在当时低电压的状况下，只能够有效地传输半英里。6年后，尼古拉·特斯拉，爱迪生曾短期雇佣的一位塞尔维亚移民，发明了交流电，然后得到了乔治·威斯汀豪斯的资助，成立了与爱迪生分庭抗礼的一家公司。交流电的传输半径范围使其获得了决定性的技术优势，交流电很快就成了新的标准。

因为使用新的交流电发电机的电力公司能够为更多的客户提供服务，它们于是很快地开始制造更大的发电机以图获得规模效益。然而，这些发电机燃烧的大量煤带来了让人无法忍受的空气污染，到了20世纪30年代，这些发电厂开始与闹市区保持一定的距离。因此，这些发电厂不再靠近那些可以利用其发电过程产生的废热的大型建筑。这些建筑转而安装锅炉燃烧更多的燃料来供热，而原来是可以利用发电厂的废热的。在一个化石燃料价格低廉并且人们对空气污染和全球变暖所知不多的年代，我们不再二次利用能源。美国和其他国家的电力行业采取的是习惯性地将全部废热排入大气的简单做法。

日积月累，这种低效的技术被当做正常而接受，电力管理条例也变得只对资本投资有利，要求电力公司将所有效率提高的获利返还给客户。因此，在大部分美国行政区内，电力公司没有从政府那里得到任何通过捕集并回收废热来提高能效的激励。

令人无法相信，这种对管理权力的歪曲性利用使大部分的电力公司将煤、天然气以及其他的燃料所含能量的2/3完全浪费掉的同时还能够获得更大的利润。而原本这些被浪费掉的热能是可以在发电过程中加以经济地捕集并有效用于生产更多电力的，要是这样，就不用再消耗更多的煤，就不用再去提高发电厂的容量。

1970年的清洁空气法案对低效的旧发电厂没有限制，这是基于如下假设：这些旧厂早晚会达到寿命的终点并被淘汰；但是可以继续高规格地污染空气这一权利本身的经济价值给了这些旧式发电厂实际上不死的生命力。燃煤发电厂的平均寿命在继续变长，因为这种畸形的法律给了它们其他高效的新厂望尘莫及的经济优势。

由于余热并不受到条例制约，并不管余热是否得到回收，制造余热的过程都会排放二氧化碳，所以实际上余热的制造过程中可以随便排放二氧化碳。回收这些余热而不是去消耗更多含碳燃料的做法可以同时减少二氧化碳并降低电能成本，这样就提高了行业和企业的能效和竞争力，使其能够将降低的电力成本转变成盈利。

任何旨在重新利用每年由于低效而损耗的巨大能量的严肃举措都必须重视建筑。联合国环境规划署估计全球30%~40%二氧化碳排放都是来自于建筑物供暖、供冷、照明，而建筑物就好比是一个盛不住能量的筛子。美国房屋的能效之低可冠全球之首，40%的二氧化碳排放都是来自于建筑物。针对居所的安装隔热层和门窗防风雨设施的房屋出新是人工环境中最大的节能行为。可惜，正如第十五章中所讲，民居的开发商、建筑商和业主的动机不同，为了将房屋的首次售价降低，他们常将房子的隔热层减到不足以保证房屋能效的薄弱程度。

虽然建筑施工质量和技术今年有所提高，但是大部分建筑法规还是基于已经过时的知识，并不能反映现在节能的新可能性。有个例子可以说明问题，大部分地方法规要求某些公共场合要有不间断照明和紧急出口，即使现代传感仪可以感知有人出现并打开灯光。建筑法规的国家标准可以校正这个问题，但是变革的政治阻力却始终难以克服。

大部分提高能效的措施要求先期投资，这部分投资会在以后逐渐收回，这意味着缺少先期投资现金的业主必须由银行垫付该资金，然后再从所支付电费因节能而返还的资金中扣除该项资金。业主需要的是一笔用来支持能效升级低息贷款、关于最佳升级方案的现成可靠的知识和一站式服务商网络（这些服务商能够竞相为每户住所提供廉价或者免费的能效审计，将其作为确定房屋最具有成本效益的能效升级方案的第一步）。正如第十五章中所提到过的那样，当前人们对短期利益的过分关注会挫伤大规模投资的积极性，因为目前投资的回报是通过几年间的节余表现出来的。

当我们的惯性思维中的成见加剧了开发商和业主分歧的时候，当很多开发商以及业主都对节能的新机遇陌生的时候，就造成了美国国内和其他很多国家内巨大的、原可以避免的、来自于大部分建筑物的能量损耗这一现实。

美国国会将出台新的法律要求建设新房屋或者出售旧房屋时必须做好能效审计、建立最低的能效标准。其他国家，例如德国、瑞典、日本早已受惠于此类法律。

近几年，人们试图建立绿色建筑标准，绿色建筑标准例如里德（LEED）认证（美国建筑环保认证）就是一例。自从采用新的节能建筑形式以来，在节能和二氧化碳减排方面取得了很大成就，现在大部分的业主都从安装更多的绝缘层、更佳的照明和更节能的窗户这样的房屋出新措施里获得了很大的实际好处。

旧式的房屋，当然是最缺乏能效的，但是可以通过投资得到升级，这笔升级费用在不到 3 年的时间里面常常就因为节能而收回了。此外，对缺乏能效的民居和商务楼出新可以为美国创造几百万个无法外包的工作机会。当然，其他国家采取类似的措施也能够创造就业机会，巩固全球经济。

现代炉灶、空调和热泵同旧型号相比也能够在短期内收回购买成本。此外，地源热泵的广泛使用，尤其是在新建筑内（第五章内已有所讨论）可以利用地球的自然热能来大量减少冬季取暖费用和夏季供冷费用。

建筑物最容易浪费能量的部分就是建筑物内带裂缝的管道。由于这些裂缝，以及由此造成的能量浪费，都隐藏在墙体内、阁楼中、地下室，这些热损失常难以察觉，直到每个月的电费单来了才知道。由于账单不会告诉哪些是你消费的能量，而哪些是你浪费的能量，大部分人也不会去修补管道的裂缝。

当加利福尼亚州开始重视能效问题时，发现民居的空气管道平均会浪费 20%~30%的暖气和空调的能量。加州现在要求管道泄漏率不超过 6%，并且会以 1∶7 的比例抽查新建房屋以执行此标准。

建筑物的大部分窗户能效很低，所以在冬天会向室外流失大量的热能，在夏天又会让同样多

提高居所能效的累积效应可以为减少温室气体排放作出重大贡献。能效改进措施包括了如下方面：替换掉旧式窗户（左上），安装效果更好的绝缘材料（右上），改用能效更高的家电（左中），使用紧凑型荧光灯（右中）。更多房屋出新法包括屋顶太阳能热水器（左下）和屋顶绿化（右下）。

印度尼西亚雅加达的一条公交车专用道路，让公交车司机在交通高峰期能够加速从汽车旁开过。

的热量从外面进入室内。如今市场上可见的新型的能效更高的窗户价格会更高些，但是通过为业主大笔地降低电费而产生的经济效益却是自身价值的数倍，在冬天，这种窗户可以减少 2/3 的热损失，在夏天可以减少一半的光照热量。在商务楼中，很多建筑师再次发现了让人们在能节能的时候实际打开窗户的价值。

建筑师和建筑商对屋顶的新设计和新构造再次报以兴趣，目的就是为了将建筑物在夏天吸收的太阳光热量最小化，并减少冬天的热损失。高反射性的白色屋顶在空调使用率高的地方尤其有效。

因为预期能源价格会走高，也因为面临着更高的二氧化碳减排压力，对房屋能效进行升级的选择正受到更多的关注。近年来，建筑师开始对研究、应用能将热损失和能源消耗最小化的设计表现出更强烈的兴趣，很多购房人也开始对能够有助于减少每年的电费、供热和供冷费用的房屋特征投以更多的关注。

在第三章中已经讨论过了，新建筑采用的被称为“被动式太阳能”设计能够大量降低冬季取暖和夏季供冷所需的能量。屋顶花园可以充当建筑物的隔热层，降低其夏季温度，提高其冬季温度。

在大部分民居的室内，可以通过用效率更高的现代产品来升级电器、电子系统进一步取得更

质量更轻、能效更高的喷气式飞机发动机正在测试中。这台发动机比起它的前辈可以降低 20%的二氧化碳排放。

高的能效。美国能源部的能源之星计划为消费者提供了关于哪种电器能耗最低、最省钱的有用信息。改造旧式热水器或者将其用绝缘材料包裹起来，这是一种有利可图的减少热量浪费的方式。在大部分纬度地区，屋顶太阳能热水器短期内就可以收回其购买成本，之后的使用期内会带来更多的节余。

大部分电视机、DVD 播放器等家用电子产品即使在不使用的状态也会浪费惊人的能量。实际上，美国的电视机在待机模式下浪费的能量相当于一座 1000 兆瓦的燃煤发电厂提供的全部输出电量，所谓的“关机”并非真正的关机。

实际上，所有的产品和系统都可以通过使用现代电脑辅助设计和辅助生产（CAD/CAM）大幅提高能效。在很多情况下，使用新材料和新设计会给好多代一直沿袭旧式基本设计的产品和工艺带来一场革命，新的制造技术使之得以实现。

在交通运输领域减少全球变暖污染的机遇是巨大的。例如内燃机的能效只有 20%，而换用电动车就马上能够将能效提高到 75%。但是，总能效的提高还有待于电力源头，燃煤发电厂的能效毕竟只有 35%。

很早我们就知道，舒适的现代公交，例如城市轻轨，可以大幅降低交通运输中的能耗和二氧化碳排放。新的发动机技术，混合动力或者充电式技术能够为私家车节约大量的能耗、减少其排放的污染气体。强制性提高行车里程效率为车辆带来了迄今为止最大的节能减排成果。美国在2008年采取了提高的标准，将取得更大的节能减排成就，但是，美国的汽车标准还远低于中国、欧洲和日本的标准。

众多的航空公司正在积极投资于研究航空燃料的替代品，但是很多生物燃料的低能效让很多分析家相信替代品很难找到。但是，波音飞机在研发质量更轻、强度更高的飞机制造材料方面取得了进展，这对于节能是有用的。

提高能效面临的障碍最主要来自于国家、区域、地方、个人层面对节能的重要意义缺乏认识。因为人类是习惯的奴隶，对我们能够取得的节能成果的普遍无知和天生的惰性结合在一起，形成了妨碍我们中大多数人采取省钱的节能措施的阻力。

此外，重新设计、改造大型系统的节能措施的推介当中缺乏“系统性思考”。由于缺乏高质量的、易用利用的、能够识别节能可能性的信息系统，部分地造成了节能措施得不到利用的现实。

最终，大型系统的重新设计，比如城市设计，能够使节能成果更上层楼。虽然这听起来过于虚幻或者是空想，但是像中国、印度、尼日利亚等快速发展中国家，每年都在建设新城市。将这些新的节能设计原则在一开始就贯彻下去将能够带来巨大的节约。

在全球变暖的后果体现为我们抉择的成本时，大部分气候危机的解决方案就更容易被采纳了。但是大部分能效专家认为价格之外的因素对于节能也是极端重要的。

由于节能的途径各有千秋，背景迥异，并没有一种完整的知识可以普遍适用于所有的节能措施。实际上所有的节能措施只具有一个共同特征，那就是以节约资金和减少二氧化碳排放为最终的目的。此外，也没有一家服务商能够消除在提高能效过程中会面对的“论争因素”。

能源公司貌似是能效改造全套服务无争议的供应商，但是美国的公用事业行业却会根据能源公司售出电力的多寡决定奖惩。如前所述，加州和其他的行政区域已经修订了公用事业的奖惩制度，允许能源公司和客户分享其带来的能源节余。加利福尼亚和其他几个州在节能领域属于佼佼者，巨大的能效改造潜力对于基于加利福尼亚等州经验的国家计划是一个强力支持。然而，国际石油价格如同坐了过山车一样，常反映在各种能源价格里面，削弱了国家意志，挫伤了在全国、全球推介能效改造措施所必需的一贯努力。部分由于石油燃料能造成全球变暖的后果没有被包含在电价或者油价之内，石油和电力的虚假性低价挫伤了人们能效投资的积极性。但是扭曲的价格信号只是我们没有能够很好利用节能增效的一个小理由罢了，因为不管能源价格如何，总是有利润空间的。

最紧迫的是国家领导人要有远见卓识、核心目标和坚定决心。我们见证过有远见的领导人掌管能效改造时给公司和政府政策带来的革命性变化。

节能增效取决于领导和远见卓识

菲多利－雷公司（Frito-Lay）的首席执行官艾尔·凯里和州长阿诺德·施瓦辛格在加利福尼亚的莫德斯托参观阳光薯片公司（Sun Chips）的太阳能发电厂。

对于在节能增效领域取得了最大成功的公司，他们成功的主要原因（在几乎每个个案中）就是有一位坚定并富有远见的领导人带领公司致力于节能增效。反过来，太多的公司，因为组织管理的失败、有效领导的缺位，阻碍了他们认识并采取节能增效措施。

百事可乐下属的菲多利－雷公司在其首席执行官艾尔·凯里的领导下，以如何减少公司的二氧化碳排放为核心，在节能增效方面取得了突出的成就。

在凯里的领导下，菲多利－雷从公司运营的每一个细节中需找新的节能增效契机。公司最近安装了亚利桑那州最大的太阳能系统，去年开始在加利福尼亚将太阳能用于其太阳薯片公司的生产。（在这个系统当中，太阳能产生蒸汽，加热煎炸薯片的油。）公司还在其 4 家分厂成立了“零填埋”项目，以将废弃物产生量减少至不足 1%为追求的目标。

公司还进行了一系列的改革，在 2006~2007 年间，减少了大约 50000 吨的二氧化碳排放量。额外的温室气体减排经确认达到了 14%，公司还以在 2017 年将温室气体减排总量达到 50%为目标。

为了达到此目标，菲多利－雷的另外一个战略就是多次利用运输用纸板箱。每个纸板箱平均利用 5~6 次，每年公司就可以减少 120000 吨纸板消耗量。当纸板最终无法再用时，就加入回收行列。

菲多利－雷还有一个目标就是将其运货卡车打造成美国燃料利用率最高的运输队，办法就是对卡车进行混合动力改造并对卡车司机进行节能培训。通过改变生产原料和生产工艺，公司取得了巨大成就，并展示给世人这样一个道理：只要有同样的持之以恒的决心，节能增效完全是可能的。

我们如何利用能源

HOW WE USE ENERGY

在中国上海和世界其他地方，电力需求的上升加重了输电技术落后的现存电力网络的负担。

第十三章

超级电网

一百多年来，集中式大型发电厂独步天下，塑造了我们关于电力的思维。这些发电厂类型包括燃煤发电厂、水电厂、核电厂、燃气发电厂。这些发电厂通过输电网和配电网与消费者实时连接。当目前的电力系统刚建立起来的时候，世人都感到很神奇。实际上在2000年，美国国家工程院（National Academy of Engineering）还将其形容为“20世纪最了不起的工程成就”。

可是，现有输电技术与日增多的问题和几个重要的新进展开始颠覆旧思维的有效性。现在，人们已经痛苦地意识到，我们目前的电网已经变得过时并且低效。公用事业、管理机构、联邦和州立法者正在想方设法适应、利用新技术和新的发电、输电、配电、储电、用电模式。

但还是有不胜枚举的理由来加快这些现代高尖技术的推广，在美国和其他国家加快建设以洲为范围的统一的智能电网，即超级电网。该策略的目标就是要大量减少低效或者无效的输电、配电、储电过程中造成的巨大且可以避免的温室气体排放。

建设超级电网所需的技术现在已经成熟并可以应用。唯一缺少的要素就是政治动力。建设美国超级电网的行动始于2009年初，当时奥巴马总统正式提出了这个方案并将初始阶段所需的资金包括在经济刺激的预算之中。

美国曾受益于州际信息公路系统的远见，该系统后来一步步地发展成“信息高速公路”、因特网，同样如此，全国统一的智能电网将创造数以百万计的工作机会并显著减少二氧化碳的排放。

此外，假如看得足够远并且计划周详，美国和其他国家还可以在作为新电网主干的高压输电网的布线地沟内同时布置高容量光纤，用于扩大的效率更高的国家宽带网络。

美国能源部的国家能源技术实验室（NETL）提出了一个未来规划，用以指导全国现代电网建设，“通过整合21世纪技术将电网革命化，实现有益于整个国家的发电、输电和终端用户的无缝连接。”

必须清楚组成统一的全国智能电网或者超级电网的相互关联的四要素：

- **与所有的发电机，包括风能和太阳能发电机这样间歇性电源相连的效率更高、电压更强的远程输电网。**
- **通过因特网与家用智能电表、变电站、变压器以及其他输电、配电网相连的智能配电网络。**
- **输电网和配电网全网配置的现代的动态高效电能存储单元，大部分存储装置都置于终端用户拥有的设施之内或者附近。通过存储装置在输电网和配电网之间实现充分的连接。**
- **通过电网实现以生机勃勃、信息丰富的双向交流为特征的分布式智能。**

智能电网的配电系统允许用户使用精确到当日某时的收费制度来减少电费开支，并将计费过程按照用户偏好进行自动化设置。智能电网、智能电表的一个关键组件能够帮助用户控制他们的电能消费模式。电力用户将能事先就计划每个月建设超级电网所需的技术现在已经成熟并可以应用。唯一缺少的要素就是政治动力。

的电力开销，并选择性地一天关闭某些装置、电器以及其他用电设施几个小时以省电、不超过预算电费的上限。这样，抄表人上门来抄表的日子就一去不复返了。

整个电网将是数字式的，摆脱了旧式的电子机械或者类比数据特征。超级电网将具有自我监管和（在很大程度上的）自我恢复功能。它能杜绝停电现象或者将停电的可能性最小化，为电力公司提供需要紧急维修的具体地点的即时信息起到辅助作用。还能够为电力公司提供极其精确的信息，帮助其计划未来的投资和建设。电网现代化可以大大提高其安全性，据国家安全专家的看法，以蓄意制造大范围地区停电为目标的数字恐怖袭击的可能性正呈上升趋势。

只要设计合理，智能电网的可靠性、安全性、效率将会提高，运营成本将会下降，对环境的有害影响也会更少。像美国所用的旧式电网还容易受到会间歇式中断百万计人口用电的停电的影响。同样，美国的电力系统还会受到“堵塞”问题的困扰；因为输电网的容量太小了，太不够“智能化”，也缺乏必要的设备，能够有效管理在输电瓶颈状态时来自多个电力来源的电能流量。

现代电网能够消除所有这些问题。仅在美国，根据劳伦斯伯克利国家实验室的估算，时间从几秒到几天的停电事故就给美国的公司和企业造成了将近一年 800 亿美元的损失。还有人估计，加上居民用户的损失和“电力质量事件”中由于面向公司用户的电力电压的突然变化，造成了敏感用电设备的损害，每年的损失还要更高。在美国，一些对于电压波动甚至即使是非常短暂的停电也特别敏感的行业企业已经在一些电力供应质量较差的地点延后了新设施建设。

2007 年，美国国家能源技术实验室估计，由于使用落后的电网，每年美国要付出 2060 亿美元的代价。可靠性更强、效率更高的智能电网将提高竞争性、带来更多的工作机会。《加尔文电力立法提案》研究了过时的电力系统对于生产力和竞争力的影响，得出结论：“因此造成每年国内生产总值损失高达至少 1 万亿，随着数字经济规模的扩大这个成本还在迅速攀高。”

为了释放无二氧化碳排放的电力的潜力，现代高效的远程输电线路必须就位。比目前常见的电网电压更高的输电网能够以极低的电损耗远程输送更多的电力。正如第十二章中所提到的，托马斯·爱迪生所使用的输送直流电的低电压极度限制了电力输送的范围，使其不能超过大约半英里。尼古拉·特斯拉发明的交流电在 19 世纪 80 年代晚期所取得的成功主要是因为可以以低得多的电损耗将电力输送到好几英里之外。

然而，目前不管是交流电还是直流电都能够通过现代的输电线路以极低的电损耗传输。高压直流电（HVDC）比起高压交流电（HVAC），作为远程输电技术，在某种程度上实际更高效，但是假如在直流输电网旁有变电站汲取电力，那么

由于使用落后的电网，
估计每年美国要付出 2060 亿美元的代价。

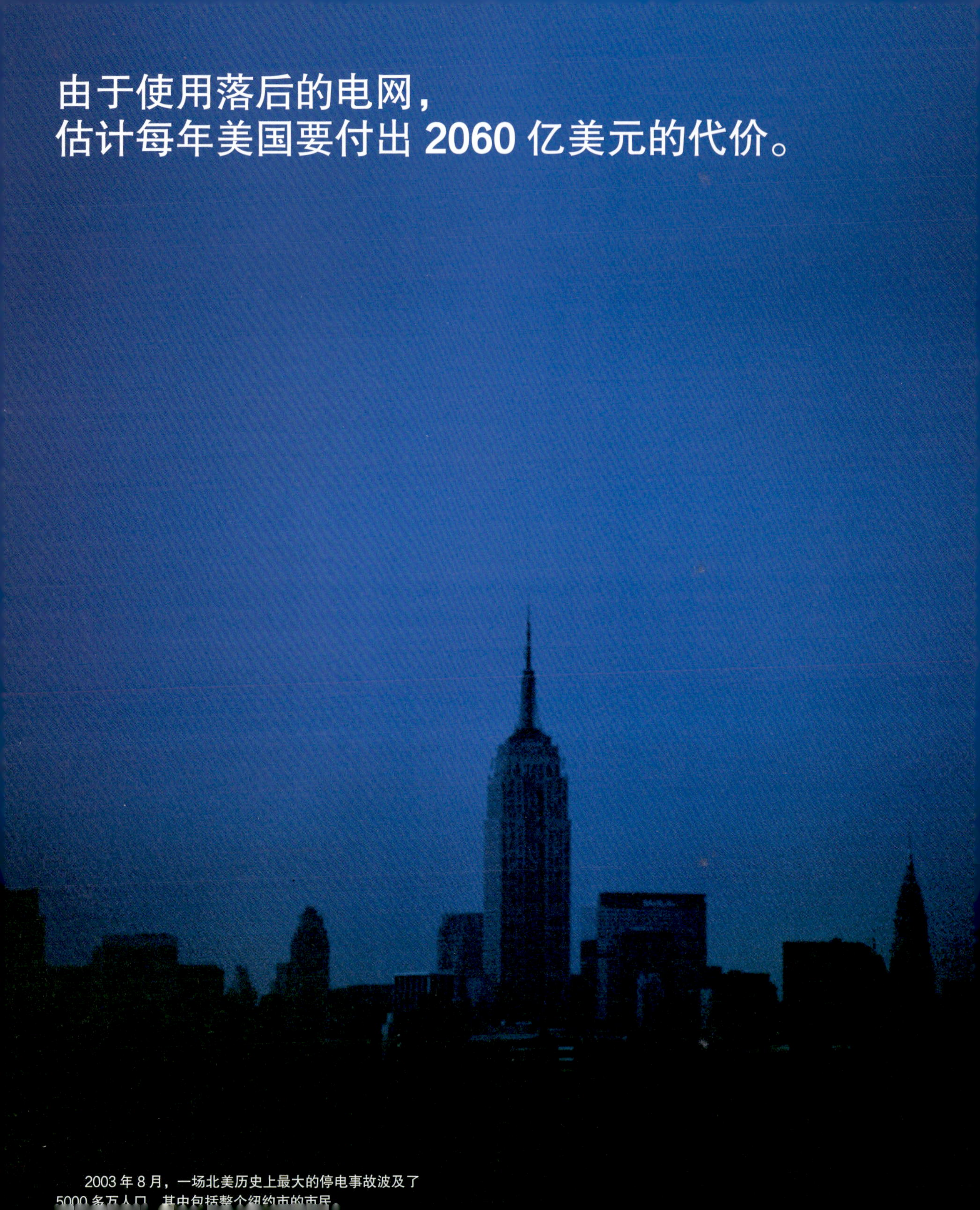

2003 年 8 月，一场北美历史上最大的停电事故波及了 5000 多万人口，其中包括整个纽约市的市民。

这种优势就消失了。这就是为什么世界上将近98%的输电网输送的都是高压交流电的主要原因。

高压交流输电网可能是远程输送太阳能和风能电力的最佳选择，美国西南部沙漠的输电网、从蒙古到中国华东和从印度西北的沙漠到德里的输电网，都是交流输电网。高压交流输电网的优势之一是可以以低成本高效益的方式铺设在地下，而不用通过高架输电塔来桥接，这样就可以避免很多来自公众的对建设新的输电网的反对意见。高压交流输电线也可以用于洲际输电，如筹建中的北非和欧洲之间的洲际输电线。

超高电压、超高效率的输电系统在其他地方早已有了，南北美洲、南非、斯堪的纳维亚、西欧和亚洲正在建设更多这样的输电系统。中国宣布了将华北、华中、华南的三个区域性电网连接起来的意图，现在正在全力建设800千伏的全国

欧洲和北美的超级电网

欧洲和北非正在筹建新的大规模电网，这个电网将在建成后为欧盟、中东、北非提供电力。“沙漠技术（DESERTEC）”计划利用北非撒哈拉沙漠和中东的清洁可再生能源，将其输送到超级电网覆盖的地区。该计划预计在2050年前，能够达到100吉瓦的发电量。

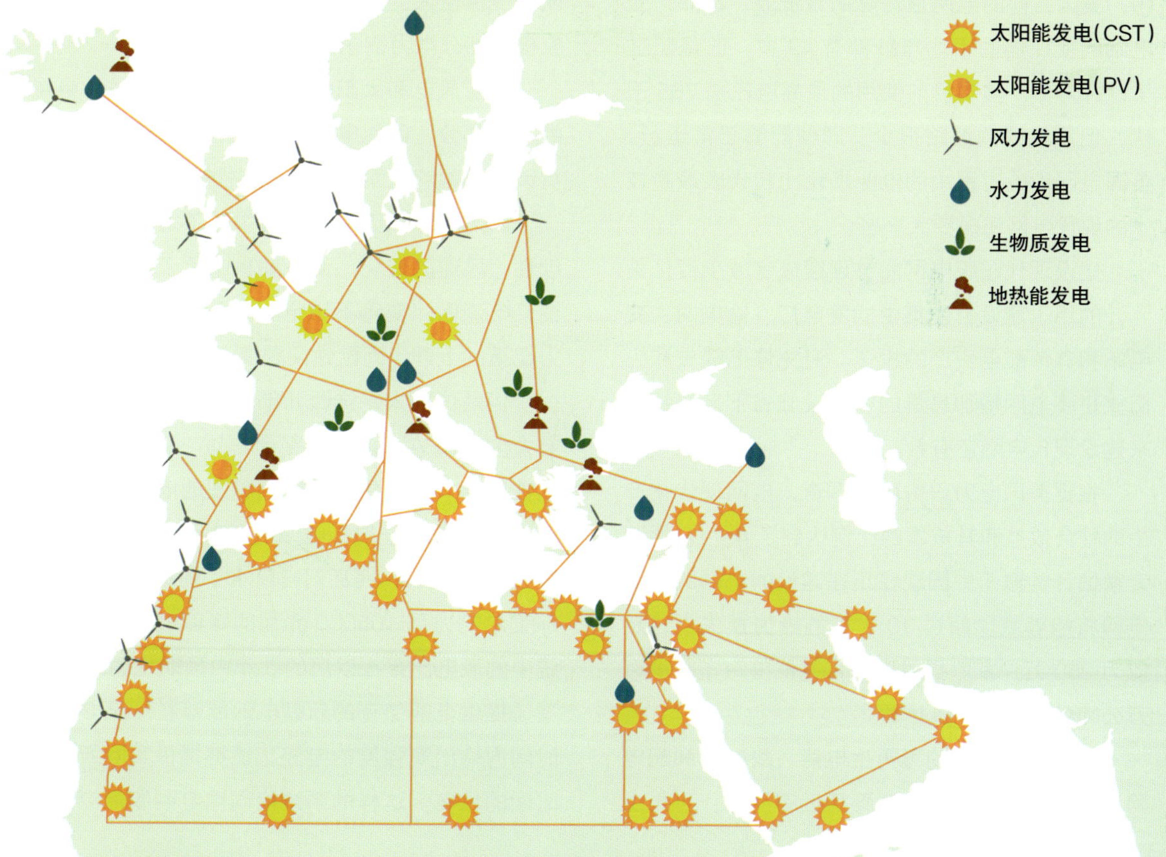

来源：“沙漠技术”基金

> 电网现代化产生的社会效益和其成本的比例达到了 4∶1。
>
> ——美国电力研究所

超级电网，据说这将是 2020 年前最高精尖的超级电网。

欧洲的政策制定者正在朝着将欧洲和北非、中东通过超级电网连接起来的未来努力，北非和中东的太阳能以及风能发电的潜力实际上是用之不竭的。南美、亚洲和澳洲都讨论过同样的想法，这些地区都拥有巨大的未开发的远离城市的太阳能和风能资源。

比起利用最先进输电技术和设备的新型电网，美国当前的电网显得陈旧且低效。例如，变电站的变压器的平均年龄都有 42 岁，已经超过了设计寿命。美国目前使用的最高电压是 765 千伏，但是这样的线路很少。即使能够正常运行，美国电网输电过程中的电能损耗比起代表最高技术的现代电网还是要大一些。

建设现代超级电网能够延缓或者减少百亿美元计的用于建设新型集中式发电厂、输电网、变电站和其他配电资产的投资。避免停电损失和为旧式拼凑电网增加昂贵的补充设施省下来的钱用来建设现代电网还有余。

根据美国电力研究所的调查，电网现代化产生的社会效益和其成本的比例达到了 4∶1。能源专家估计类似于中国现在正在建设的电网的美国电网将能够减少超过 10 吉瓦的峰值损失（这足以为 250 万户家庭提供电力）并能够每年减少百万公吨计的二氧化碳排放。

为了利用更多的可再生电能，输电网和配电网必须升级改造，其中重要原因有两个：可再生能源一般位于偏远地区，需要新的高压输电线路，这是其一；智能设备通过因特网能够与分布广泛的动态储电装置相连，以适应太阳能和风能的非连续性特征，这是其二。

实际上，公众对于零碳排放电能兴趣的增长是驱动电力公司对电储存开始感兴趣的主要驱动力之一，电力公司需要能够抹平或者“加固”来自太阳能、风能发电机的非持续性电流。正如第三章和第四章中所提到的，太阳能和风能实际上能够提供巨大的、能满足全美电力需求和其他国家极大部分电力需求的电能。

当前风电和太阳能电只占电网所输送总电量的一小部分，因此电力公用事业可以控制电力非持续性问题给电网运行的稳定性带来的威胁。

因为飘过的云层和日落中断了太阳能电的持续性，风速的变化、无风期也中断了风电的持续性，电流因此变得不稳定。由于来自其他渠道电力比重的上升，间歇性问题变得益发严重。

但是位于太平洋西北部地区的美国邦那维尔电力局（BPA）正在为整合超过 2000 吉瓦的间歇性风电（足以供应两个西雅图的电力）和来自 31 座水电坝、一座核电站的电力而攻关。在经过过去 10 年从 25 兆瓦到当前水平的成长期后，邦那维尔电力局 105000 兆瓦的峰值电负荷平衡系统中的风电比重在以后的 3 年中预期将翻三番。

提供电能储存的新型电池能够在短至 2 微秒时间内输出高强度的电流，能够提供实际所需长时间的供电。这样的系统能同输电网和配电网相连，获取间歇性的来自风能和太阳能发电机的电力供应，在来自发电机的电力发生波动的时候又自动放电。当不断发生的瞬间电流增大和间歇性的电流结合在一起形成一种互补模式时，就能够产生平顺、持续的电流，这种电流具有高度的可靠性和稳定的、可预测的电压。（参见左页“解决风力的间歇性问题”）相比之下，即使是速度最快的燃气涡轮发电机，也需要至少 15 秒的时间才能将电流输出功率提高到 4 兆瓦的水平，这个反应时间对于稳定来自风能和太阳能的间歇性电流而言就太慢了。

电力公用事业其实备有很多的燃气（燃煤）发电机以满足电力需求突然增加这样较长的、更具有可预见性的时间段的需求。在大多数国家，包括美国，在用电高峰时所需要的电力和平均用于一日当中其他时间段的电力之间的区别正在越来越大，这主要是因为空调、照明和大号电视机在人们下班回家后到上床睡觉之间那段时间的用量增加的缘故。此外，用电最高峰出现在夏季最热的日子里，一年当中也没有多少个小时。

峰时用电的短暂期间现在通常由备用的燃气发电设备（也有用燃煤发电设备的）来补充电力不足。但是，当化石燃料发电机在运转时，即使输出功率很小、以“旋转备用”模式运行时也要产生二氧化碳。

分析家认为这种技术的低效特征与开车不时地踩油门全力加速然后又踩刹车降低马达转速这种浪费油的开车方式相似。这种驾车方式的燃料经济性最差，但是基本上很多电力公用事业都是以此种方式来运营备用化石燃料发电厂的，这一点看看它们的现有负载模式、技术、资产就知道。

所以，这些发电厂生产的电力是整个电力系统中最脏、燃料经济性最差的电力。利用电力存储方式来代替这种电力，能够带来多种好处。美国电力存储协会的副主席克里斯·谢尔顿将有效的电力储存和化石燃料工厂的结合称为“电网杂交化”。

一项利用高效的能源储存在用电高峰时期替代旋转备用燃煤发电机这种方式来减少二氧化碳排放的研究可以将发电机的二氧化碳排放量减少 76%~85%。

此外，每年能耗都会上升 1.5%~2%，峰值负载时的电量需求每年的上升率为 5%~7%。50

解决风力的间歇性问题

凭借其非常迅速的反应时间，新型电池，例如钠硫（NAS）电池，能为在来自发电厂的电力输出下降的时候为输电网提供精确的电力补充。这样的结合就产生了稳定的电流。

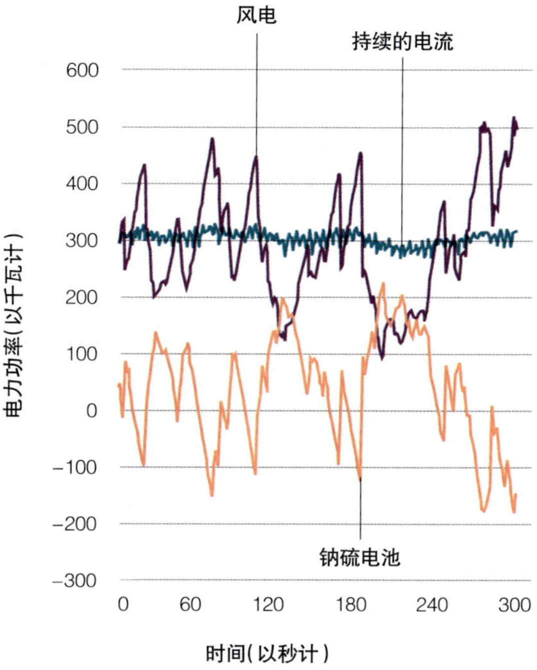

来源：NGK 绝缘体有限公司

年前的美国，电力消费中的将近 67%都是峰时用电。现在，峰时用电量为 50%左右。美国能源部针对全国的报告说，“所有发电设施中的 10%和配电设施中的 25%，每年的运转时间不超过 400 个小时，大约只占一年中所有时间的 5%”。

平均用电量和峰时用电量之间的差异越来越大，峰时用电量就是工作日晚上的三四个小时而已，很多发达国家的峰时用电量是这个的两倍。这种差异促使电力公用事业重新关注存储电力用于峰值负载期使用而免于或者延期投资扩大发电容量所具有的竞争优势。

不幸的是，电流很难大量储存。电流需要处于运动状态。“瓶中闪电”是对电流极难保存在一个地方，在有需要的时候再次释放的一个暗喻。

处于变化状态的电力需求

在一年中，电力的使用情况在每个月之间甚至每一个小时之间，都有相当大的变化。夏日因为使用空调，所以电力负载最高。下面这张图表显示了 2006 年 PG&E 这家电力公司的供电情况。用电最高峰出现在 7 月 25 号下午 5 点这一热浪滚滚的时刻。

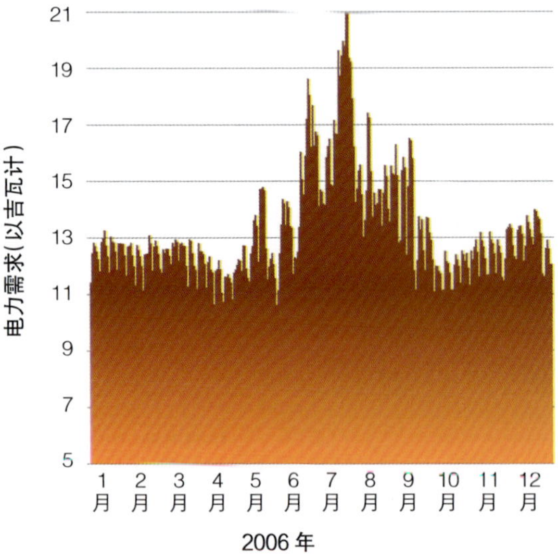

来源：太平洋燃气和电力公司

今日全球使用最多的一种储电技术并不是储存电能本身，而是储存发电的势能。1929 年，“抽水蓄能水力发电”技术首次诞生于美国，该技术原理是在夜晚发电容量剩余的时候将水抽往山顶的水库，然后到了用电高峰的时候水库里面的水又从山顶流下来经过水力发电涡轮机发电，这样就能够收回用来将水在前一晚抽往山顶的电力中的 70%~80%。全世界正在运营中的抽水蓄能水力发电站有 150 多个；这种成熟的技术现在为全球提供了 99%的电能总储存容量。

世界各地还有很多正在筹建中的抽水蓄能水力发电项目。但是，这种资源的未来对于很多国家是有限的，这都是因为同样的理由：水电大坝（在 20 世纪初占据了美国发电总量的 40%）在未来无法担当更重要的角色。其一，大部分水电大坝的最佳选址早已开发利用；其二，大型能源设施的动工很难获得批准；其三，毋庸赘言，在没有高山和 / 或充足水源的地方无法建设水电坝。

第二种主要的电能储存技术叫压缩空气蓄能法（CAES），这种技术是利用燃气发电机压缩空气，并将其储存在合适的地下岩穴中，如盐丘，然后在用电高峰时期，再次利用当空气被释放并膨胀的时候产生的能量，这样就又回收了大部分压缩空气所耗费的能量。虽然这种方法同抽水蓄能水力发电法效率几乎等同，但是对燃气发电机的依赖就使其丧失了部分的吸引力，因为考虑到它的总体能源效率和二氧化碳排量。此外，考虑到其本身的特点，使用这种技术受到能否利用地下岩穴这个条件的束缚。纽约正在建设压缩空气蓄能发电站，将压缩气体储存在大型的水池内或者地上容器内。现在只有两处大型的利用地下岩

目前世界上几乎所有的储存电力的方式都是利用抽水蓄能。大瀑布公司位于德国文德富特（Wendefurth）的水电厂，这些巨型管道是用来运水的。

穴的压缩空气蓄能系统，一处在阿拉巴马州，另外一处在德国，都是利用了盐丘。

抽水蓄能水力发电和压缩空气蓄能发电这两种老式的电能储存法具有同陈旧的集中式发电设施具有相似的特色：都能够得心应手地应付大型发电，但是却不够灵巧和智能；这样生产的电流不能轻易并及时的开启和关闭。

其他形式的能量较为容易储存。例如煤和石油，一直是我们的能源选择，不仅由于它们能量密度高，还因为它们可以有效储存百万年且不会有能量损耗。然而，值得一提的是美国石油生产在1970年左右达到顶峰和几年后中东石油禁运事件发生时，美国发现有必要建立超级战略石油储备库，以此来储备足够的石油以满足未来石油断供时的经济需求。

用来发电的生物质资源假如储存不当就会腐烂，但是新近采用的技术，如烘干，能够较大幅度延长生物质的储存时间。集光型太阳能热力发电（CST）厂利用阳光的巨大热量来制造蒸汽，推动蒸汽发电机运转。其中的部分热量可以储存在合成油储罐或者熔盐罐中，当云层飘到太阳能集热器上方时，这些热量就可以用来一次性地驱动发动机几个小时。这些热储存罐可以在日落后用来继续发电，至少可以维持几个小时。

机械飞轮通过巨大的旋转柱体的运动将能量动态地储存起来，在某些情况下也用于储存电力，但是飞轮组件的尺寸和费用都降低了飞轮作为大容量储电方式的吸引力。

一些专家相信纳米技术在电晶体储电装置中的应用将形成以电晶体芯片迅速改良为契机的发展道路，电晶体芯片每18~24个月就能降低一半的成本。其他人相信电流磁存储技术的革命性发展已经指日可待。但是，眼下高效的、具有竞争力的电能存储技术还是一个难题。

实际上，多年来，人们普遍相信电流很难大量存储，储电永远都不会在电力公用事业和用户之间的互动中起到大的作用。然而最近几年这个神话开始动摇了。

能量存储领域新出现的兴趣焦点大部分集中在各种设计的电池研发上。多个国家竞相研发效率更高的电池，很多企业家和著名的公司在该领域砸入了大笔资金。许多新生的电池公司正在热火朝天地研究并展示创新性的低成本、小型化、大容量的电能储存法。众多国家的政府 R&D 基金已经重视电池研发这个挑战性任务，风险资本家和其他的投资者为具有成本效益的解决方案正在逐鹿中原。不时会传来技术突破的消息，但是现在还无法预测哪种新设计（或者改头换面的旧设计）能够折桂。

于 1859 年面世的铅酸电池现在还是用得最广的可充式电池。但是由于其生命周期短、维护成本高（尽管有企业家最近改良了旧技术，使其能够在很多新的应用领域与其他类型产品一较长短），铅酸电池被认为不能实际用于大容量的电网储存系统。

可是，电流储存日益增长的需求促使大量投资进入崭新设计的大容量、高效电池的研发领域，此种电池的目前正受追捧。

NGK 这家日本制陶株式会社，目前正在销售房间大小的钠硫电池，这种电池的能量、电量密度很高，而且相对高效。这种设计最初是由福特汽车公司出于制造电动车的初衷而研发的，后来在 20 世纪 90 年代经 NGK 和东京电力公司改造后用于电力市场。东京电力公司已经在其电网的将近 100 处位置、全球的 200 多处位置布置了钠硫电池，其中包括美国三家电力公司正在运营中的容量为 9 兆瓦的电力设施。

虽然谈到的这些电池中每一类型都很昂贵（每千瓦的成本高达 2500 美元），但是它们在用电高峰时期提供的电力的成本比起来自那些新建的、每日只使用几个小时的发电设备的电力的成本要低很多。由于 NGK 电池能够持续提供 6 个小时 1 兆瓦功率的电力，而且可以集中成簇在非常短的时间内提供大量的能量，很多人都将其视为可以大规模应用的最有效设计。NGK 电池的大小和成本使其只适用于特定的应用场合，除了尺寸大和成本高的缺点，它还有一个不足之处，那就是全球只有一家公司可以制造这种电池，而且产量有限。阿布扎比和法国的电力公用事业已经购买了该公司今后四年的全部产品。

虽然如此，目前钠硫电池在大型电力公用事业储能市场上尚无敌手，尽管通用电气公司正准备推广原来为混合动力火车发动机开发的技术，这种技术基于钠金属卤化物设计，据说能够在性能上和 NGK 电池相媲美。

衡量哪种能量存储方式效率最高、最适用于电力行业的发电、输电、配电环节，从某个角度而言，难就难在必须预测未来哪种技术进展能够大幅降低成本、提高效率。

几家市场领头羊都看好堆栈结构锂电池在 10 兆瓦以上级别的储能领域的应用，理由之一是因为全球目前在针对充电式混合动力电动交通工具的高效锂电池供应方面竞争日益激烈。

对于汽车电池安全和环保的要求也让电力公用事业的策划者感到更安心：电池的升级换代不

一辆雪佛兰 Volt 正在安装锂电池，这种电池能够为该车提供大约 40 英里的续航能力。超过 40 英里后将由一小型的汽油发动机提供电力，将该车的行程延长至 300 英里之多。

仅促使成本效益提高，而且也更加安全环保，更为用户广泛接受。这些因素促使很多的能源和电力行业的储能专家和电动轿车电池成本下降曲线保持与时俱进的关系；这些专家当中很多人正在做的事情基本上就是将这些汽车电池堆栈连接在一起，将其用作能够满足电力行业储能需求的电池组。

全球在替代重污染、低效率的内燃机的研发方面竞争迅速加剧。因此，大量的研发基金正在投入到驱动汽车和轻卡并使其保持原来车速和性能的、足够强劲的（同时足够安全，也足够小型化）电池的快速技术改造当中。

实际上，充电式混合动力电动汽车以及纯电动汽车全面推广指日可待。这将使电力存储发生戏剧性的改变，谷时用电将被大量存储起来，用于占一日当中 1/6 的、电力需求远高于白天平均耗电量的时间段。

由于汽车用于交通的平均时间只占总量的 4%，有证据表明新式的充电式混合动力汽车或者纯电动汽车将对能量的存储而非交通产生巨大的影响。因为每一辆电动汽车只能储存少量的电力并且随时可以上路，这些电池不能作为基本负载电力使用，但是它们对于峰时用电的管理具有巨大的潜在价值。

随着纯电动车的全球市场的扩张，锂电池需求的增长将进一步推动经济发展，从而形成巨大的汽车市场。因为锂电池的电力密度高、能效高、成本持续下降，所以锂电池的需求早已处于迅速增长之中。

第一辆大规模投放市场的混合动力电动车是

丰田普锐斯，这款车仍然使用镍金属氢化物电池。然而，雪佛兰 Volt 充电式混合动力车和新款普锐斯纯电动车有望在 2010 年上市，这两款车使用的都是锂电池。中国的长城汽车公司是计划明年引进锂电池电动车的中国汽车制造商之一。尼桑汽车公司在 2009 年宣布将在 2010 年出售锂电池纯电动车，并且将在位于田纳西州士麦那（Smyrna）的工厂中为美国市场生产这名为“叶子”（Leaf）的电动车。特斯拉这一美国纯电动车品牌已经投放市场，该车的后车厢中设计了几千个堆栈连接的锂电池。

在中国、日本、美国和欧盟之间，争夺电动车市场的竞赛已经开始。电动发动机和内燃机发动机相比所具有的突出优势和零碳排放可再生资源的不断开发、廉价高能效可充电式混合动力车存储技术带来的社会效益结合在一起。可充电式混合动力车在发电厂发电高峰时期可以存储电网多余的电能，为投在开发更价廉物美的可充电式混合动力车电池上的研发资金提供了强大的推动力。

爱依斯（AES）公司正在智利的北部安装 12 兆瓦的系统，做法就是将为混合动力公交车设计的锂电池堆栈连接在一起。具有讽刺性的是，这些锂电池所处的电网是用来给智利的锂矿开采提供电能的（智利拥有世界上第二大锂矿资源，仅次于玻利维亚）。

电力公司所采用的传统策略之一就是在用电高峰时切断电力供应，它们和电力大用户会签订电力供应合同，要求电力大用户在对发电容量造成压力的用电高峰切断用电几个小时。这种做法有时被称为“切负荷”。因此，过去智利的锂矿开采被迫在用电高峰频繁中断。新的锂电池堆栈将带来效率的提高，其中之一就是能够让锂矿开采在用电高峰时避免中断。

美国电力（AEP）正在一名为“社区能量储存系统（CES）”的储电系统中使用锂电池。这种系统能够通过多个锂电池做成的小储电盒向配电网输出储存的电流，这些储电盒成纵向排列，直接靠近变压箱，这些变压箱一般为附近的 4~5 家住户提供服务（每一个变电站都连接有几百个变压箱）。所有的这些小型储电单元能够作为一个编队使用，通过每个变电站的电子控制中心来管理。这么做的好处包括更少断电、更高的系统可靠性以及建设储电基础设施来满足向充电式电动汽车转向的需求。

阿里·努莱，他白天在 AEP 工作，同时也是美国电力储存协会的主席、将电力储存“推向用户”的热情用户者。出售电力储存服务对于电力公司而言是适应现代分布式电能市场、提供可靠性更高的服务的一个新的收入来源。他提倡公开化标准、富有活力的竞争，并有远见地认为电能储存最终将成为面向全球配电基础设施销售的商品。最终，他相信，“电力公用事业将出售储电服务。”

美国的电力市场上对批发电力的竞争无处不在，只有一部分州允许零售电力竞争，这些州将发电市场同输电、配电功能相分离。在其中的一些地区，电力公用事业正试图说服管理者电力储存应当起到支持输电网和配电网的作用。但是为了保护竞争性发电而设的规则为电力公用事业直接拥有电力储存设置了障碍。此外，允许受到管制的电力公司拥有或者控制针对分布式储电规定的话语权，将带来使储电领域缺乏竞争活力的风险，而眼下很多企业家正抱着激动的想法要降低

特斯拉电动式跑车的续航能力超过了 200 英里。电动车的电池可以用作广泛分布的电力储存系统，起到增强超级电网性能的作用。

储电项目的成本、提高其能效。

电力用户这一方，则有能力拥有并使用他们自己的发电、储电设施，这种能力正在明显上升，很快就将颠覆电力垄断模式，开始将电网转向“广泛分布”模式，这种模式常被贴上“微电力（micro-power）”的标签。

高效储电和智能配电网之间的结合将明显加速小规模发电设施在电网中的扩张，这些林林总总的小规模发电设施包括放在居室屋顶的光伏板，位于风力适宜地区的小型风车等。

在美国，由微电力带来的政策问题之一就是家庭和小型公司是否可以或者在何种条件下才能出售自己生产的电力，将在非用电高峰时期储存的电力售回给电网。大部分电力公司不遗余力地反对“净计量法”，因为这种技术鼓励并加速广泛分布式微电力的推广。

电力公司的论点是在很多情况下电力公司将不得不为用电客户自己生产的电力付费，这对电力公司是不公平的。他们害怕一个两难的处境：输电网和配电网设施的成本以及集中式发电厂的成本是固定的，但是他们出售电力的收入却因需要购买用户的电力而不断减损，难以保持盈利。这种害怕失去电力销售收入的同时还要面对新的电力生产竞争的想法造成了一种行业预言式的感觉，已经导致一些电力公司加班加点地试图说服州管理委员会和州、联邦立法机构设置路障，来延缓微电力的扩张。

虽然屋顶式光伏电池依然是个小角色，但是在很多地区安装光伏电池的用户每年都要翻一番。美国电力的报告说由消费者自己掌控并

超级电网将带来发电、输电、配电、储电市场，一如因特网为运算、传输、储存信息的智能产品创造了市场。

管理的可再生电力资源现在已经达到了“10 年里 1000 倍”的增量。加利福尼亚、新泽西、亚利桑那州在提倡并资助光伏电力方面处于领先地位。在德国这一世界上的太阳能利用的领先国家，屋顶式太阳能占 2008 年太阳能总量的 90%。

未来的成本减少和能效提高是可以预期的，很明显我们离很高比例的电力都是实地生产的这一天已经不远了。一些分析家已经预言了在 10 年内美国高达一半的家庭将利用可再生资源生产自己的电力。

假如这个预言能够实现，向数以千万计的美国和世界各地的家庭供应分布式电力系统的竞争将带来让人难以想象的争夺态势和经济增长。唯一能够与之相提并论的就是由因特网带来的笔记本电脑、智能手机和其他行销全球的电子上网新产品的更新换代、数以千万计的销量并由此导致的经济增长和生产力发展。有人将超级电网当成“电力输送网（the Electranet）”，它将带来发电、输电、配电、储电市场，一如因特网为运算、传输、储存信息的智能产品创造了市场。事实上，广泛分布的发电和储电模式带来的经济利益在 10 年之内将彻底改变电力市场的性质。

在发展中国家，电网还不是常见事物，小型的屋顶光伏系统在很多领域正在迅速扩散，直接越过旧式的电力设施实现了跳跃式发展，一如手机在没有多少固定电话线网络的发展中国家形成了巨大的市场一样。哈里希·韩德是一位印度光伏企业的老总，他这样复述他从孟买的一位主妇那里听到的话：“一个月 300 卢比不可能，但是一天 10 个卢比我还是付得起的。”（10 卢比相当于将近 25 美分，对于一天的用电量来说这个费用还算合理）

美国国家再生能源实验室将新的分布式电力结构称为“各种小型的模块式发电技术，可以同电力管理和储存系统结合用来改良输电系统的运行状态，不论这些技术是否同电网相连”。这样的发电、储电系统“位于或者靠近用电场所”，包括“燃料电池、小型涡轮机、往复式发动机、减负装置及其他类电力管理技术”。热电联供系统为工业生产、房屋取暖制冷、冰箱、提高室内空气质量和舒适度的湿度控制等提供电力、热水和热量。

例如，电力用户所有的房屋内的热能储存可以有两个选择。“被动式太阳能”设计中的常见元素之一就是战略性地利用砖石或者其他吸热的材料，这些材料能够在白天吸收太阳热量、在晚上又将吸收的热量辐射到室内。面朝太阳的窗户安装遮阳罩，在夏季可以挡住炎炎烈日上升到了较高角度时的强光，而在冬天，太阳在天空的位置较低，阳光的入射角度低于遮阳罩，阳光能够射入户内。

在商务大楼内，最近出现了对一种高效的热储存法的兴趣热潮，这种方法可以大量减少高楼

储存冷量比储存制冷用的电子要便宜得多。

——马克·麦克拉肯

美国银行的纽约新总部大楼有望成为第一座获得里德白金认证的摩天大厦。这座大厦的绿色优点之一就是在用电高峰时辅助降温的制冰储电系统。

屋内监测电流量的
成本控制智能设备
处理器发出电网
运行受干扰的信号
智能计量仪
独立的微电网
地下高压直流电线
带有发电机和实地
储电设施的办公楼
与电网相连的传送器
提供电池储电功能的
充电式混合动力车

超级电网工作原理

统一的全国电网利用微处理器和传感器传递信息并在全网内不断地平衡电力供给和需求。超级电网利用了多种不同的技术，其中包括改良的输电线路、大型或者小型的电池组（能将来自风能、太阳能、微型电力装置如屋顶太阳能板的间歇性电力资源平顺化）、智能计量仪和电器（能根据电力供应和收费调整用电）。在整个超级电网中，计算机和因特网为组件和终端用户之间交流提供了平台，带来了交流和更高的效率，使用户能够出售多余的电力。

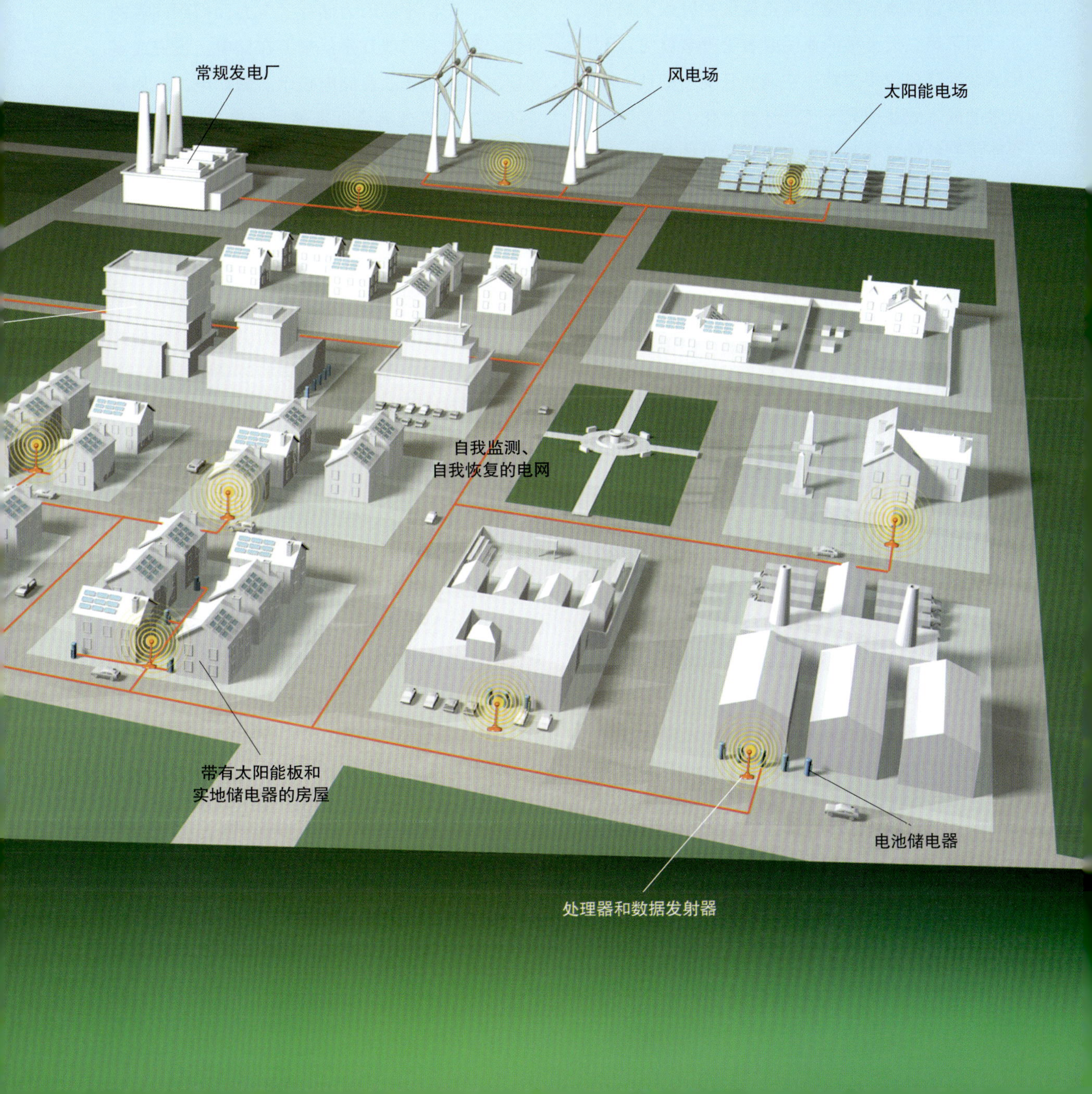

全面修改在一个多世纪里指导了电力行业的国家规定和管理办法已经不再适用于当今的局面。

大厦的降温成本。在晚上电费最低的时候大量制冰，到了第二天大楼的业主或者管理者就可以利用冰块的降温效果来减少空调的开支。即使一种技术的成本效益很高而且已经商业化，但是因为众所周知的建筑商和租赁者之间动机的差异，这种技术的有用性就受到了限制。此外，假如租客支付的租金里面已经包括了电费，这种电费没有区分峰时用电和谷时用电的成本差异，那么终端用户就没有动机去利用电力储存技术提供的巨大好处。

房地产市场上能效的重要性与日俱增，这使得人们重新注意节能措施。可是，物业的出租者常将水电费转嫁出去，这种强迫性习惯延缓了人们对于新的节能措施的认识。当大楼的业主和承租者关注房屋设计和建筑过程时，他们就会坚持要使用节能和能量储存技术，以此来减少日常和年度的物业使用开销。例如，纽约市的美国银行中心这座高能效的大厦每晚都会制造 100 多万磅的冰，这样就将 1000 美国冷吨（1 美国冷吨等于 3.517 千瓦，译者注）的空调制冷量移到了非用电高峰。该系统的开发者马克·麦克拉肯说他的公司得到的经验证明“储存冷量比储存制冷用的电子要便宜得多”。

此外，塑造了电力公司行为特征的经济刺激因素扭曲了它们理性地、客观地比较储电和扩大发电规模成本的能力。电力公司会因为发电多了而得到补偿，多发电产生的利润就是多发电的成本之一。它们不会因为储存了电力而得到同等的补偿，因此它们就几乎从来不在储电上投资或者将研发基金用于改良储电技术。假如电力公用事业不确定其管理者会批准通过储电来收回投资，或者假如管理者困惑于如何定位储电资产，结果只能是无所作为。但是有些管理者，如康涅狄格州和新汉普顿，已经成功说服立法机构允许将储能设施包括在费率基础之内。

在很多行政区，对这个或那个种类的储电进行分类具有巨大经济意义。因为必须依赖管理方的决议，所以公用事业不一定能够获得批准，通过作为“可收回的成本”、被允许加到电力用户所付的资费当中的储电来收回投资，将储电的利润当做风险的补偿。

在一些行政区，假如储电资产被归类为输电网或者配电网的组成部分，政府可以禁止主要从事发电业务的电力公司拥有储电资产。相反，在其他的行政区，州法律规定假如储电资产带来的利润被视为电力公司所有的话，除了电力公司以外的任何人都不允许拥有储电资产。

例如，一些美国电力公司安装钠硫电池的做法一直受到管理者的临时性阻挠，因为储电设施带来的好处一次性增强了电力系统三个不同部分的效率：发电、输电和配电。在得克萨斯，NGK 电池的销售受到了阻挠，因为针对谁应当“拥有储存在电池里的电能”有争议。

在加利福尼亚，NGK 公司被告知想要销售

夜晚的底特律（上图）和安大略省的温莎（下图），展示了不同水平的电力需求。

电池的话，必须满足来自“确立一个先例，将电池能量储存系统作为通过输电网接入收费可以收回的输电网资产”的挑战。反过来，加州遵守联邦能源管理委员会要求将电网发电部门的资产同电网输电部门的资产严格区分的规定。

可以理解，加州投资者拥有的电力公司试图利用有效的储电系统，它们会得出结论，管理者正在使电力公司收回储电资产成本面临风险。

出于这个或者那个理由，全面修改在一个多世纪里指导了电力行业的国家规定和管理办法已经不再适用于当今的局面。围绕发电、储电、输电和配电的国家或者州一级的立法和行政管理的框架已经变得比电力设备本身还要古老。

因为当前的规定和流行的假设，电力公司和电力用户投资储电和提高能效的意愿受阻，这并不鲜见。形成一整套的承认、重视、辅助发电、储电、输电、配电、用户自有资产的新理念、法令条例、规则，已经到时候了，这样才能形成高效、在功能和环保两个方面都让人接受的电力系统。

在过去 120 年里，电力行业和管理电力行业投资、支出、盈余的管理制度齐头并进，在两者发展的后驱力来自于一种在目前看来已属陈旧的、关于发电和用电的思维方式。这种过时的思维模式当中通常蕴含的假设就是发电和用电之间存在着实时的联系。此外，因为大部分电力管理条例都是由州政府制定的，所以管理者并没有关注超出自己狭隘兴趣范围的利益的动机。

10 多年前，在美国有一种流行的看法，那就是不能允许电力公司作为发电、输电、配电和储电的垂直垄断企业存在。为了建立一个竞争性的电力市场，电力行业在全国范围内部分地被解除了管制。尽可能高效的发电、输电、储电、配电、售电活动需要各式各样的服务，但是美国大部分州和美国之外的大部分国家都不允许在这方面展开竞争。

联邦能源管理委员会已经开始支持成本分配方案，成本分配方案能将新建输电网的成本摊匀。但是，在很多行政区，管理者依然在使用“上牌价（license plate pricing）”的做法，州范围内的输电网资产全部成本将被摊入费率基础，而费率基础又决定了输电网所在州的公民使用电力的成本。

用能源专家布鲁斯·拉德福特的话来说，“假如你正在建设从北达科他州输电到芝加哥的输电网，这意味着北达科他的所有输电基础设施的价格将受到北达科他州的上牌价的指导。”阿联邦能源管理委员会的前任高级能源政策顾问里森·西尔弗斯坦因说，“假如我们依然要使用通过‘成本加回报’方式收回成本的电力系统，那么没有人会有节约开支的动机。”

要将电力公司的动机和以公共利益为目标的全国一体化智能电网（超级电网）建设结合在一起，管理者可以采取如下的几个措施：

- **通过被称为“散伙”的办法明白无误地切断电力销售和电力公司利润之间的关联。**
- **提供与智能电网投资、可再生电力互联、增加储电设施、分布式发电等相关的基于质量的费率厘定激励。**
- **通过保证有意投资于输电、终端效率、分布式发电、实地储电的建设改造的电力公司的成本回收，来消除它们先期投资的风险。**
- **强制性规定电力公用事业固定百分比的资源投资组合应当用于能效改造、需求反馈措施。**

能源部落基山办公室内，电力系统调度员将水电分配到整个美国西部。

▶ **对非智能设施的投资，拒绝其全部投资收回计划。**

▶ **开发全国性的互联标准、统一条款，以帮助消除发电行业中的畸形特征，并资助分布式发电。**

▶ **执行新的法律和规定，实现理性的、最有效的成本分配和超级电网的利润在所有商业实体和全体社会中的分配。**

不幸的是，部分解除电力公用事业管制因为电力公用事业同州政府管理者之间的权力关联而变得复杂并受挫。安然公司贪腐丑闻让那些遭人游说并相信了明智的解除管制符合他们的利益的公众倍感苦涩。

因此，以广泛分布的发电基础设施建设为目标的一场无可避免的运动现在依然方兴未艾。电力公用事业依然将扮演一个关键的角色，即使是微电力的倡导者也常承认有必要以保护整个能源经济免受大型电力公司破产之苦、巨大的搁置成本之累的方式实现转型。

然而，大部分专家也同意电网彻底地改造成完全一体化的广泛分布式发电、储电的统一智能电网只是个时间问题。比起今日的电网，一体化智能电网效率提高和成本下降的幅度会很大，环保程度也会高很多。

我们必须逾越的障碍

THE OBSTACLES WE NEED TO OVERCOME

第十四章

改变我们的思维方式

复活节岛上被称为 Moai 的巨大石像头。这个人迹罕至的小岛已经成了不可持续性经济活动危害的象征。

我们在解决气候危机中所面临的挑战部分来自于我们对该问题在个人和集体两个层面的思考方式，这点已经日渐明晰。

为什么人类不能面对这史无前例的死亡威胁呢？我们人类处理信息和作出选择的方式什么地方出了问题，居然导致全球性的拖延呢？

事实上，心理学家、神经学家、部分经济学家认为，关于决策过程的流行神话和实际决策的过程之间存在霄壤之别。在很多方面，现代文明的大部分都建立在建设假设“理性人”原型存在的决策框架之上。理性的人会收集所有决策相关的信息，拣选最直接相关的证据，和其他理性的人一起讨论这些证据，然后作出理性的决策并一以贯之。

理性人这个原型源于 18 世纪晚期英格兰、苏格兰和欧洲，是被称为“启蒙”的哲学运动达到顶峰时期的产物。启蒙运动将“理性的原则”圣化为新的最高权威，替代了君主、中世纪教会和封建制度。

亚当·斯密的《国富论》，托马斯·杰弗逊的《独立宣言》，爱德华·吉朋的《罗马帝国衰亡史》第一册都是出版于 1976 年，这并不是巧合。现代文明的哲学理念中充满了乐观主义，对于进步的信仰，以及一种正在从周遭倒塌的旧世界废墟中创造新事物的热切之情。

代议制民主和市场资本主义都是基于理性在人类事务的决议当中处于最高的权威这样的假设。在民主选举当中可以看到理性人集体判断的结果，民主选举集中了所有投票者个人判断，国家机器就是这样驱动的。其他佐证就是认为经济的最好管理者就是市场这一“看不见的手”，因为市场集中了成千上万人平衡商品和服务供求的经济决策的最终结果。

这种主宰一切的对于理性统治的信仰因为 18 世纪人们依赖的信息生态系统的本质而得到了加强。因为 3 个世纪前出版业的发展，新的信息迅速地在市井之间传播，识字率因此而普及。一种新的乐观主义日渐浓厚，那就是认为公民个人，用以前只有精英才能拥有的知识武装起来后，就能够自己做出决定，这些决定能够带来更好的政治、社会、经济产物，而不是仅仅服从于少数依靠神圣权力的统治者的独裁。

只要能够读写，任何人都能平等获得印刷品。在历史上第一次，任何识字的人不论财产，不论膂力，都可以将知识和理念用作力量的来源。理性成了负责将个人判断、个人选择集中成一个最终结果的原则。情绪和情感被当成一种强烈的诱因，而理性被假设为将决定最终结果。这正如本杰明·富兰克林在 1749 年写到的那样，“激情为马，则理性为驭手”。

根据这个观点，理性可以被用来巧妙地设计防御来自人类天性中众所周知的威胁的安全措施，保护理性原则的运作。例如，由于一个人（或者一小群人）手中的权力积累得太多时，便会破坏理性活动的平衡，所以美国的奠基者建立了州政府、联邦政府分权和联邦政府内的三权分立制度。美国宪法结构中融入了这样的牵制和平衡的思想。值得一提的是，美国拒绝批准美国宪法，直到第一修正案规定了个人自由：除了别的，第一修正案还保证个人享有不受政府干涉的信息自由权。对个人其他权利的保护被纳入权利法案。

美利坚合众国在过去 200 年中取得的举世瞩目的成功（为每一个大洲上的新兴民主国家所仿效）和市场资本主义在全球大部分地区的主导（尤其是在 20 世纪晚期资本主义取得了战胜共产主义的哲学胜利之后），证明了两者史无前例的巨大力量和活力，而两者都是基于理性在处理人类事务中的重要性这一假想的。

在传统上，两个系统都被认为具有自我纠错能力。市场的失误能够凭借新信息的佐助而从市场失误的自身当中被找出来，并凭借服从理性原则的上述信息为新发现的问题找到日臻完美的解决方案。例如，当改革者指出经济权力集中制的

为什么人类不能面对这史无前例的死亡威胁呢?

病态经济后果时，国会就会用反垄断法和其他保护法来做出回应。当 20 世纪 30 年代的经济大萧条撼动了人们对市场经济的信心时，美国政府就实施了大规模的调控，来保护经济免受不断的巨大市场失灵的冲击。

类似地，人们假定投票者会采用事后矫正的办法对政治失误作出反应，比较理想的就是在下次选举之时。保证两套相互之间盘根错节的系统能够顺利运行的关键就是信息自由。

只要理性的人能够获取自由流动的政治和商业信息，就应该相信他们能够解决任何问题，继续大步向前进。

现在，问题清楚了，气候危机已经形成前所未见的危机，不仅威胁到地球的未来宜居性，而且还威胁到我们关于民主和资本主义认识其本质，以合适的勇气、见识和迫切性去应对这场危机的能力的假设。全球变暖常被描述成有史以来最大的市场失灵。迄今，也是民主政治有史以来最大的失败。

在寻求这孪生胎式的历史性失败的根源的过程中，心理学家和神经学家开始认为，气候危机对我们利用理性应对紧急情况的能力提出了独特、史无前例的挑战。

市场资本主义所特有的缺陷因为气候危机而更加突出，第十五章中会对此有更详细的讨论，阻挠有效的气候危机应对方案的政治障碍会在第十六章中讨论。但是在我们和气候危机的关系当中有一些更为基本的问题，气候危机揭示了迄今为止人类对其进行集体性思考的重大能力缺陷。

生死存亡之际，我们的快速反应能力常常受限于我们祖先经历的特定种类的威胁，如蛇、火灾、其他人类的袭击、其他的我们此时此地可以感知的威胁等。全球变暖并不能激发人类自动的快速反应。

全球变暖常被描述成有史以来最大的市场失灵。

格陵兰岛的伊卢利萨特(Ilulissat)之外的苔原，堆满了垃圾

我们还对会产生不好结果的重复性经验的标志事件表现出快速反应的能力，如天然气泄漏的气味或者在河堤上跑。要学会这种习惯性的反应可能会比较慢，但是一旦我们学会了，我们就获得了对任何合适的刺激作出几乎自动式的反应的能力，需要思考的时间会非常短。

相比之下，让科学家对气候危机来临的征兆开始警觉的现象却不是人们所熟悉的，因为在人类的经验中并没有先例可循，而且因为处于危机当中的生态系统是巨大的全球规模，气候危机现象也是一个渐变的过程。换言之，因为气候危机是全球性的，所以具有抽象性的伪装。

因此，几千年来保证了人类生存的自动或者半自动的大脑反应功能不能激发人类解决气候危机所必要的新的行为习惯和行为模式，这是前所未有的情况。

全球变暖的巨大影响看来还是遥远的。其后果正在地球各处显现，其显现模式让人很难在全球气候变化和特定地点、特定时间、特定个人所经历的事件之间找到一个确定无疑的因果关系。因为区域性后果还难以归因为全球性气候灾难，所以我们在感知气候危机迫近、后果凸显方面比较迟钝。

考虑到创纪录的洪灾、干旱、火灾、暴风雨频发，对气候危机区域性影响的必要感知也许最终会发生改变。对特定地区的人具有重要意义的生物前所未见的分布变化，不管是加利福尼亚海岸附近鲑鱼群的消失，还是多个地方特定鸣禽的消逝，或者在盛行打野鸭的地方野鸭群的数量大减，这些都提高了人们对气候危机的认识。科学家们越来越有把握说我们已经跨过了一个门槛，在这个门槛之外，不指出全球变暖和科学家长期以来预言的确定种类及后果之间的因果关系是不负责的。

形成了我们理解处于潜伏状态的气候危机的基础的科学证据是明确不含糊的，但是尽管这句话已经是一个警告，它还缺乏必要的情绪感染力，因为这句话中的结论指向的是“可能性”和人们陌生的“非线性结果”。此外，过去没有任何可与之相比较的灾难，人类缺乏此类历史性记忆，因此也没有情绪的参考标准。

解决气候危机已无利可图，现在又必须作出解决方案，基于理性的分析因此未足以激发行动。造成气候危机的常见行为（尤其是全世界范围内大量烧煤和烧油）在人类文明中根深蒂固。因为个人行为的改变似乎不可能影响到全球危机，所以理性要挑战习惯的强大力量非常难。

研究人类行为、大脑本质、人类决策的科学家已经对人类依赖理性原则的有限度形成了一种复杂精深的认识。尤其是，他们用越来越高的精确性描述那些限制了我们依赖理性、持续关注一个特定问题、运用有限的意志力解决持续存在了数十年、数百年的问题的局限性。

幸运的是，我们还有第三套大脑系统可以引领我们作出捍卫人类文明未来的关键决策。神经科学家和行为心理学家很早以前就知道我们作为人类（个体的或者集体的）建立基于共同价值观的长期目标、数十年如一日忘我奉献，在数代人甚至几个世纪中上下求索的过程机制。

欧洲的大教堂也是人类建设的，这些人同样易于分心，像我们一样也渴望短期性的满足。埃及的金字塔、柬埔寨的吴哥窟、米诺斯－克里特的克诺索斯宫殿都是历史上几代人的成就。马歇尔计划、北大西洋公约组织、欧洲的统一都是经过长时间全心全意追求的结果。

科学家现在可以监测大脑如何作出会激发行为改变的决策。他们已经了解基于价值观的、以目标为导向的长期悬而未决的决策需要大量的思考，总是一个缓慢而富于深度的过程。额叶前皮质层是人脑中使人类能够持续对我们试图通过从现在开始的长期努力加以塑造的未来保持注意力的器官。埃默里大学的格莱格·彭斯说，“有些研究者认为人类和动物的区别在于人类有能力形成延期结果的一种脑图像并关注这个结果，普遍的看法是额叶前皮质层在人类和其他物种的比较中显得大得不成比例，它在这种功能中扮演重要角色……人类毫无疑问和其他动物一样具有产生快速连续时间折扣的机制，但是我们还具有一种能力，这似乎是由额叶前皮质层所赋予的功能，能够让我们利用相对较长的时间来做出决策。

一旦人类作出了决策，就会以强烈的热忱改变自己的行为，在追求已定目标时同时保留巨大的弹性空间。

在人类文明的几千年间，我们常将基于价值观的长期决策过程形式化。例如，我们星球上的伟大传统信仰，如基督教、伊斯兰教、印度教、犹太教、佛教、道教等宗教，都包含着重要且基本上连贯一致的教义，教导人类保护环境健康的价值以及作为大自然的好管家的重要性。传统信仰在人类生活中扮演着多个角色，其中的角色之一就是寻求将重要的共同价值观提升为向善的教徒决策时的指南。在人们选择其作为第一原则的时候，这些价值观就能够在人类倾数代人之力、改变自身以求履行地球好管家角色时起到关键的作用。

脑科学家已经确认，当人类决定追求基于价值观的长期目标时，是大脑额叶前皮质层中的哪一部分保证人类不偏离正确的轨道。还有重要的一点就是他们也注意到了人脑的特定部分——位于太阳穴上方的前额叶皮质层背外侧区（DLPFC）——在高强度压力存在的情况下会变弱，维持其关键功能所必需的精神力量会因为过度的困惑和

与抽烟的长期斗争

1964 年，美国卫生局局长的里程碑式的报告《抽烟和健康》正式将抽烟和公共健康问题首次联系在一起，抽烟通常被当做是一种快乐的罪恶，而不是一项威胁公共健康的要紧事情。自从报告面世之后，美国人的抽烟者下降了 50%，这是经过长期努力所取得的结果，说明了态度和政策的变化可以改掉一项几乎自杀式的习惯。

吸烟率的下降始于 1966 年美国卫生局局长在烟盒上加上的警告，1969 年的《公共健康吸烟法》禁止电视、广播里播放烟草广告，同时还加强了烟盒警示语的警示力度。

即使顾客基础薄弱了，烟草商还是坚持没有证据表明他们的产品是有害的并且能使人上瘾。烟草商的公关部对此作出了激烈反应，打了数百桩官司之后，结果为有效的公共教育计划提供了激励和资金来源，同时还补贴了脱瘾治疗，为反抽烟的运动提供了进一步积极的动力源泉。

抽烟导致了 90%的肺癌，现在已经如过街老鼠，人人喊打。通过政府的行动与社会的进步，吸烟已经被打上了耻辱的印记。大部分近期研究表明只有不到 20%的美国成年人抽烟，美国疾病控制和预防中心认为吸烟率的下降有功于每年数千条被挽救的生命。

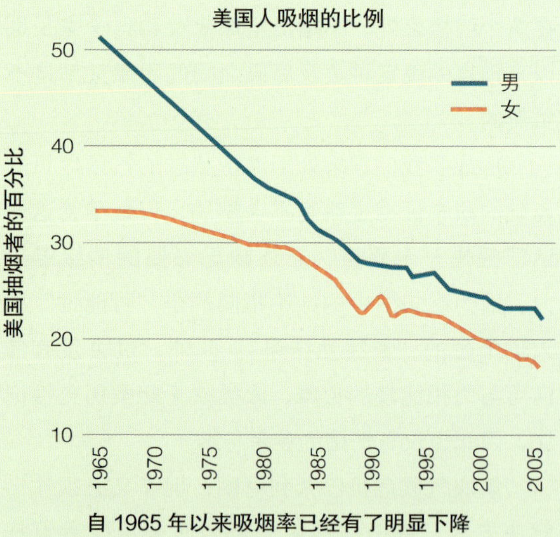

自 1965 年以来吸烟率已经有了明显下降

来源：美国疾病控制和预防中心

沙特尔大教堂的建造耗费了一个多世纪，是几代人共同努力的结果，现在依然受到关注，这是世人共同的长期目标。

焦虑而耗竭。前额叶皮质层背外侧区能够通过协调我们的回忆能力、计划未来的能力、同时处理各种要紧事情的能力，让我们不偏离轨道。假如前额叶皮质背外侧区功能关闭的话（比如由于经常性的压力过大），我们就会被锁死在此时此地，对于过去漠不关心，对于未来则犹豫不决。并不奇怪，有压倒性的证据表明无论如何现代社会的压力都比几个世纪前高得多。

高得异乎寻常的新环境压力的一个重要来源就是我们大部分人生活于其中的信息社会。现代文化的进化和无处不在的电子媒体不断干扰人类心智，我们越发不能维持稳定的、几十年如一日的集体意志焦点，而我们会比以前更需要它。

作为理性的一部分，具有讽刺意味的是，脑科学新进展的主要利用者却是市场营销人员和商品、服务的广告商。广告业为巨大、昂贵、无处不在的电子媒体提供了动力，后者依赖于消费不断增长的推动来获得生存保障。普通美国人现在每天都要看平均 3000 份广告信息。

实际上人脑中的每一个巴甫洛夫反射的扳机都是由广告商扣动的。所以部分的结果就是我们社会的物质消费已经高到了荒唐的程度，自从经济大萧条以来，只会在最糟糕的经济衰退期才有所轻微的下降。从 1991 年到 2005 年，美国人均衣物购买量就翻了一番。这 10 年里的头 7 年，美国家庭由史无前例的消费水平所带来的负债就增长到了可支配收入的 138%。美国的生产、消费狂热导致不分男女老幼人均制造高达每天 141 磅的垃圾，这真是让人震惊。（这个数字包括了所有个人、家庭、工商业制造的废弃物，但是不包

环境护持者的传统

不得将垃圾倾倒在会被风吹散、洪水冲走的地方。

——犹太教（迈蒙尼德著《犹太律法辅导》）

不得砍伐树木，因为树木可以去除污染。

——印度教（《梨俱吠陀》，6:48:17）

这是想要证得寂静涅槃、善于有益修行的人应该做的事：他必须有能、正直、坦诚、言辞温和，谦卑不自负，知足易护持，少事务，生活简朴，诸根寂静，智慧灵巧、不无礼不苛求。与德性相悖者，勿以恶小而为之。

——佛教（《慈爱经》，“佛教导如何慈爱”）

世界是青翠美好的，赞美真主，是主让你成为他的管家，在主的眼里你洗脱了自己的罪孽。

——伊斯兰教（《穆罕默德圣训》，阿布·赛义德·阿尔库德里口述，教徒整理）

不得烧野田山林。
不得妄伐树木。
不得以毒药投渊池江海中。
不得妄凿地，毁山川。

——道教(《太上老君 180 戒》)

不得搅扰天空，不得污染空气。

——印度教(《夜柔吠陀》,5:43)

耶和华神将那人安置在伊甸园中，使他修理看守。

——基督教(《圣经》,“创世纪” 2:15，新钦定版)

括在中国等地制造，然后销往美国市场的产品所产生的大部分垃圾；也不包括发电所使用的燃料）。

实际上，电子媒体和大众广告制造了持续的大众消费文化，这种文化在人类历史上是前所未见的。且不说消费狂欢所带来的经济、环境后果，我们文明带来的心理影响也相当深远。普通的美国人现在每天都要花 5 个小时看电视，普通的家庭，根据尼尔森的说法，现在“拥有的电视机比人还多”。因此，大部分和家人、朋友、邻居交谈的时间，参与社会事务和国家民主生活的时间被挤占了。不奇怪，那些同意“我觉得和周围生活脱节了”说法的美国人数量翻了四番。

商品和服务的消费增长已经等同于对幸福的追求。但是现代美国社会的幸福指数，不论以哪个标准，都没有随消费水涨船高。这个结果在其他高消费的国家也能看到。无数的研究已经发现，以人均生产和消费水平来衡量，在生活水平低得多的国家，其健康、幸福指数却高得多。在“幸福研究”这个较新的领域中，长篇累牍的研究报告显示，在满足衣食住行和医疗的基本需求之后，个人和家庭的物质消费进一步增长已经无法再实际提高幸福感。过去半个世纪中，美国的经济产出总计翻了三番，但是总体幸福感完全没有任何提高。

我们的价值观发生了扭曲，我们对什么能使我们幸福感到困惑；我们对物质商品过于沉迷，这就是我们问题的部分原因。“死时玩具最多的人就是成功者”本来是对我们目前行为的诙谐评价，但是作为对我们当前人生目标的诊断，它包含的真理性还是可观的。确实，消费本身

人脑的自我控制中心

加利福尼亚技术学院的科学家研究了我们如何挑选饮食，通过这个来定位大脑中帮助我们考虑长期风险和价值的部位。功能磁共振成像（fMRI）显示的图像中，腹侧内侧前额叶皮质层（vmPFC）区在每一个决策过程中都是被激活的，但是前额叶皮质背外侧区（DLPFC）只有当发生自我控制时才被激活。当腹侧内侧前额叶皮质层受到糖块的诱惑时，前额叶皮质背外侧区却鼓励人考虑苹果的好处。

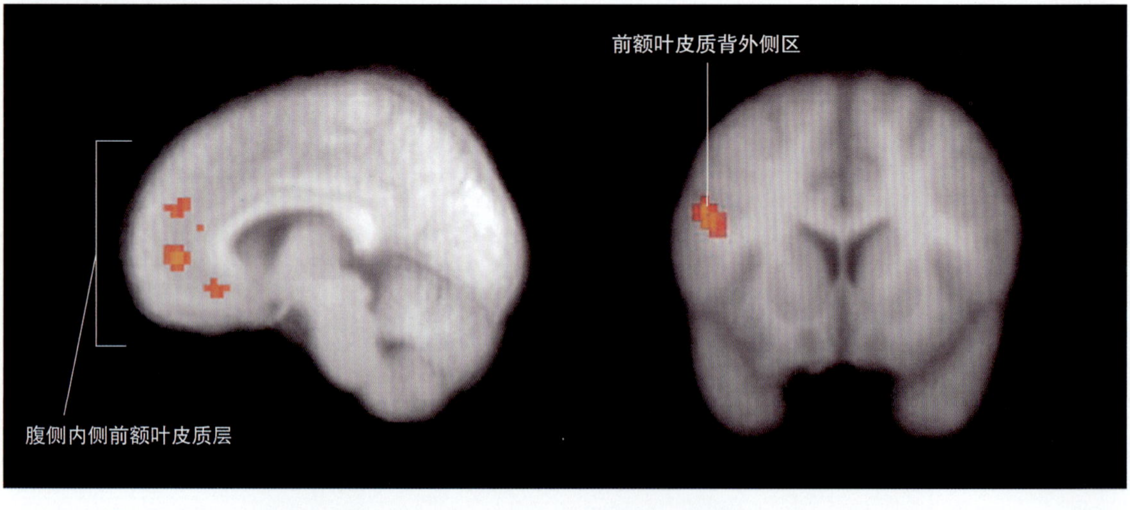

实际上人脑中的每一个巴甫洛夫反射的扳机都是由广告商扣动的。

就成了目的。

有行为心理学家和脑科学研究者最近开始致力于理解人类是如何形成心理奖赏和幸福感上升的普通评价机制。人类的幸福感可以量化，可以以现金收入、商品或者服务为参照物表现出其价值。在很多方面，这些研究者的工作代表着前一代人眼中的常识，但是它确实反映了我们在消费文化中的沉浸程度，以至于我们在用金钱衡量事物中发现了新的意义，例如我们用钱来衡量和所爱的人在一起的时间、在美丽的环境中的享受，以及在社会决策中拥有话语权的能力。

最近，一些具有创新意识的政策制定者开始试图识别那些被称为“心理补贴”的事物，心理补贴可以鼓励积极的变革，来节约能源、提高能效、保护资源、开发可再生能源。这些改革者还努力识别“心理税收”，心理税收是使政策朝正确方向前进的新方法面临的障碍。他们希望通过这些障碍来取得更大的进步。

公司管理者老早就知道社会舆论的鼓励比物质鼓励更能够激发正面的变革。现在人们开始专心利用这种知识来改善政策。这种奖赏有时被称为“助推”，在气候变化的语境当中，可简单理解为将人们决策的积极和消极后果明确告知他们。

然而，要说服整个社会转型以稳定地球的气候变化行为，科学和脑科学研究者建议用全新的方法来设计并传达政策。光罗列事实不会起到作用，他们说。密集的负面信息乃至让人恐惧的信息，会触发否认或麻木等情绪，其中最轻微的反应就是拖延。

还有一种可能被触发的情绪就是心理学家所谓的“一次行动倾向（single-action bias，在心理学中指面临危险或者不确定因素时，人类倾向于简化决策、孤注一掷的心理倾向。译者注）”。这是一种深植人脑的模式，同常见的对于科技本身就能拯救人类的自负结合在一起，已经使一些人假设一旦我们决定要采取行动，我们可以简单地选择一种技术性方案来迅速“解决”这个问题。

我们思维当中更稀奇古怪的混乱想法的表现有来自著名核物理学家爱德华·泰勒的建议，他建议投资数十亿美元在地球的轨道中构造一条锡箔带，以此来反射高达 2%的入射阳光，给地球降温。还有一个更激进的建议说可以将一把巨伞放在绕太阳轨道中，角度合适时这把伞能够给地球遮掉一部分入射太阳光。这两个建议都忽略一个重要事实，那就是充足的阳光对于种植粮食、维持动植物健康的必要性。幸甚，这两个建议没有一个得到重视。

然而，其他的阻挡入射太阳光的建议很不幸地开始获得了少数科学家的支持，这些科学家本应该更明智一点的，但是他们对于全球政治体系对气候危机的反应失灵已经感到越来越失望。有一些著名的科学团体已经开始严肃讨论其中的一些想法。有一个建议就是将大量的二氧化硫注入大气层，以部分阻挡入射的阳光。

这种想法的鼓吹者承认这也许会导致严重的未知后果，例如改变我们大气层的化学构造，导致未知的不可逆转的后果。他们指出火山每隔几十年都会喷出同样多的二氧化硫，却明显没有造成任何不可逆的害处。然而，火山间歇性喷发释放二氧化硫同在大气中维持一种经常性的人工高二氧化硫水平是两回事。此外，只要大气中二氧化碳和其他温室气体的水平不断上升，我们就不得不不断地往大气中补充二氧化硫。一旦停止，我们就将面对每隔 10 年全球突然升温 2~4 摄氏度的结果（现在的增幅是 0.2 摄氏度）——这正是《道林·格雷的画像》中的主人公，在衰老过程人为暂时停顿突然失效时，所遭受的可怕的衰老加速。

此外，围绕地球的二氧化硫云层会部分地抵消人们正在开始努力利用的太阳能板发电的效果。无论如何，试图通过阻挡阳光来抵抗由二氧化碳造成的全球变暖，无法解决因为二氧化碳水平提高而造成的其他后果，例如海洋的酸化这一恶果。

一个更为温和的建议提到了将全球的屋顶刷成白色，以提高地表阳光反射率。假如这个想法能生效的话，它的提倡者补充到，我们也可以将停车位、公路、部分的沙漠刷成白色。虽然这个将屋顶刷成白色的独特建议是个好主意，也应该得到重视，但是这个建议带来的好处将很快就被我们继续提高二氧化碳和其他全球变暖污染气体浓度的做法带来的坏处所抵消。

另外一种技术解决方案（或者叫“地球工程学”，所有这些建议有时都归入此标签名下），

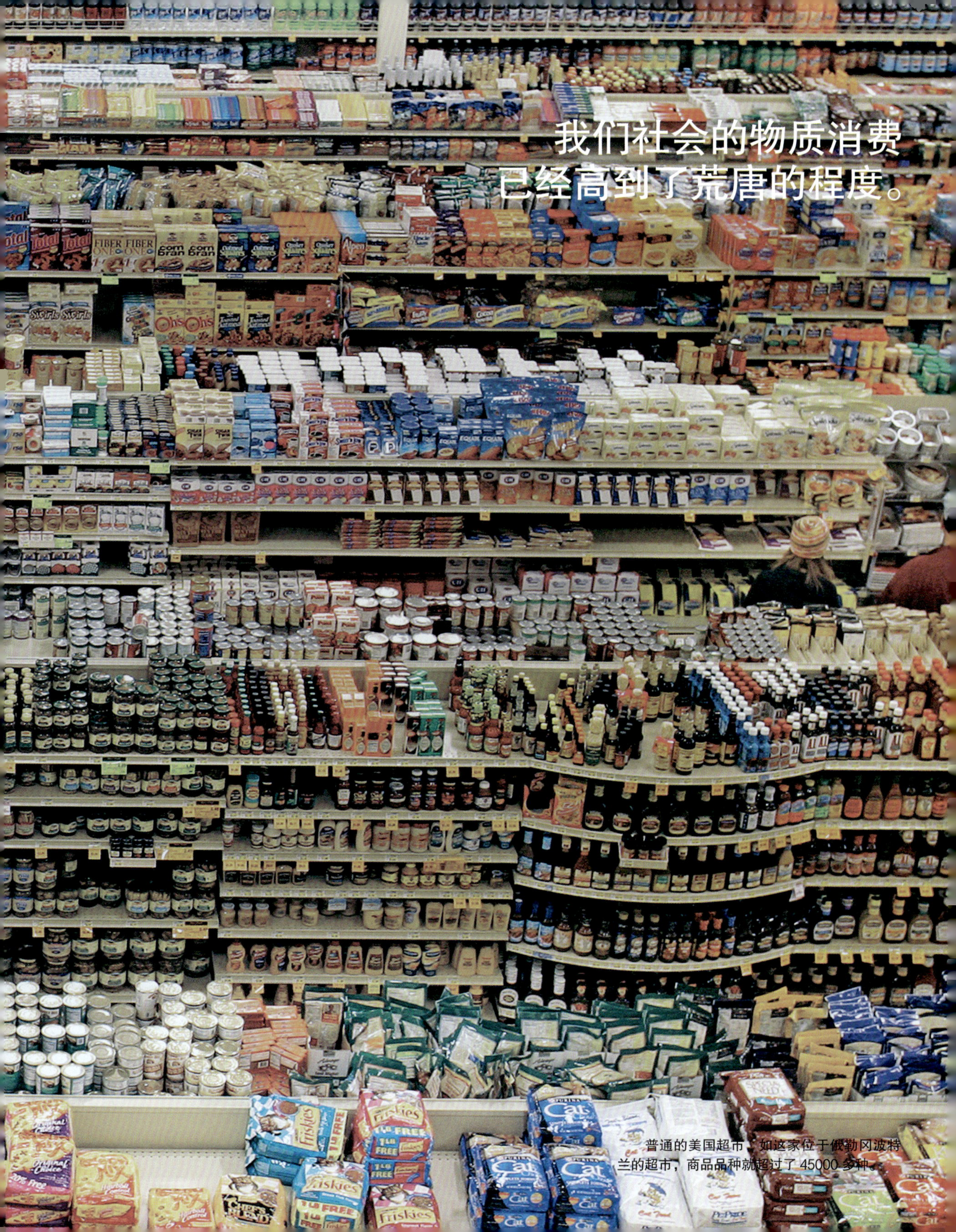

我们社会的物质消费
已经高到了荒唐的程度。

普通的美国超市，如这家位于俄勒冈波特兰的超市，商品品种就超过了 45000 多种。

唯一有意义并且有效的气候危机解决方案就是改变人类的行为习惯和思维方式。

建议改变海洋化学成分，通过刺激浮游生物大量繁殖以加快吸收二氧化碳。早期的实验中，增加海洋局部地区含铁量的做法并没有在任何海域达到预计中的碳吸收水平，因为海洋吸收二氧化碳的机制比该理论原先设想的复杂得多。与此相反，大规模植树计划（如第九章所述）却意义非凡。在保证植树范围足够大的前提下，该计划可以提高林木吸收的二氧化碳含量，这点可以测量得到。类似的，增加土壤二氧化碳吸收能力（如第十章所述）的努力，在解决气候危机的多元化方案当中，也是有用的工具。

无论如何，我们都已经卷入了一场声势浩大、无计划性的地球实验当中。我们已有充足的必要证据证明人类对自然气候平衡和地球与太阳之间关系的干涉会带来巨大的风险，会危害生态系统，继而威胁到人类文明的未来。我们不应该再开始任何地球实验计划，寄期望于神奇地消除人类早已造成的后果。

唯一有意义并且有效的气候危机解决方案就是改变人类的行为习惯和思维方式。能效改造和节能的普及、放弃化石燃料转而利用太阳能和风能等可再生能源、终止焚烧林田和耗竭富碳土壤的做法，就是这种转变带来的结果。

为了实现这种转变，研究人类行为和思维的科学家建议我们重视全球变暖对策和其他挑战（来自经济、战略和社会各方面）应对方案之间的关联，后者看起来更为紧迫、更容易激发作出必要变革的愿望。

在传达气候危机紧迫性的时候，有一点很重要，那就是要利用与之相关的日常语言，并将解决气候危机的道德性同我们的共同价值观和那些在过去我们历史上证明维持了长期集体目标的雄心壮志联系在一起。我们本质上是社会动物，我们种族的存续不仅依赖适者生存原理，同时还依赖我们互相合作、加强社会纽带以实现合作的能力。

此外，也有证据表明，在世代之间传承的遗产也附带着良心的义务，那就是要利用好这遗产，并将这遗产继续传承下去。即使我们内心无法抗拒短期满足的诱惑，即使我们有根深蒂固的短期行为倾向，那么内在的、强大的要对和我们有关联的人负责的愿望也会而且常常压倒这类倾向。

我们遵循的策略必须让人们在解决气候危机中积极地贡献自己的力量，必须将我们鼓励他们去做的事情的价值同带有情感意义的个人经验结合起来。我们不能等

中国北京的北部，学童正在参加植树运动。植树是阻止沙漠化全民运动的一部分。

到所有的不确定性都消失的那一天，我们需要做的就是传达这一精髓：我们已经知道的够多了，现在必须立刻行动起来。我们也必须组织好我们面前的各种方案，使必要的改变更容易、更自然地实现。

一旦我们能够用新的社会规范来容纳共同的价值观，我们就能够从人们的自然愿望中获益。因为感同身受相似的处境，人们会自然而然地受到积极应对气候危机的人的感召。我们必须注意用公司常常会用的激励措施来调整个人的选择，以此加强共同的目标。

在我们前进的过程中，我们还要重视设计能够与我们社会不断反馈的系统，以此来持续改善我们决定采用的气候危机应对策略。幸运的是，新的信息技术使这样的交流成为可能，并在使我们朝着目标前进的路上扮演重要角色。

我们必须逾越的障碍

THE OBSTACLES WE NEED TO OVERCOME

第十五章

碳的真实成本

位于西弗吉尼亚州温菲尔德的阿莫斯煤电厂，2006 年的二氧化碳排放量超过了 18000000 吨。

事情不同寻常：当我们最终似乎为应对气候危机做好了准备的时候，我们遭到了自美国经济大萧条以来最严重的全球经济危机的打击。一开始，很多人以为全球金融迅速下滑会使解决气候危机的进展陷于停顿。但实际上，这两个人类历史上具有里程碑意义的挑战之间的关系最终让人出乎意料。抱有形形色色观点的经济政策专家一开始就认为有必要通过政府开支来实施大规模经济刺激。政府随后为大项目提供资金，本意是以此来创造百万计的就业机会，但同时也加速了环保基础设施的建设，促进了气候危机解决方案的发展。

即使如此，我们还是没有利用市场经济的力量来应对这个问题。非常具有讽刺性的是一方面很多用来扭转灾难性局面的相对立的有用措施激起了人们对经济危害的担心；另一方面我们又拒绝使用市场机制来帮助解决气候危机。现在急切需要的是变革，因为我们从市场信号当中获得的关于环境的信息，其质量有严重的缺陷。

我们目前用来衡量好坏的系统有其痼疾。当前，全球变暖污染（实际上是所有的污染）被经济学家描述为一种负面的“外部因素”。在公开的讨论中，这种技术性的经济术语的意思已经变成：我们不想了解这种东西，所以让我们假装它不存在吧。

二氧化碳，这种最重要的全球变暖的污染源，无色也无味，在市场计算当中它也属于几乎被忽略的。当某物在市场中不能得到承认，那么政府、公司和所有的个人就会倾向于假装该事物并不存在。但是，我们假装其不存在的事物正在破坏地球的宜居性。每天我们都将 90000000 吨的二氧化碳排入大气，每隔 10 年大气中二氧化碳的浓度就会有显著的上升。

最容易、最显而易见、最有效的运用市场力量来解决气候危机的办法就是征收碳税。我们耽误的时间越长，经济就要面对更大的在高碳资产和高碳活动方面的投资带来的风险。对此类投资规定的人为价值忽略了气候危机的真实性和气候危机对企业的影响。正如世界资源研究所所长乔纳森·莱西最近说了这样一句话：“自然界不会来救市。”

当我们准确地认识到我们选择的后果时，我们的选择就会有所改善。假如我们给市场发出正确的信号的话，我们的市场经济可以帮助我们解决气候危机问题。我们不惜告诉自己污染造成的真实经济成本，我们必须衡量污染造成的真实经济损失。我们必须学会将外部因素内部化。

“国民经济核算”体系现在依然是计算当今国内生产总值（GDP）的主要手段，但是在价值估算方面却处于可悲的不健全状态。美国的国民经济核算系统主要建立于 20 世纪 30 年代，它可以精确地核算商品和服务的成本，包括资本商品的成本，但是在核算自然资源和人力资源成本时却精确到了危险的程度。

约翰·梅纳德·凯恩斯领导一支经济学家队伍在整个 20 世纪 30 年代为政策制定者提供更好的

位于佐治亚州罗马城的燃煤发电厂，在 2008 年安装了一个二氧化硫尾气净化器，以使该厂能够符合联邦空气洁净度标准。美国环境保护署(EPA)新出台的规定也对二氧化碳排放量作出了限制。

工具，以此避免再次重蹈经济大萧条的覆辙。尽管他们圆满完成了这个任务，但是也受累于一个未曾说出口的预设，这个预设在那个工业化国家依然在非洲、亚洲和拉丁美洲拥有殖民地的时代随后就流行开来了。

殖民地时代会在几十年之后走向其终点，但是在设计国民经济核算系统的年代，人们倾向于假设自然资源不需要像资本一样得到核算。因此，普通的会计科目如“折旧”（这个词常用于人工资产，如设备、厂房以及其他固定资产)，并没有被用于核算原材料成本，因为当时看起来原材料的供应是永不匮乏的。

为创造 GDP 这个术语的经济学家说句公平的话，他们从来没有想将其大而化之地用作衡量总体福利水平的标准。他们只是在国民经济核算中关注国内生产总值而已。但是，其他人很快就将 GDP 这个词用来衡量一国经济的总体健康，而这并非这个衡量标准的最初用意。

这样一个精巧的核算体系，一个建立在经济参与者拥有“完美的信息”假设上的体系，会将大量的输入和输出归到可以被放心遗忘的底层世界，这点真是讽刺。大部分形式的污染属于这个被遗忘的类别，因为有这个错误的前提假设：地球如此之巨大、富有适应性，将污染物倾倒入大自然肯定不会带来值得列入资产负债表的后果。

公司例行决策中没有核算污染成本的严重后果就是让市场对导致无限制污染的决策和公司计划造成的各种结局“视而不见”。这种选择性盲

巴西，里约热内卢，一位工人正在清理下水道污水溢出现场。大批当地水域的鱼死于这次事故。

目尤其是在和对市场总是会帮助我们作出总体上明智决策的极度的自负结合在一起，就会使要依靠市场力量来解决气候危机变得极度困难。事实上，市场力量不能自发解决气候危机。市场在外部因素的语境中不能得到正确的结果，政策干预不可或缺。

这里有一个类比，描述了我们看到的事物和与其相应的真实存在的事物（即使我们看不到这个事物）。假如你盯着电磁波谱看，从紫外线看到红外线，我们眼睛能看到的光谱部分非常狭窄。除眼睛看到之外的部分还有很多，但是人的天性就是这样：我们倾向于假设我们看到的就是真正重要的。因为其他人都这么看，所以我们这样也过得挺顺利。只看常见的财务报告，就等于是只看到信息光谱上狭窄的一段而已。但是，关于公司的环保文化、职工文化和其他的非财务因素的信息也是很重要的。

物理学家沃纳·海森堡发现在量子物理学中，观测行为可以改变被观测者。这点也适用于这个情况：我们作为人类是观测者，观测行为对于我

们也有影响，信息带有强制性。投资基金的经理拿到每日财务报告后便会对其产生严重依赖性，而将其他不包括在内的重要信息排除在外。所以，他们的判断会受到他们所依赖的工具的影响。

心理学家亚伯拉罕·马斯洛曾说，“假如你唯一的工具是一把锤子，那你就倾向于把所有的东西都当成钉子。”同样，假如我们用来判断事物有无价值的唯一工具就是价格标签，那么没有被定价的东西看起来像是没有价值。没有被列入资产负债表的那些事物开始被人无视，被当做不值得考虑的。

GDP（国内生产总值）VS. GPI（真实发展指数）：“产品”VS.“进步”

GDP 是衡量一国经济表现的标准，它是一国所有产品和服务的市场价值总和，而真实发展指数（GPI）则试图衡量一国居民收入和社会经济福利的可持续性。在基于来自 GDP 的个人消费数据基础上，加上如无偿的家务、做志愿者等非市场劳动带来的好处，减去如犯罪、空气和水污染、农田和森林损失等社会成本，就得到了一个经过调整的结果，那就是 GPI。在过去 50 年里，GPI 的增速比 GDP 的增速小很多。

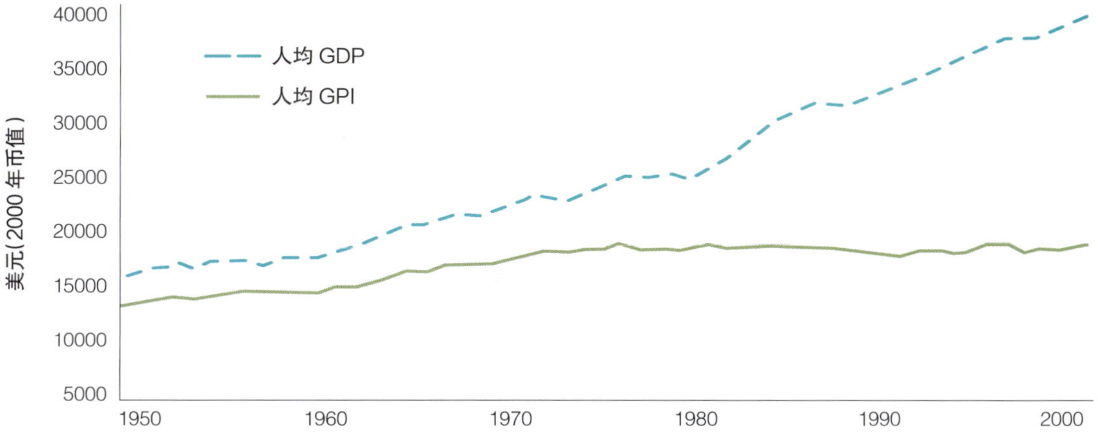

来源：Robert Costanza 等，*The Pardee Papers*，No.4，2009 年 1 月

国民生产总值，“简而言之，它是万物的尺度，但就是不能衡量使生命有意义的事物。

——参议员罗伯特·F·肯尼迪

在美国这样的市场经济体系中，假如我们对二氧化碳和其他全球变暖污染源征税，每一个气候危机的解决方案的有效实施都会变得更容易。为了实现这个目标，我们需要合适的工具。一旦我们征收碳税，那些看不见的、没有被列入市场范畴的消极外部因素就会开始为人所见、被列入市场活动参与者的决策中。

40 年前，罗伯特·F·肯尼迪提醒美国人，像道·琼斯工业指数和国民生产总值这样的经济指标并没有把环境的完整性、家庭的健康、教育的质量纳入考虑范围。他指出，国民生产总值“不是我们智力和勇气的指标，不是我们智慧和学识的指标，也不是我们同情心和爱国心的指标。简而言之，它是万物的尺度，但就是不能衡量使生命有意义的事物”。他对国民生产总值的洞见代表了民主和资本主义之间内部界限的罕见分野，引发了关于市场决策和民主的正当决议两者之间合适的分界线如何定位的讨论。

民主资本主义是美利坚合众国的哲学体系，美国就是这一哲学体系的化身。亚当·斯密《国富论》与托马斯·杰弗逊《独立宣言》的写作年代正好重合。自由的市场和自由、自治的美洲共和国公民这两个理念的结合，使美国一跃而成世界头号强国和并给其带来了让世界上其他民族羡慕的繁荣。

纵观美国历史，进步主义运动、民权运动、女权运动以及 20 世纪 60 年代的环保运动等改革运动的明确目标就是补救民主程序下颁发法律的不足、调整不受限制的市场力量的泛滥和失误。

第二次世界大战后 20 世纪 50 年代的美苏以及其同盟之间的冷战，以民主资本主义对共产主义的决定性胜利告终，并迎来了市场经济学不可撼动的统治地位。共产主义作为民主资本主义的有力竞争者的消失造成了只有一个超级强国的一极世界的幻象。这在美国也造成了一种傲慢的“市场原教旨主义”的虚妄之念，它鼓励政府调控的反对者展开咄咄逼人的攻势，试图移动民主政治和市场领域之间的内部分界线。他们断言，假以时日，市场将以最高的效率解决大部分问题，凡是干涉市场活动的法律和调控，都是刚被我们击败的、名誉扫地的计划经济主义者阴魂不散的表现。

与此同时，美国政治体系中的变化（包括统治通讯媒体的电视取代报纸杂志）赋予了完全自由市场的有钱鼓吹者的强大优势，削弱了法律、调控改革提倡者的力量。

这个市场胜利论的年代，我们削弱或撤销了针对有害污染的保护措施，同时讽刺性的是，根据 80、90 年代迅速增多的证据，科学界发现人类早期对于全球变暖的担心是大大低估了实际情况。但是论争形成的整个政治语境到那时为止已经向市场原教旨主义者高度倾斜，这些人狂热地要削弱对市场的限制，并嘲弄为阻止向大气中大肆排放全球变暖污染物的危险做法而采取一整套

这张摄于华盛顿州的照片所示，皆伐（clear-cutting，在一个采伐季节内，将伐区上的林木全部伐除的森林主伐方式，译者注）的做法，可以在短期内使木材收益最大化，但却以区域生态系统为巨大代价。

“地球面临一些根本性错误的威胁，好比是公司正遭到清算一样。”

——赫尔曼·戴利

澳大利亚卡尔古力（Kalgoorlie）金矿的“超级大坑”，每年出产850000盎司的黄金，同时汞的排放量在澳大利亚也排第一位。

全球性限制措施的可能性。

几乎没有人怀疑对于资本主义的结构、前提、结果进行新的研究不过就是会收紧对市场的调控、将调控的范围扩大到一国领土之外来保护全球金融资产的流动。但是，很多人已经借此机遇重新提出了关于市场（至少在其运作中）处理自然资源和污染（包括全球变暖）的方式本身所具有的根本性缺陷的严肃问题。

大家都知道有句古老的格言说，“厉害莫过想法得其时”。对于维克多·雨果的这句真知灼见，我也可以提出一个推论：最大的破坏性力量就是广为接受的假设突然被认为错误而陡然崩溃。以次贷危机为例，有人认为全球金融市场如同炼丹术一样能够消除不良抵押贷款的内在风险，做法很简单，只要将这些不良的次贷打包当做有价证券出售即可。这种想法就是一种假设，当全球市场带着沉重的心情意识到以 3A 评级出售的大部分这种证券实际上一文不值时，于是就突然崩溃了。

以差不多同样的方式，很多机构投资者开始猜想另外一个支撑他们投资的流行假设也开始要崩溃了。根据他们自己的评估，价值数万亿美元的“次级碳资产”依赖一个信念：每天将 90000000 万吨的二氧化碳排放到大气中完全无关紧要，而且基于这种假设还应该免征碳税。全球的科学界已经提出了无法辩驳的证据证明我们必须迅速停止燃烧碳基燃料，因为这种行为正在毁灭人类文明的未来。这些次级碳资产的所有人很快将遭到市场的清算。他们所处的局面和次贷的所有人在意识到他们犯了严重错误前几乎一样。

我们继续投资次级碳资产的时间越长，我们的经济因为大规模进退维谷的投资而面临的风险就越大。次贷成了“有毒资产”。因为太多的钱被投到了一夜之间一文不值的资产当中，不良投资的规模之大，严重拖了经济的后腿。投入到那些价值在可预见的未来可能会直线下降的高碳资产当中的钱，也是我们经济的严重问题。然而，这些高碳资产的所有人还有动机要主动出击来保护他们资产的价值。不幸的是，他们当中有人选择通过反对解决气候危机所必需的改革来保卫他们资产的价值。

经济史中充满了类似的错误假设，到头来都是让投资者懊悔不迭。这些故事包括从 17 世纪早期的荷兰郁金香热到 20 世纪最后几个月里在线宠物零售商 Pets.com 公司的失败例子。但是 2008~2009 年里的金融危机揭示了巨大的泡沫破裂时给全球带来的新风险。过去属于地方或者区域的环境问题现在已经扩大到了全球。

我们认识和衡量以目前的方式燃烧碳基燃料的真实成本所用的时间越长的话，这个泡沫就会变得越大，当它破裂的时候就更具破坏性。一位叫赫尔曼·戴利的聪明经济学家在几十年前就说："地球面临一些根本性错误的威胁，好比是公司正遭到清算一样。"

和没有能够让碳排放付出代价这个失败并列的是我们的市场运作的第二大缺陷，那就是处处可见的将短期利润和收益预期作为公司运营表现的最重要衡量标准。对于上市公司，尤其如此。上市公司必须依靠机构投资者，这些机构投资者买卖股票时特别重视上市公司的季度盈利报告，将其作为公司价值的主要指标。

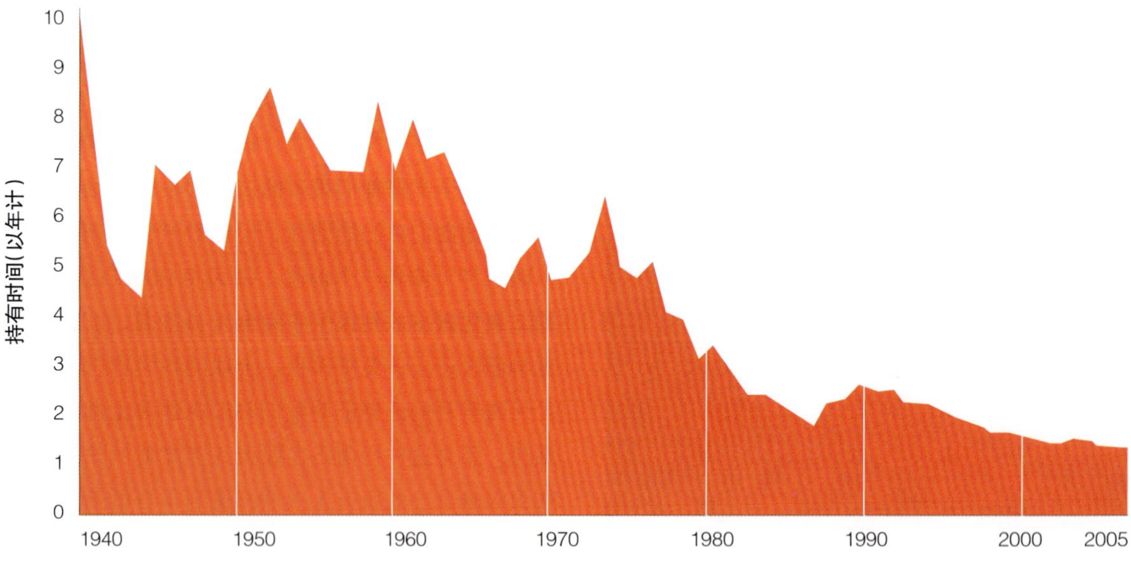

股票的平均持有时间

在 20 世纪 50 年代和 60 年代，投资者的平均持股时间长达 7~8 年。后来到了 1974 年，平均持股时间变成了将近 7 年。在过去 40 年里平均持股时间持续下降，投资变得更像投机。2007 年，平均持股时间降到了 11 个月。到了 2009 年 8 月份，又降到了 6 个月。

来源:James Montier,《投资行为学》

田纳西电厂的用来储存煤灰的粉尘池垮塌后，煤灰破坏了周围的民居、农场和道路，污染了埃默里河。科学家警告说这会造成对当地居民的持续性健康威胁。

无数的研究表明长期表现才能决定大部分公司的真正价值。多年来，最优秀的投资者，其中包括富于传奇色彩的沃伦·巴菲特，已经意识到了这点。但是目前大部分投资者（包括投资经理、公司管理者、养老金基金经理和受信托人、投资顾问、研究团体）的行事方式给人一种印象，那就是长期投资已经不再重要。

比较起来，这算是一个新现象。35年前，美国股票的平均持有时间将近7年。但是如今下降到了6个月，季度盈利目标成了研究分析者的强迫性关注对象。

如第十四章中提出的证据已经阐明的那样，我们对于短期决策具有强烈的偏爱。但是因为公司、金融市场最近开始采取的大部分决策方式人为增强了这种天生的弱点。很多公司财务专家相信75%乃至更多的公司的真正价值必须经过5~7年的时间才能建立起来，而过去平均持股时间也是这样长，这点并非巧合。假如大部分股票购买者在6个月内出售他们购买的股票，这就表明他们决策动机并非要挑选一家优秀公司来投资。严格来讲，席卷了金融市场的对短期收益的执着已经改变了投资行为，对于很多投资者来说，投资更像是投机或者赌博。

现在买卖股票决策背后的短期收益度量标准，对预期其他投资者对类似短期收益指标的反应有所帮助。理论上，这些决策依然受限于根据短期收益预言长期表现的能力。但是主宰市场的压力驱使投资者更加依赖短期持股和更高的换手率。这点，反过来对公司管理者施加了压力，特别是对公司的执行总裁和首席财务官而言。他们

法国西部的一位养蜂人正在照料蜜蜂。

必须调整自己的决策，时刻注意每隔 90 天，就要在每股收益的季度报告中提供一个尽可能好的结果。

市场渴望得到短期收益，对长期收益却视而不见。这种短期定位对全球经济的影响是显著的。假如公司放弃了能创造价值的投资，而注重短期收益，就会损害未来的经济活力。视野的狭隘也会阻碍创新和研发工作、降低人力资本投资、鼓励玩弄金融方面的奇技淫巧、妨碍领导。

我们如何扭转这种短期主义一统天下的局面呢？首先，投资界应该欢迎真正的长远思维。这意味着用长达 5 年左右或者持续一个商业周期的长期投资视野来管理投资。要做到这一点，投资管理者和分析师需要系统地考虑众多的因素，这些因素不一定会以货币化形式表现在目前的资产负债表上，这些因素当中就包括了可持续性问题。这种做法与只关注短期经济回报的做法截然相反。如亚伯拉罕·林肯在美国面临着最大的危险的时候所说的，“我们必须解放自己，然后才能拯救我们的国家。”

这意味着分析长远的经济、环境、社会挑战的股东价值（shareholder value，商务术语，指企业成功与否的最终标准是股东的投资价值是否有所增长，译者注）的含义。这种挑战包括未来的政治和调控风险，管理者和董事会因持久的公司长远价值而保持共同的目标，人力资源资本管理的质量，与统治结构相关的风险、环境、公司重组和合并兼并、品牌策略、企业伦理、股东关系等。这些经济外的问题会明确影响到公司增加股东价值的能力，能创造竞争优势、从长期来看会产生可持续性回报。

短期主义不是一个只存在于市场的问题。我的前半生都在从事政治。(现在我现在又出山了。)当我在 1976 年首次竞选公职的时候，我记得我做了个民意测验。当我在 2000 年离开政界的时候，当晚民意测验（overnight polling）已经成了常见做法。每一天都有。民意测验跟踪也一直在进行中。现在，政治家作出的政策决定会受到来自永不停息的民意测验和民意测验计算机数据分析的信息流影响。

长期以来，我们听到了关于首席执行官对季度报告作出反应的危险性。《麦肯锡季刊》报道说针对公司经理的调查发现“超过 80%的被调查管理人员反馈说他们削减了研发基金和市场营销的开支，来确保能够达到季度盈利目标”。这不是行为，这是可预见的行为。假如管理人员的评价标准只有是否能够达到季度盈利目标这一个，那么他们将作出相应的举动。假如他们不如此行事，那么总有愿意这么做的人来取代他们。这种事情屡屡发生，《麦肯锡季刊》补充说：“大部分参加调查的经理说他们会放弃一笔能够带来丰厚资本回报的投资，假如这让他们无法达到季度盈利预期的话。”

也有经理试图打破这个怪圈。但假如公司的重要投资者盯着短期回报不放，那么采取长远目标的经理就无法生存。

想要采取长远策略的投资者，不应该只把这当做在良心、关心地球和投资办公室的数据分析

我们生态系统的真正价值

1997 年，一支研究团队估计我们全球生态系统提供的关键“服务”的年收益为 44 万亿美元。这个总值只包括了可再生的服务，不包括不可再生的化石燃料和矿产。相比之下，2008 年美国的 GDP 为 14.3 万亿美元。

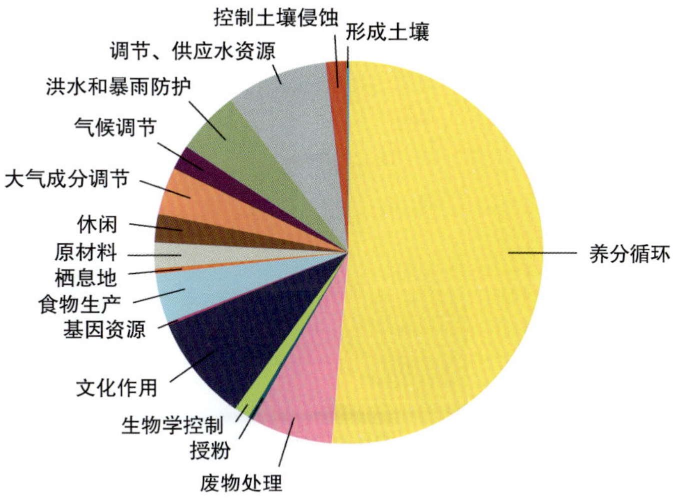

生态系统服务（全球流值）
44 万亿美元（2008 年的美元价值）

来源:Robert Costanza 等,《自然》, 5 月 15 日,1997 年

之间作出和解的一个挑战。真正需要的是挑战决策程序的结构。管理者的动机是什么？时间视域是什么？应该考虑哪种信息？

想想这个例子：6 年前，来自世界资源研究所和可持续资产管理的一份名为《改变驾驶员》的报告，分析了汽车制造业利润中的碳密度。他们然后分析此利润的碳密度并将其同对汽车公司价值的传统分析结合起来，给出了关于汽车行业股票长远价值可持续性的更为精确的预测。

燃烧石油和煤这样的碳基燃料的真实价格在一个完美的核算系统当中，应当包括常被习惯性忽视的额外成本。对气候危机放任自流的代价当然是无法估量的，一旦人们对这个事实有了足够的认识，将对我们的选择产生重大的影响。

关于煤，目前我们没有将“山顶采煤”这一常见做法造成的巨大破坏列入购买价。美国西部

石油价格简史

石油价格的波动性受到了复杂的政治问题、金融投机、波斯湾安全考虑和天气等因素影响，它是可持续性经济增长的一个障碍，而且代价高昂。2008 年石油价格快速增长导致石油价格达到了历史最高点，只有在大约 30 年前两伊战争期间的石油价格高点才可以与之相比。

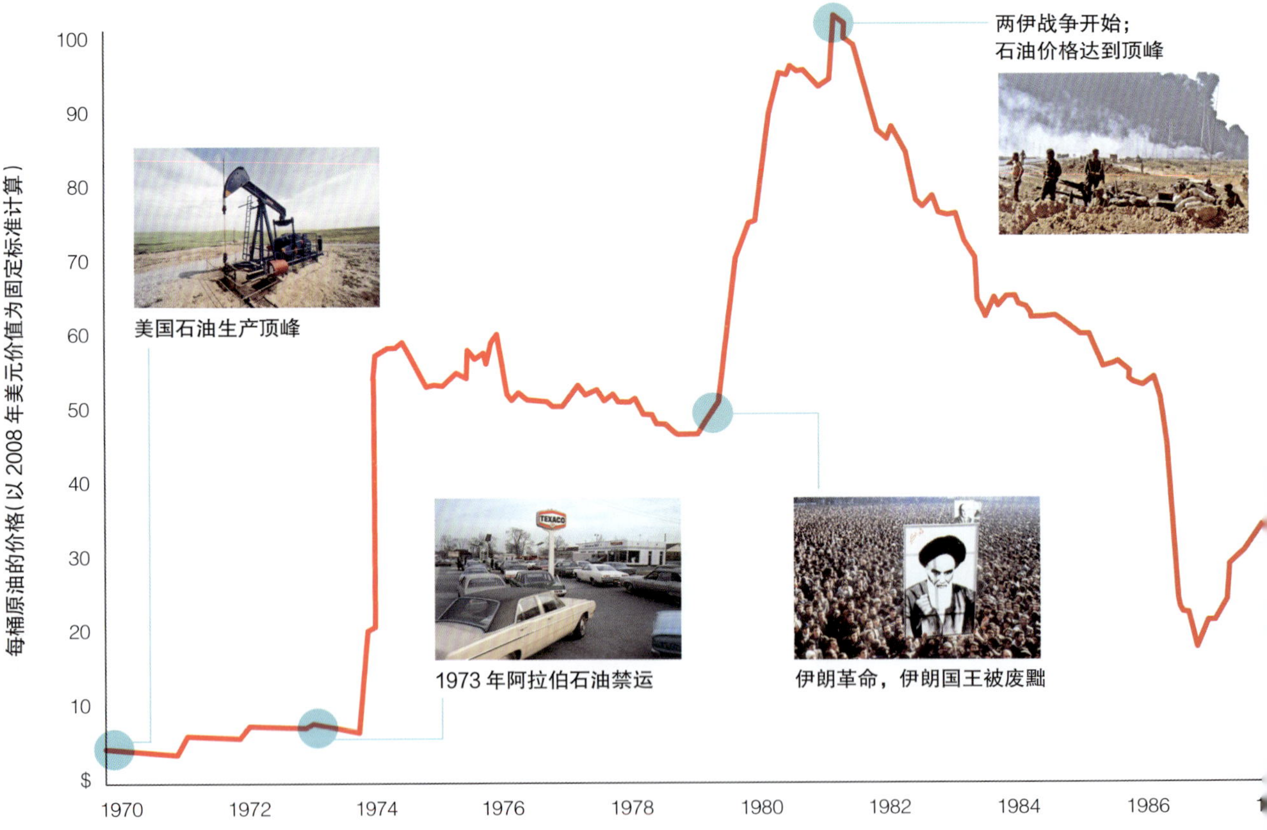

来源：美国能源部

的很多煤田，特别是西弗吉尼亚和肯塔基的煤田，常采用的是系统性地将整个山头削平的采煤法，有毒的废物被倾倒到山谷的溪流当中。这种可耻的做法已经毒害了很多饮用阿巴拉契亚山区水源的社区，对很多家庭的生活来说是一场浩劫。利用新的机械技术将整个山头移走的采煤法也使很多采煤矿工失去了工作。

煤被开采出来之后，因人类通常采用的烧煤的方式，烧煤是世界上最大的汞污染源。汞，是一种毒性强烈的神经毒素，会在鱼体内累积起来。过去常被当做优质蛋白安全来源的很多种鱼类，因为汞，再食用它们的话就面临着最大的健康风险。

此外，煤被燃烧之后，大量有毒的煤灰（美国每年出产量第二大的有毒废物）常被倾倒到粉尘池里。2008 年 11 月，超过 10 亿加仑的煤泥

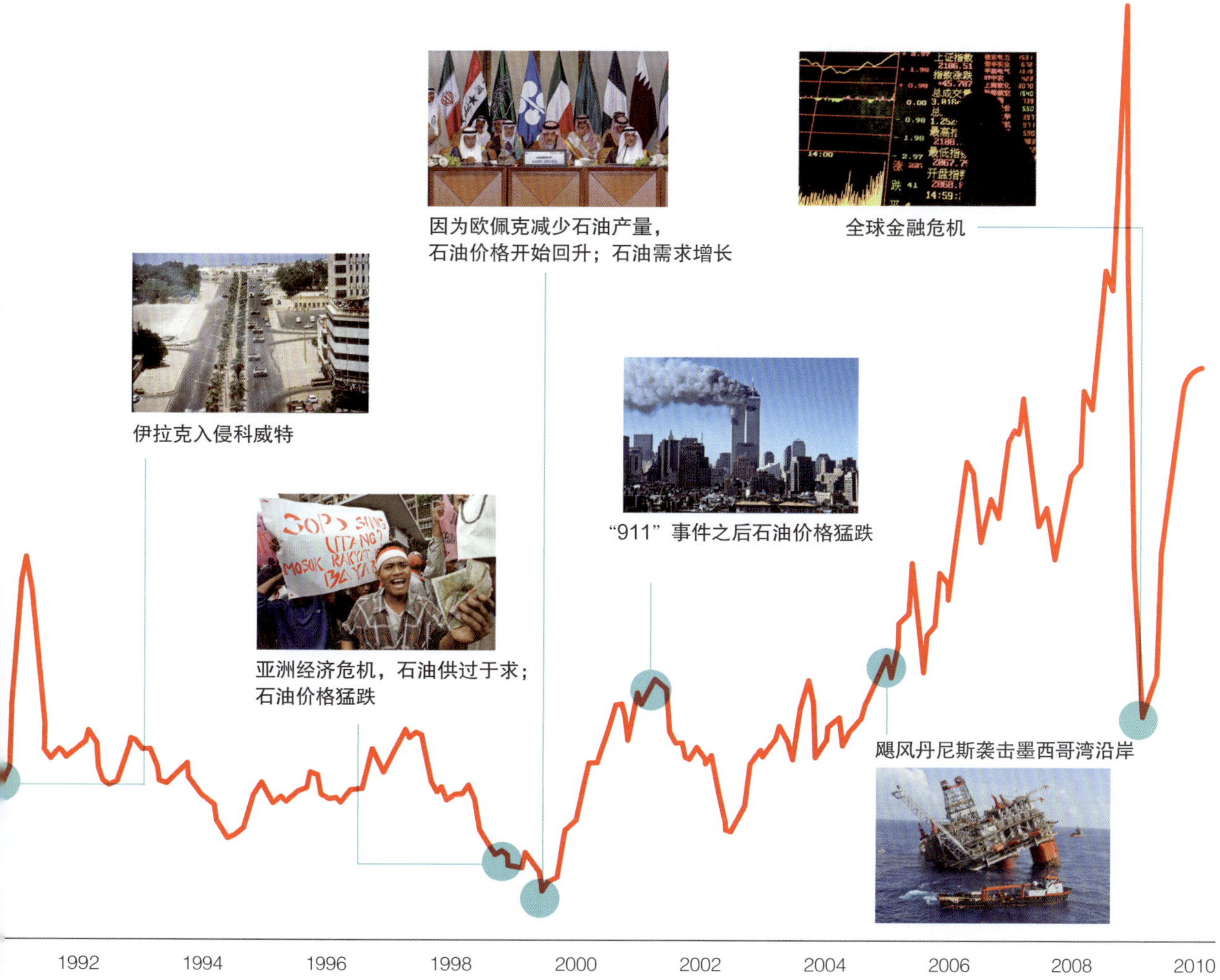

从我老家田纳西州的一座粉尘池里溃堤而出，迫使人们背井离乡，毁灭了附近哈里曼社区的农田。

具有讽刺性的是，在我们现有的国民收入核算体系当中，清理煤泥的成本还要作为收入列入GDP，而生活陷于困顿的家庭、遭到环境污染河流、遭到破坏的饮用水源——所有这些产生的成本还不从 GDP 当中被扣除。

我们当前的国民经济核算体系还忽视了健康的生态系统提供的重要服务的价值，我们把这种服务当做天经地义一样。山区冰雪层融化的可预测模式为成千上万的人提供了干净的饮用水，但是我们在这些冰雪层消失的时候，还将这种模式当做是理所当然会继续存在的。健康的土壤中养分会自我循环，这为现代农业提供了可能性，但是我们习以为常地忽略了这个功能，例子之一就是我们用滥用杀虫剂和石油基化肥，加速了土壤的破坏。健康的蜜蜂群为很多粮食作物授粉，更不用说为其他的花朵授粉了，但是环境恶化对蜜蜂的系统性影响没有被纳入考虑当中。《自然》杂志在 1997 年计算出来的全球生态系统各项服务加在一起的总价值达到了 44 万亿美元一年（以 2008 年美元的价值计算），看看这些服务的价值吧，没有一项是被包括在企业或者市场的会计核算当中的。

我们对石油和煤的依赖的另外一个成本也没有包括在我们习以为常的核算当中，这就是全球市场油价波动给全球经济带来的周期性破坏。石油价格的波动也带动了煤炭价格的涨跌，因为在产业链上总有足够的非主流燃料可以替代石油。

目前世界上大部分石油储备都不属于公司私有，而是被主权国家的政府所控制。最大的油田的所有人都同欧佩克（OPEC，石油输出国组织）一样，他们同时追求两个战略目标。他们当然希望石油价格最大化，因此他们的惯常做法就是削减石油生产配额来抬高价格，将其抬高到无以复加的地步，正如私营公司卡特尔（Cartel，为协调生产、价格和商品市场而组成的独立的商业组织联合体，译者注）的可能做法那样。但是他们还追求第二个目标，这在石油消费国还不是那么深入人心：他们非常清楚自己的战略利益同预防西方国家形成政治共识转向可持续性能源开发（如同本书提倡的那样）是结合在一起的。他们要防止西方国家投入必要资金以实现从石油、煤炭到可再生能源的历史性转变。

非欧佩克国家提供了足量的石油，这限制了欧佩克操纵石油价格暴涨猛跌的能力，这样卖方市场对世界石油价格并没有完全的控制力。欧佩克内部富有成员之间的矛盾，如沙特阿拉伯和现金短缺的伊朗之间的矛盾，束缚了欧佩克行动自由。但是当市场局势允许他们坐到驾驶席来控制一切时，欧佩克又拥有足够的力量，以美国和其他石油进口国为牺牲，来追求其两个孪生目标。自 1973 年石油禁运依赖，世界已经经历了几次石油价格冲击。这些价格冲击触发了几次行动（很快就被放弃了），这些行动以富有进取心的向可再生能源转变为策略，以追求能源自力更生为目标。

卡特总统执政期间，我们看到了转向可再生能源的开端，这个开端让人印象深刻。我们还看到了美国石油进口量的大幅下降。但是随着欧佩克推动石油价格下降，正如可预见的那样，用于可再生能源的投资就慢慢消失了。到了里根政府（于 1981 年 1 月接手政权），剩下的支持可再生能源开发的政府项目被系统性地一一终止，甚至

假如我们转而利用
可再生能源，
美国的军费开支
每年可以减少几千亿美元。

1991 年，一位美国士兵站在科威特正在燃烧的油井旁。

得克萨斯州加尔维斯顿湾的湿地边缘建设的大型新住宅。

到了象征性地拆除白宫顶部铺设的太阳能板的地步——这些太阳能板早已付过钱了。

2008 年，我们看到这个周而复始的循环又开始了。2008 上半年石油价格突然上升推动了美国有史以来最大的可再生能源投资热潮。但是当下半年油价下降的时候，这些投资又逐渐不见了。

基于前面讨论过的理由，在碳价缺位的前提下，依赖市场信号来产生最优化的决策是错误的。不仅如此，依赖来自被某些主权国家（他们有长期的战略眼光，而我们依然受制于反复无常的短期利益）操纵的、具有部分虚假性的市场信号，这完全是自欺欺人。

严重依赖碳基燃料还有其他的成本，在我们决策时，这些成本没有被列入市场估值。假如我们转而利用可再生能源，美国用来保护波斯湾以防止石油价格冲击的军费开支和维持中东石油生产的军费开支加在一起，每年就可以减少数千亿美元。2008 年的一个学术研究估计每年削减军费的额度可达 270 亿 ~730 亿美元，其中 60 亿 ~250 亿美元（或者高达每加仑汽油 15 美分）可用于满足美国轿车和卡车的需求。

能源市场运行的另外一个众所周知的缺陷就

是经济学家所谓的“委托－代理问题（principal- agent problem）”。这个短语实际上没有听起来那么复杂。它定义的是（影响一群决策者选择的）市场动机和（受到这些选择影响的人所面对的）经济现实之间的冲突。

例如，住宅和商业大楼的建筑商和开发商受到短期利益竞争的驱动，致力于降低这些建筑的初始购买价或者出租价，即使这意味着在安装厚绝缘层、高效窗户、高效照明系统、可以大幅减少能耗、有利于购房者和租房客的特色设计方面偷工减料也在所不惜。假如建筑商能够在成本考虑中加入能效技术的每年的运行成本，他们的决策将更符合那些最终支付每年运行成本的人的利益。但是，正如事实那样，建筑商、业主、租客之间的结构性分歧导致了目的不尽一致乃至相反的动机。

部分由于委托－代理问题，大部分建筑的能效都很低。事实上，美国的建筑物排放的二氧化碳占到了美国二氧化碳排放量的 40%。假如解决委托－代理问题的创造性方案能够被用于补救市场中建筑和能效技术存在的此类问题的话，第十二章提出的措施将更容易执行。在低油价时代，能源价格占生产总成本的比重比现在小很多。所以节能措施的优先程度要低一些。每个人现在都知道高油价时代指日可待了，但是对能源未来的战略性眼光并没有反映在当前的市场信号里。所以，政府必须采取行动来执行能源战略，避免经济、环境的大灾难。

涉及面最广、最严重的委托－代理问题存在于我们这代人和我们世世代代的后人之间，我们的后人将生活在我们决策带来的后果之中。驱使我们作出以短期利润最大化为目的、基于有限信息量的短期决策的动机，在我们有生之年就可能造成毁灭性的破坏。对我们后人的未来生活造成的破坏甚至会更大。我们在剩下的不多几年里，必须作出决策，这些决策不仅要考虑到对我们这代人会产生的效果，还要考虑到对后来人的深刻影响。在某种意义上，我们现在就是我们子孙辈的代理人，这意味着我们要在对我们貌似有利的事物和对他们确实有利的事物之间架起一座桥梁。

基于所有这些理由，解决气候危机的有效方案中必须包括积极补救我们的错误：对虚假的碳基能源市场信号（这些信号既有其结构性缺陷，同时还被一些主权国家有意操纵，试图控制我们能源的未来）的错误依赖。

要纠正市场信号缺陷，我们有三个选择：

- **对二氧化碳征税，将煤和石油的真实环境成本内在化于其价格之中。**
- **总量控制与交易制度（cap and trade system，即排放权交易制度，译者注），能间接得到同样效果，具体做法就是限制二氧化碳总排放量并通过基于市场的交易系统来分配二氧化碳排放权。**
- **立法（如《空气清洁法案》）直接调控二氧化碳排放。**

我一直提倡第一种选择（碳税的成本会因为其他税负的减少而被抵消），这是最简而易行、效率最高的方法，能够将市场变成拯救地球生态系统的同盟。可是，市场原教旨主义势力危害之一就是在国会中成功地为任何一项新税收设置巨大的障碍，即使是可以被其他领域的减税抵消的税收也是这个待遇。得到用煤的公用事业撑腰的煤炭和石油公司，用公司基金来提供大笔政治捐款、大量游说资金、咄咄逼人的公共广告（opinion advertising）来巩固反对征税的当选官员的地位，以此保护对他们的利益不受想象中的伤害。

碳税不会谋取额外收益，当这种优越性得到更广泛的理解时，当人们认识到了气候危机放任自流的无法想象的后果，这种认识开始在我们的对错观中益发重要时，有可能此种态度便会随着时间而改变。

在最近几年里，过去反对碳税的人开始转而支持。例如，曾经参与制定了里根总统减税计划的保守派共和党人阿瑟·拉斐，和南卡罗莱纳州的共和党人鲍勃·英格里斯一起，为《纽约时报》专栏撰文，支持我的碳税建议。

但是为了可预见的未来，假定美国的政治体制无力采取这样大胆、富有争议的决策，是谨慎的表现。这种情形会有所变化，但我还清晰地记得，1993 年我建议克林顿总统和他的经济团队将碳税方案——那个时候叫 BTU（英国热量单位）税——纳入我们的经济计划。我们竭力劝说众议院采纳这个建议，但参议院驳回了此建议，并将其效果淡化到了不伤害任何人的地步。

面对碳税不可能获得足够支持的局面，最深思熟虑的碳税倡导者会全力支持第二个方案，即废气总量控制和交易体制。实际上，两党在国会提出的所有法案都将总量控制和交易体制作为他们倾向选择的机制，以此来将碳基燃料的隐藏成

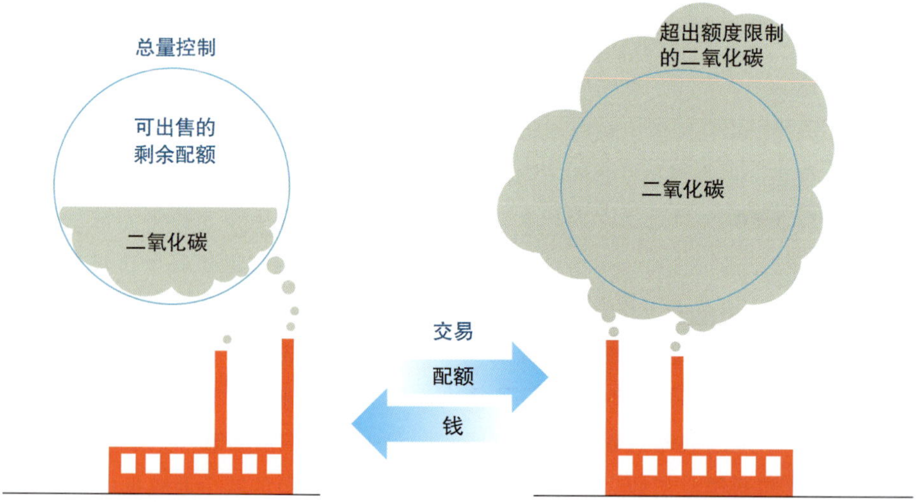

总量控制与交易制度的原理

在总量控制与交易制度体系内，针对污染行业，例如发电厂，法律规定了允许的最大废气排放量，此即总量控制(cap)。对于污染企业在总量控制下排放的每一吨二氧化碳，都给予一个配额。配额可以购买、出售或者留作未来之用，任何成功地将二氧化碳排放量减至批准的额度以下的企业都可以将它们节约的配额拍卖给那些污染超标的企业。这种内置的二氧化碳减排的经济激励措施鼓励服从和创新，使市场减少污染的效率得到了最大化。

来源：Patterson Clark，《华盛顿邮报》，2009 年 2 月 26 日

总量控制与交易制度如何有助于减少酸雨

整个 20 世纪 80 年代，发电厂排放的二氧化硫造成的酸雨对美国和加拿大的水域、土壤和森林造成破坏。对每个观察者来说，其因果关系是明显的，但是如何处理该问题却是不甚明了。现在，总量控制与交易制度作为控制硫排放的解决方案，对于我们解决更为棘手的全球气候变化问题具有启示意义。

1988 年，民主党和共和党立法者携手制定基于市场的新方案来解决该问题。很清楚，要减少酸雨，二氧化硫的排放量就必须减少 10000000 吨，这是 80 年代排放水平的一半。那时候有两个方案可采用。燃煤发电厂和用煤企业可以转而使用来自西部州的低硫煤。或者他们可以安装二氧化硫尾气清洁器，在尾气离开烟囱之前就将二氧化硫过滤掉，这个方案行业估算每年要耗费 60 亿美元。

作为《空气清洁法案》的 1990 年修正案的一个部分，酸雨控制计划获得了批准，但是它并没有执行严格的管理条例，只是规定了二氧化硫排放的总量控制，允许用煤的企业自主决定如何达标。这个方案内含鼓励企业尽量减少二氧化硫排放的激励机制：对于污染企业在排放定量以内减少的每一吨二氧化硫，美国环境保护署给予其一个配额，可以拿出来交易或者存起来留作日后之用。

在该法案获得通过之前，国会成员商谈了 100 多个小时，最终国会以 401 票对 25 票，参议院以 89 票对 10 票通过了该法案。总统乔治·H·W·布什将污染气体排放交易制度作为他在市场环保主义领域的取得的成就，他说："我们应该设立严格的标准，允许人们自由决定如何达到这些标准，让市场的力量来帮助我们最有效地分配这些成本。"证据表明事情就是这样的。在该方案的第一阶段，受调控的企业比规定的排放限量还减少了 40%。到了 2004 年，二氧化硫的排放量已经减少了 7000000 吨，算来 80 年代二氧化硫的排放水平被砍掉了 40%。美国能源部估计减少二氧化硫排放耗费的成本只占公用事业运用总开支 1510 亿美元的 0.6%。麻省理工学院的一项研究称这个计划"比起任何在《空气清洁法案》漫长历史里发起的调控计划来，更成功地减少了有害气体排放量"。

酸雨的平均频率

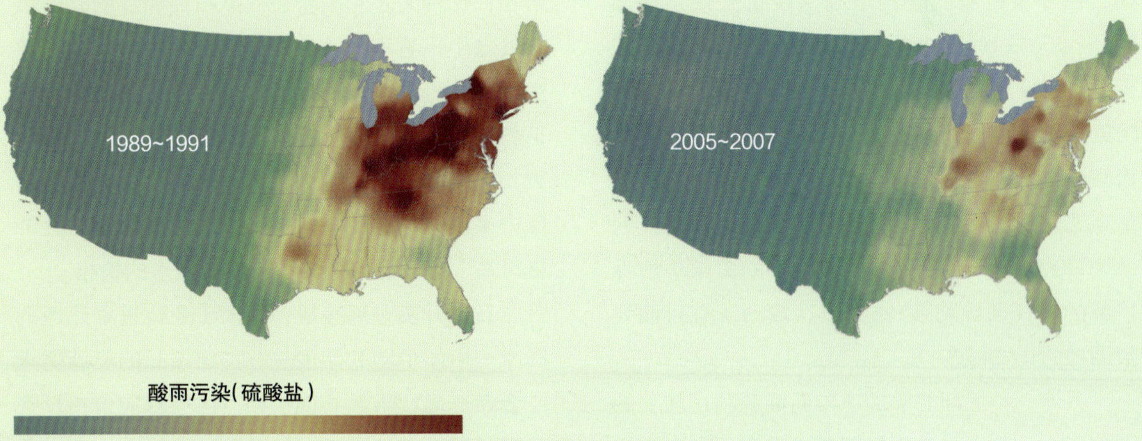

以调控二氧化硫排放量和氮氧化物排放量为目标的酸雨总量控制与交易计划实行 10 年后，美国东部的酸雨频率已经下降了 10%~25%。

真正的解决方案应该包括碳税和总量控制与交易体制两者。我相信这最终将成为我们的抉择。

本包括在市场成本会计中。奥巴马总统的二氧化碳减排战略中的核心就是总量控制和交易体制，这也是2009年末举行的哥本哈根全球气候谈判的核心。

在我看来，真正的解决方案应该包括碳税和总量控制与交易体制两者。我相信这最终将成为我们的抉择。有几个国家，大部分是欧洲国家，早已实施这两个方案。瑞典，常被认为是在二氧化碳减排方面拥有最前瞻性战略的国家，已经实行这两个方案。最近，在初期努力获得了全面成功后，瑞典提高了碳税。

第三个用来纠正碳基燃料市场信号失灵的选择就是政府调控二氧化碳排放。与碳税和/或总量控制及交易体制相呼应，直接调控二氧化碳排放是一种十分有效的方法。再者，在2007年早期，保守派控制的美国最高法院正式规定按照《空气清洁法案》要求美国环境保护署有责任正式考虑是否要将二氧化碳作为一种法律规定的空气污染物质来加以调控。因为二氧化碳明显是我们面临的最危险的空气污染形式，大部分人都认为最高法院的决议之后调控将肯定会随之而来。到了2009年初，奥巴马总统领导下的美国环境保护署的新任领导莉莎·杰克逊，启动了有可能导致调控的正式程序。

另外一种保证能够加速向新能源利用转变的调控形式，是用立法来强制要求发电厂和电力销售公司必须保证他们的电力有很大一部分来自可再生资源，并且这个比重必须逐渐提高。这种方法早已在加州和其他几个州得到了实行，并且已经带来了风力和太阳能发电厂的投资热潮。离开了立法的强制规定，这些发电厂就不可能建起来。假如这种方法能够进入联邦立法，那么看起来有可能这波可再生能源投资浪潮会迅速增长。其他国家，包括中国和欧盟成员国，已经采取了这种做法。外国的几个地区政府和省政府也有类似的举动。

然而，调控有其局限性。石油价格过山车一样的涨跌必须通过更直接、准确的市场信号来调节，这样才能最终解决气候危机。

目前，能源市场没有能够在其运作过程中将增强可再生能源作为碳基燃料替代品吸引力的两个重要因素整合在一起。第十二章中讲到，人的天才和创新才是持续降低可再生能源价格的前景所在；这种天才和创新在提高石油和煤的有限供应量当中是看不到的。下定决心将大规模的能源生产转向可再生资源，能够确保促使新能源价格下行的研发基金有大幅的增长。我们的决心越大，我们能够保证的产量就越大。这样就能够确保未来的新能源成本会下降，因为规模效益会降低风车、太阳能电池板等新能源技术的价格。

石油开发进展缓慢，这同工业化进程迅速的国家——如中国和印度——持续增长的能源需求结合在一起，导致石油价格（连同煤炭价格）在今后长期内继续走高，尽管石油价格在短期内会有波动。相形之下，可再生能源的价格将肯定会大幅迅速降低。

英国萨顿市的贝丁顿零能耗发展项目（Beddington Zero Energy Development）中，所有的供电和取暖都来自于太阳能电池板、被动式太阳能、利用木材－废料的废能发电系统。

假如我们真的关心我们能源和环境的未来，我们必须作出一个明确选择，这个选择是显而易见的。但是我们不能依赖市场信号来替我们作选择。

资本主义市场和资本主义正在关键的路口。短期主义在金融系统内的独霸地位将扼杀创新、破坏经济、对养老金体系造成进一步损害，最终还将降低我们的生活水平。在代表了可投资资产总值主体的长期投资领域，必须有一种长期思维。公司的管理层和研究团体也必须放远目光。我们的生计，更重要的是我们子子孙孙的生计，都取决于这一点。

金融危机加强了我的观点：可持续发展将成为今后 25 年内经济、工业变革的主要驱动力。我们必须找到新的方法来利用资本主义的力量来面对现实，更重要的是，解决气候危机。目前，地球面对的可持续性挑战是不同寻常的，是完全史无前例的。企业和资本市场是应对这些问题的最佳人选，只要政府政策能够提供正确的信号。我们对企业的期望值明显更高了，而且公司责任的界限出现碰撞冲突的话，后果也将更严重。我们需要回到最初的原则。我们需要更长期的、更负责的资本主义形式。我们必须发展可持续资本主义。

我们必须逾越的障碍

THE OBSTACLES WE NEED TO OVERCOME

第十六章

政治障碍

2008 年 1 月，在授予后者阿卜杜尔·阿齐兹国王功绩勋章后，沙特国王阿卜杜尔拥抱美国总统乔治·W·布什。

我们面临着政治的障碍，阻挠我们直面气候危机对人类文明的致命威胁，我们迫切需要找到方案，来扫除这些障碍。美国或者其他国家，只有在政治的框架中才能作出艰难的决策，而这些决策，又是解决气候危机的方案所不可或缺的。除此别无他途。为什么我们当前的政治体制让我们失望呢？为了达到我们的目标，理解其中的原由委实关键；在这之后，我们才能将前车之鉴用作政治改革的后事之师，选举政府官员来执行挽救人类的政策。

约翰·肯尼斯·盖尔布莱斯曾经说了句很机智风趣的话，“政治不是可能性的艺术；政治是在灾难和不快之间选择的艺术。”在气候危机这个问题上，我们的选择蒙上了一层疑云，身为二氧化碳污染源的很多公司通过大规模的政治活动来惑乱人心。

首先，投票人没有彻底、清晰地意识到我们面临危机的严重性。部分原因在于气候危机的全球性，让人对其在造成特定灾难方面的作用麻痹大意。假如这些特定灾难同全球变暖之间的联系得到确定，那么就会激起投票者要求行动的热忱。即使是卡特里娜飓风（这正是科学家很早以前就警告过会作为全球变暖的结果而更加频繁出现的 5 级台风），也并没有促使路易斯安那州的政客改变他们对全球变暖问题的立场。

第二，解决气候危机所需要的措施看来令人不快，因为排放二氧化碳的行为作为基于煤炭和石油的经济活动必然部分已经存在了 150 多年。世界经济活动去碳化的政策的广度和规模代表了一种政治程序（即使这个程序能创造几百万个不错的工作岗位）所面对的独特的、史无前例的挑战。换言之，这种变革要求的不仅仅是那种常见于我们政治活动中的日渐增多的纠错性质的过程。

第三，在美国和其他工业化国家，其他两种背景性因素促使对大规模变革的政治反对意见更加强烈。最近几十年里世界经济日渐增加的全球化以及先进制造技术更容易跨越国界传播的事实，导致工业岗位从发达国家转移到了低收入国家。这种趋势使人越发担忧假如不要求其他国家分担变革的责任，一国影响产业的新措施有可能会导致更多的失业。

在这点上，全球政治挑战中最棘手的问题就是处理好工业国家对失业的担心，同时还要对欠发达国家的观点作出回应。后者认为首先他们没有造成气候危机，因为他们国家的人均收入只是发达国家人均收入的微小部分，所以很简单，不能指望他们来承担同样的责任。

贫富两方之间的意见之争因为全球经济衰退而变得更尖锐，当积极的全球变暖应对策略刚刚实行的时候，这个问题就给了全球经济一拳。但幸运的是，即使有很多人预期经济下行会延误反对气候危机的行动，数以百万计的新工作机会实际上同时在应对气候危机和经济危机两个方面都带来了进展。然而，为了通过反对全球变暖的立法、制定旨在减少温室气体污染的条约而付出的努力，已经演变成了一场持续了 20 年的、史诗

2001 年，美国学生集会抗议在德国波恩举行的气候峰会。

般的政治战役。在这个过程中，自然世界的变化也戏剧性地加快了节奏。

受到气候危机解决方案动议影响的强势行业已经动用了所有政治资源来反对变革。例如，2009 年，一家为煤炭公司和燃煤公用事业游说的公司伪造了反对气候立法的信件，将其递交给国会成员，试图造成一种假象：是市民和非营利团体写了这些信。特别依赖煤的地区反对任何他们害怕会对他们造成特别严重影响的措施。增强政府管理、执行必要措施角色的意识形态反对者也组织反对政策改革动议。

在美国，表面上全球变暖不属于那种党派之争问题，共和党联合在政府中有影响力的反对派，在选举中轮番施压，把石油和煤炭公司当做自己的联合同盟。因此，共和党的当选官员，除了个别异见者，都反对针对全球变暖采取任何有意义的行动。太多的民主党人也反对此类行动，特别是在对煤有严重依赖的地方。

共和党的官员不成比例一边倒的反对意见常给人造成一种错觉，好像这个问题是一个党派之争。因为两党中的很多党员都倾向于追随他们心目中的领袖，所以美国的党派对立愈加明显。到了 2008 年，当拥有大学学位的美国人在调查问卷中被问及人类活动是否要对全球变暖负责时，75%的民主党人赞成，而只有 19%的共和党人表示同意。

因为特殊利益而造成的斗争在政治中扮演重要角色，这是当然的事情，传统上，最大的政治捐款人都有其同石油和煤炭相关的特殊利益。再者，这些利益因素的外在影响已经因为电视广告依然上升的主导性而更深入人心，其代价就是理性的讨论。实际上，从印刷出版物到电视的历史性转变已经激进地改变了政治中力量的平衡，在美国尤其如此。政客更重视募集足够资金购买昂贵的电视广告，因为电视广告现在决定了大部分选举的结果。

这点在气候政治当中表现得最清楚。石油、煤炭公司和燃煤的公用事业是 2008 年选举中最大的政治捐款人，也是选战中最大的电视广告客户。在奥巴马总统就职的前 3 个月里，利益集团和公司就花费了 2 亿美元来影响美国的能源政策，反对扭转全球变暖的行动。

“现在就开采”和“开采吧宝贝开采吧”是 2008 年共和党全国大会的流行口号。

由于美国人平均每天都要看 5 个小时的电视（算起来，平均一生中看电视的时间高达 17 年，让人难以置信），他们都受到设计巧妙的广告的轰炸，密集度也是史无前例的。在第十四章中，曾经讲到广告部分导致了过度消费的狂欢，同时广告还公然不断地扭曲代议制的政治程序。

美国开国者设想的政治模式预设基于最理想证据的理性论辩，能够在我们国家的政治决策过程中扮演核心角色。然而现在投票者对关于特殊利益这样很重要的议题的观点主要都受费用不菲的广告战主导，这些广告战的用意就是要制造“被统治阶层的认可”，仿佛这和流水线制造产品没有什么两样。

此外，这些公司和他们的盟友派出史无前例的庞大游说团，这些拿报酬的说客充斥了美国国

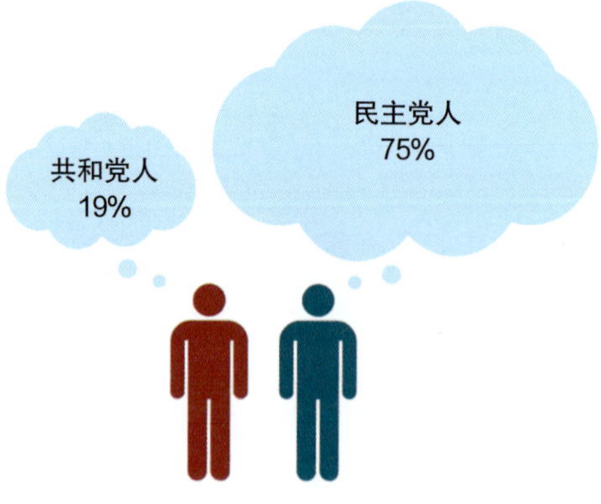

谁相信人类正在使全球变暖？

2008 年，75%受过大学教育的美国民主党人相信人类活动要对全球变暖负责，而只有 19%受过大学教育的共和党人对此表示同意。

来源：皮尤（Pew）人群和媒体研究中心，“全球变暖的深层党派对立”

散布气候怀疑论的媒体

否定并且取笑全球变暖科学性是以吸引右翼投票者为己任的新闻节目的常见特色。有些媒体这么做是因为政治偏见，有的是出于要保持不同观点之间“平衡”假象的媒体行业压力所迫。最畅所欲言的怀疑论者中有（按从左上开始的顺时针顺序）：拉西·林波（Rush Limbaugh），詹姆士·英何菲（James Inhofe），帕特·布坎南（Pat Buchanan），格伦·贝克（Glenn Beck），约翰·斯托塞尔（John Stossel），娄·多布斯（Lou Dobbs），赛恩·罕尼铁（Sean Hannity）。

会山，单是 2008 年，用于气候游说方面的资金就高达 90000000 美元。根据来自公共良心调查中心的报告，针对参众两院的每一位议员，就有超过四名气候问题说客。自从几年前最新的气候法案被递呈到国会面前以来，这个比例上升了 300%。反对气候法案的说客人数大大超过了气候法案的支持者人数，这个人数比居然超过了 8∶1！

更祸患无穷的是我们民主制度的正义性受到了一种老谋深算、计划周密、资金充裕、以积极误导公众为目标的新政治伎俩的毒害，这种政治伎俩极力扭曲关于气候危机本质和严重性的科学论断。

这种以故意歪曲科学事实来欺骗公众的新伎俩并不鲜见，实际上几十年前烟草公司这么做过。他们系统性地故意扰乱抽烟同肺癌、肺气肿、心脏病和其他致命健康威胁之间关联的医学共识。来自那段时期的一家烟草的备忘录（最近在一桩官司中被披露出来）为他们的制造话题的新策略制定了大纲：“我们要制造怀疑，因为它是同大众心目中的‘事实’作斗争的最佳武器。这也是制造争议的手段。”

1994 年烟草公司的经理人员向国会就尼古丁的非上瘾性作证。

现在这种不道德的手法已经登峰造顶，炉火纯青。二氧化碳的主要制造者极力推波助澜，不仅使用了烟草商曾经玩弄过的同样手法，而且还雇佣了曾为烟草商效力的谙于此道的老手来有组织地散布怀疑和困惑，以此扰乱关于全球变暖威胁的科学共识。

在 20 世纪 80 年代晚期，全球变暖的科学共识达到顶峰，开始吸引投票者的注意力。几家大型石油公司、汽车公司、煤炭公司和用煤的公用事业联手发动了意在抹黑科学证据的宣传之战。这些公司利用复杂的心理学和营销学研究，开始一心一意追求他们的目标，一开始的战略（一份由以揭露事实为己任的记者罗斯·盖尔伯斯潘曝光的备忘录）中就已经表明了这个目的：“将全球变暖重新定义为理论而非事实。”

就在 1992 年里约热内卢举行地球峰会之前，这场由二氧化碳最大的制造者发动的欺骗之战就开始了，然后逐渐演变成世界上最大的谎言。虽然支持这个谎言的一些最大的公司后来迫于公众压力退出了这场欺骗之战，但是这个谎言还在充分发挥其威力。的的确确，这个谎言正在为恶：没有哪一天电台右翼评论员和有线电视脱口秀不

“将全球变暖重新定义为理论而非事实。”

——化石燃料行业内部备忘录

2008 年石油公司管理人员向参议院作证，石油是由市场定价的。

在大肆贩卖否定论者的伪科学。

在这场宣传之战，完整的假消息网络是最能惑乱人心的因素。二氧化碳主要污染者建立并资助成打的枪手（front group，表面代表大众利益，其实接受利益团体资助的代言人机构，译者注）组织。他们资助名气不响亮、没什么资历的“科学家”来炮制成千上万假冒伪劣的研究、信件、书籍、小册子、录像，其目的万变不离其宗，就是要制造虚假的怀疑，来全面扰乱正在成型的科学共识。另外一份内部备忘录说他们的主要目的之一就是要“形成一种讯息或者策略，在全国范围内来影响公共舆论”。这场人为制造的战役从不愿意承认全球气候变化可怕事实和重大威胁的市民那里找到了很多知音。

当然，有些气候危机的反对者并不信服二氧化碳污染公司的那套。但是，实际上他们的观点无法在受监督的、有同行审阅的杂志上发表，除非气候危机否定论者的假消息网络愿意为他们提供扩声器和回声室，否则他们的论点往往会被忽视。

根据一项新闻调查，这些公司中最有钱、最大的埃克森美孚为将近 40 家枪手组织提供此类资金，资助他们扭曲公众对全球变暖科学的认识。该现象的案例之一，就在 2007 年 1 月份政府间气候变化委员会第四次见解完全一致的“评估”出炉之前（该评估加强了全球必须大量减少温室气体污染这个科学共识），有一家受埃克森美孚赞助的枪手组织为每一家反驳此科学界共识的报纸提供 10000 美元。

另外一个常被用来质疑受人尊敬的科学家诚实性的策略就是宣传科学家是出于自己的经济利益凭空捏造了气候危机一说，目的就是为了获取更多的研究资助。这个指控从两个方面来看都是荒谬的：其一，应该受到指责的是那些气候危机论的反对者，而这些科学家不过是忠实地反映合法的研究结果；其次，假如一位合法的主流科学家能够批驳人为的全球危机言论以取悦于科学界的话，那么他有可能会成为本世纪最有名、最有钱的科学家。

否认全球变暖的人的论点既具有欺骗性，又荒谬。这整个假消息运动对民主决策的本质是一种赤裸的挑战，连蔑视都不够格，最好的办法就是忽略它。但是因为激励了科学家的证据对于公众而言还很陌生，所以专业的气候危机怀疑论者对围绕这个话题的政治还是具有一种不同寻常的影响力的。

至于他们破坏性影响力源自何方，可以通过这个假消息网络的最初发源而得到清晰的认识。他们的顾问之一用下面这些话来描述他们策略的基本原理：“一旦公众开始相信这些科学问题已经有了定论，他们对全球变暖的看法就会有相应的改变。因此，你需要在辩论中让人觉得该议题的科学确定性并不存在是一个重要的问题。”

他们提出的似是而非、冷嘲热讽的观点可以根据这些反驳意见的提出阶段来组织分类。首先，他们的主要观点是全球变暖不是真实的，是不存在的。他们取笑科学共识，将任何能够用来破坏科学共识的零碎都视如珍宝。当他们的观点遭到鞭辟入里的辩驳时，他们就拒绝承认事实而抱着自己的论断不放。

挑一个例子来看看：那些否定论者热情地拿出了一系列的地球气温卫星测量图，他们宣称地球其实在变冷。但是细察之下这个报告作者的数学计算存在误差，并没有考虑到轨道中的卫星在

“一旦公众开始相信这些科学问题已经有了定论，他们对全球变暖的看法就会有相应的改变。”

——政治顾问执笔的布什政府白宫备忘录

老化，温度的读数受到了很大的影响。这些误差完全否定了否定论者所极力鼓吹的那个结果，重新计算的结果最终证实了科学界有共识的发现。最终，其中的一位作者被迫承认了这个错误，并公开收回了自己的观点。但是，他看起来好像一点都不尴尬，回去后还是在公开场合重复同样的论调。

经过几年破纪录的全球升温和全球冰川的快速消融，他们已经难以说服大众地球没有变暖，所以这些反对论者又转向第二个观点。他们说，虽然全球变暖有可能会发生，但是这纯粹是个自然现象，与我们每天排入大气的90000000吨温室气体没有关系。

随着人类污染作为全球变暖的主要原因这点被广为理解并接受，这些否定论者又转向第三个论点：人类也许是一个因素，但是全球变暖最主要还是一个自然趋势。他们这样的论点没有一个能够被受到审核、有同行审阅的科学杂志所接受，而且其中的一些论断是如此极端可笑。例如，有一个否定论者说在14年前对冥王星的两次观测提供了证据表明冥王星在变暖。他们的论点就是加入冥王星在和地球同时变暖，就暗含太阳辐射的变化是造成整个太阳系变暖的共同原因。那么我们就不能在人为的温室气体污染与地球升温之间扯上任何关系。但是因为冥王星要经过248个地球年才能沿着其偏离的轨道，经过太阳系最远的线路公转一圈（它和太阳之间的距离在27亿~46亿英里），很难想象有哪个傻瓜会上当，这个论点太可笑了。

最终加利福尼亚圣地亚哥大学的纳奥米·奥瑞斯克斯博士领导一支研究团队对10年内发表的、经过同行审阅的、关于全球变暖的科学论文做了10%的抽样统计。她发现基于随机抽样928份论文中没有一份不同意全球变暖的这个科学共识。正如他们惯常喜欢做的那样，一些气候危机的否定论者就对奥瑞斯克斯博士研究的结果提出质疑，有一个人宣称其实有34份论文反对或者怀疑这个共识性观点。即使这个说法是对的，也意味着只有4%的全球性研究不同意这个共识。然而，再仔细分析这个否定论者的观点，他就被迫承认只有一份他所引用的“研究”是与这个共识不一致的。而那份研究，并非一份研究，而只是一份意见条，是两个石油企业的职工发表在《美国石油地质学家组织论坛》的文章，其中一个供职于埃克森美孚。他们的文章的结论是：“目前并没有人类对全球气候影响的可辨别的证据。”

这位否定论者的下一个观点称即使人类对全球变暖有重要影响，那么，这也没有什么关系，因为全球变暖很可能对我们有利。这种论断，同其他的论断一样，违背了来自政府间气候变化委员会的一致观点。但这正是他们唯一的目的：播下怀疑的种子。

这个主题还有一个更常见的变种，那就是就算全球变暖不是一个好兆头，那它也不是多么严

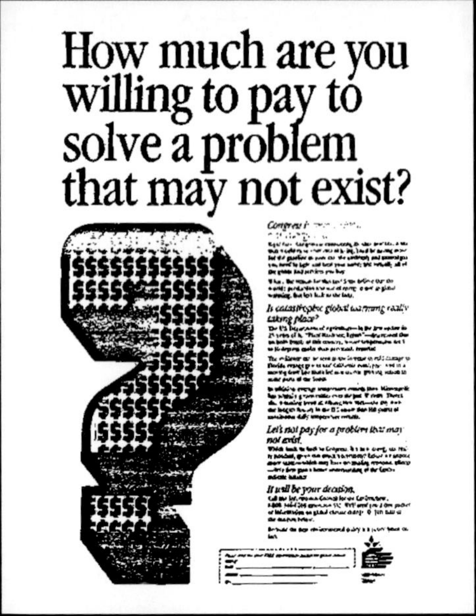

你愿意花多少钱来解决一个不存在的问题？

谁告诉你地球在变暖啊，小鸡？

有人说地球在变暖，还有人说地球是平面的呢

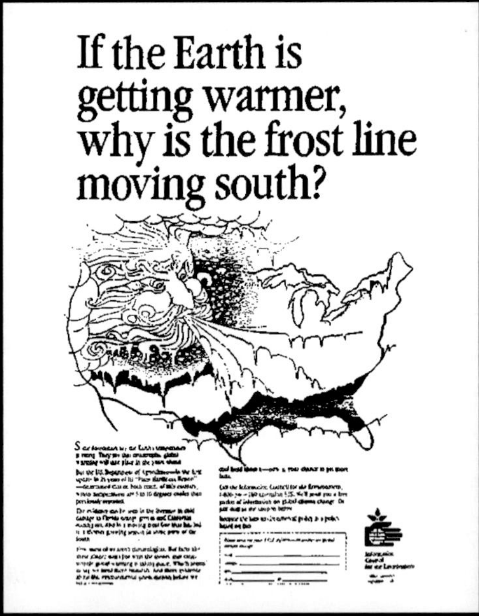

假如地球在变暖，那么为什么霜冻线在往南移呢？

1992 年环境信息委员会（ICE），由石油燃料行业组建的一个团体，炮制了这些广告来散布全球变暖怀疑论。这个组织得到了煤炭和电力工业的资助。

> 他们的所作所为就是想要作出科学的理解，并将科学的理解置于同政治一样的高度。
>
> ——迈克尔·奥本海默

重的事情；我们只需要作出一些细微的调整就能适应更炎热的天气。当然这也是一种似是而非的说法，但是这种说法不是要说服别人，而只是要造成舆论混乱，以此来使政治程序在艰难的抉择面前陷于瘫痪。

全球变暖的否定论者鼓吹另外一个平行的观点，说任何意在解决气候危机的努力要比气候危机本身更糟糕。这是一种更为传统的方法，不想为减少排放付出代价的污染公司常采用的方法。但是很多的经济分析（其中包括由英国的尼古拉斯·斯特恩爵士所作的两份证据确凿的研究报告）表明，同允许污染的毁灭性经济代价相比，清除污染的成本实际上很小。

这些否定论者的最后救命稻草就是这个说法：假如全球变暖是真实的，假如全球变暖主要是由人为的污染造成的，假如全球变暖对人类是有害的，那么现在要处理这个问题已经为时已晚。这个最终的论点和其他论点有相似之处，它的结论就是正确的行动路线无法阻止向大气排放温室气体。当然这就是这场谎言之战的理性目的所在，也是二氧化碳主要排放者花这么多钱的理性目的所在。

二氧化碳排放企业的宣传之战已经取得了成功，因为新闻媒体放弃了传统的责任，没有充当公共领域内重要论证的裁判，政治程序部分陷于失灵。报纸的堕落已经加速了那些费时费力调查此类骗局的资深记者被解雇。因此，比起几十年前，公众现在更容易受到有钱的特殊利益团体有组织的诓骗。

因为很多新闻机构的预算缩水了，所以他们在报道分歧的时候依赖捷径，而不是花费时间，调动必要资源去调查各执一端的说法。他们常常会用“一方面，但是另外一方面”的方法，这就造成了各种不同观点各自优点之间的对称假象。

当这种做法被用于报道基于主观的不同政治观点时，是可以理解的。毕竟冲突常常是任何新闻故事内在的趣味性因素，假如这是合法的话。但是，在报道通过科学程序已经得到了彻底检验的科学知识的时候（尤其众多的、由同行评审过的文章已经得出了科学共识），关注虚假的冲突这种报道手法就是极不恰当的。

优秀的气候科学家迈克尔·奥本海默在 1994 年说：“他们的所作所为就是想要作出科学的理解，并将科学的理解置于同政治一样的高度。毕竟假如科学观念等于政治观点的话，那么每个人的观点都是同样有效的了。没有什么事实。假如存在事实的话，那么就环境问题而行动起来和不行动相比并没有什么特别的有效性。”

例如，地球引力的存在和地球是球形是无可争议的，假如有一些有钱的团体出版了 1000 份伪科学的论文说地球实际上是平坦的，重力完全是一种错误的观念，那么很难想象会有任何严肃的科学杂志会给予这些观点与科学共识同样的重视。但在全球变暖的科学问题上这正是美国和很

一方面是全球科学共识，另外一方面是受到企业资助的气候危机否定论者的迷思，这两者受到了同等的重视。

多其他国家的媒体多年来的的确确正在做的事情。一方面是全球科学共识，另外一方面是受到企业资助的气候危机否定论者的迷思，这两者受到了同等的重视。2004 年对所有 14 年中发表在《纽约时报》、《华盛顿邮报》、《洛杉矶时报》和《华尔街日报》等报纸上的全球变暖主题的报刊文章所作的广泛调查表明 52.65%的文章对科学共识和宣称全球变暖完全同人类活动没有任何关联的否定论观点给予了基本同等的重视。麦克思威尔·宝艾科夫和朱里斯·宝艾科夫的研究中有一个重要发现，那就是在 1988~1989 年间（那时候二氧化碳主要污染企业还没有组织大规模的宣传之战）新闻报道相当准确地反映了科学共识。

1989 年，阿莫科公司（Amoco）、美国森林 & 纸业协会、美国石油研究所、雪佛兰、克莱斯勒、塞浦路斯艾麦克斯矿产公司（Cyprus Amax Minerals）、埃克森、福特、通用、壳牌石油、德士古（Texaco）和美国商会组建了全球气候联盟（GCC）。从此否认全球变暖事实、否认全球变暖和人类活动关联的事实的假消息之战就拉开了帷幕。自此肇始，媒体新闻报道开始给予被二氧化碳污染企业收买的有意为之的伪科学以同样的地位。

2009 年春，在一桩官司中浮出水面的文件揭露了这些二氧化碳污染企业在 2005 年曾授权其科学技术专家对全球变暖的科学证据做了有偿内部评估，这些专家的意见是这些共识性观点牢不可破、无法否认。这些专家还说否定论者的反对性理论“无法提供具有说服力的观点，来反驳温室气体排放造成了气候变化的常规模型”。但是最近公布的文件表明这些污染企业联盟的“运作委员会”强迫在报告中删去了这部分观点，并继续向公众（包括他们股票的潜在购买者）灌输他们自己的科学评估都否认的观点。

相反，该联盟还公开在全球推广一种面向记者和立法者的科学“背景情况介绍会”，宣扬“温室气体在气候变化中的作用还没有得到很好的认识”。在 1998 年的较新的说法中他们改变了措辞，转而强调考虑到全球变暖带来的结果，是否就有必要大量削减温室气体排放的不确定性。

通常，上市公司的最佳做法就是毫不迟疑地揭示会对他们股票价格造成实质性冲击的重要事实。但是这些企业却隐瞒应自己要求而发现的与这些公司未来的价值相关的最重要的科学事实。因为全世界正在试图达成限制继续向大气排放来自燃烧煤和石油的废气的协议，他们也许会在这么做的同时感觉既然自己的大宗资产处于危机关头，他们耍点花招也是值得的。

到了 2005 年中期，美国、英国、中国、印度、俄罗斯、巴西、法国、意大利、加拿大、德国、日本的国家科学院都正式地认同了联合国政府间气候变化委员会的科学共识。但是重要的二氧化碳污染企业继续他们的欺骗之战，试图说服全世界的新闻媒体和公众科学事实还有待争议。

作为乔治·W·布什总统的下属，菲利普·库尼对全球变暖的政府科学报告做了有利于企业的修改，他现在为埃克森美孚工作。

让人震惊的是，新闻媒体大体上还是继续不分青红皂白地充当企业资助的否定论者的传声筒。

继企业界巨大宣传战役而来的新闻报道的倒戈，削弱了对减少全球变暖污染的措施的政治支持。80 年代，公众的担忧在这场宣传之战开始前曾达到过顶峰。但是由于这场巨大的宣传之战不断地用一种本店独有的对科学和全球变暖严重性的错误认识来误导新闻媒体和公众，民意测验的结果很快就表明在优先行动的列表上，该议题的位置越来越往下滑，这一点都不奇怪。这正是那些污染企业用钱买来的政治结果。

从 2001 年 1 月份开始，当时的总统乔治·W·布什在其政府机构中任命了数位作为这场欺骗之战骨干的否定论者。其中之一就是菲利普·A·库尼，他为美国石油研究所领导了这个假消息项目，他被任命掌管白宫的环境政策。库尼在正式报告中例行公事地审查了政府方面科学专家的意见，用石油和煤炭公司赞同的观点替换了这些观点。这样就使这个行政部门成了 8 年来在全球变暖的严重性和紧急性方面误导美国人的一个积极分子。

2007 年夏，莎伦·贝格利在《新闻周刊》的一份冗长调查报告中报道了这场战役的成果：“自从 80 年代晚期来，围绕气候变化，这场协调良好、有充足资金来源的反对派科学家、自由市场主义智囊、企业所发动的战役制造了一场让人麻痹的疑雾。”

理所当然，一长串的欺诈试图用公共舆论来误导公众和市场，隐藏企业的真实价值。例如，名誉扫地的金融家伯尼·麦道夫使其旗下的投资埃克森美孚为39家“在气候变化方面误导公众的”组织提供数以百万计美元。

客相信他将他们的钱投入了股票，但实际上他正在经营世界上最大的旁氏骗局。大量的银行使成千百万的人相信所谓的次级抵押贷款属于最安全的投资，即使这些抵押贷款人甚至都不被要求分期付款或者按传统表明他们的月按揭经济能力。当这些抵押贷款的可怕真实价值浮出水面的时候，就在2007年下半年戳破了房地产的泡沫，并导致了自20世纪30年代经济大萧条以来最严重的金融危机和全球经济低迷。

我们现在拥有价值几万亿美元的次级碳资产，这些资产的拥有人有个人、养老基金、还有公司形式的机构投资者，这些机构投资者的真实价值因为炒作而膨胀，这些炒作扭曲了大力控制燃烧含碳燃料、保护文明完整性的迫切需求。

即使不考虑用股票持有人的钱来扭曲全球变暖科学事实的环境后果，其经济风险也非常之高。当真相大白于天下时，当人们开始采取措施来控制排放时，石油和煤炭的泡沫有可能就会破裂。我们等待的时间越长，这些泡沫就会越大，泡沫破裂的影响就会越大。那些遭受经济伤害的人的处境就会和受麦道夫伤害的人一样，他们因为相信并依赖麦道夫提供的信息，将懊悔终身。

那些组成全球气候联盟的公司将继续赢取创纪录的利润，那些在欺骗行为得到授权时掌管权力的经理将继续获取巨额利润（其中有人在做首席执行官的最后一年里获取了高达4亿美元的补偿金）。

2006年，伦敦皇家学会（相当于美国国家科学院的英国学术机构）公开要求埃克森美孚停止继续关于全球变暖的错误言论，并表达了对该公司继续在大众面前宣传“不精确及具有误导性的关于气候变化科学的观点的失望之情”。伦敦皇家学会还提供了一份分析来表明埃克森美孚为39家“在气候变化方面误导公众的”组织提供数以百万计美元。去年，该公司最终迫于压力采取行动并宣称它将“停止向几家公共政策研究团体提供捐助，因为这些团体在气候变化方面的立场会转移公众对”如何提供能量而不加剧全球变暖“这一重要议题的注意力。”然而，伦敦经济学院的一位学者在2009年发现尽管埃克森美孚作出了承诺，该公司还是在继续其一贯的所作所为。“假如世界上最大的石油公司想要资助其气候危机否定性论断，那它就应该直截了当地提出来，而不是告诉世人它已经停止了该做法，”这位学者鲍勃·沃德如此说。根据其自己发布的报告，当埃克森美孚一方面终止了对9家假消息渠道的资助时，它又继续资助了两打持气候危机否定论的机构。

美国是这场宣传之战的主要目标，但远不是唯一的目标。在世界各地，否定者的言论常常能够吸引眼球。新闻报道、专栏、社论、电视纪录片、广告在几乎每个国家都频频现身，对形成全球共识起到了一定作用。因为全球变暖对于大多数人而言还是一个相对陌生的话题，比起其他问

气候保护同盟

振兴美国（Repower America）运动中用到了电视插播广告，来指出新能源方案的优点并鼓励公民行动起来。

气候保护同盟成立于2006年，是致力于改变人们对气候危机看法、促成解决方案的非盈利组织。

气候保护同盟通过其活动传达了我们可以解决气候危机的信息。但是我们必须让公众参与进来并转变舆论。

同盟试图将气候危机问题去政治化。在由民主党和共和党人士均等参与的董事会的带领下致力于为气候变化的解决方案提供广泛的支持。

我出于自己的经验，坚信两党的政治领袖会继续在减少全球变暖污染议题上畏缩不前，除非我们改变能源生产方式及其采取其他有真正坚实基础的必要措施。同盟的所有工作都以传播我们该如何选择的真相为己任。

同盟还组织了遍及全国的草根、社区、非党派的活动来动员人们支持这些改革。通过不同的媒体，如电视、电台、报纸杂志上的广告、电邮、因特网运动、现场直播的音乐会，同盟为公众提供了信息来支持解决方案。它的主要项目计划包括“振兴美国”（repoweramerica.org），“我们可以解决它”（wecansolveit.org），以及“这就是现实”（thisisreality.org）。同盟还赞助“解决方案高峰论坛”，来自32个领域的数量庞大的专家汇聚一堂，为气候危机献计献策。

我已经将我从《难以忽视的真相》（*An Inconvenient Truth*）一书和纪录片中获得的全部收入捐给了同盟。我还要把从本书获得的全部收入捐给同盟。

同盟的网址是climateprotect.org。

题更难以理解的话题，所以这些否定者对减少致命污染的全球行动起到了阻挠和延误的重大负面影响。

具有讽刺性的是，随着报业的衰微而来的是新媒体（特别是网络传媒）的诞生，这使得反对全球变暖的政治力量再次得到了复兴。

在全球各地，新的草根组织正在利用万维网传达关于气候危机的真相，并在为时已晚之前组织行动来解决这个危机。在美国，我发现了这样的一个组织，那就是气候保护同盟。该组织通过电视、电台、因特网、报纸、杂志上的广告来为反对全球变暖的行动争取关键数量的支持。同盟还动员了 200 多万人在社区中、在我们的全国政治体制框架内效力，来鼓励人们尽快采取措施解决气候危机。同其他人一起，我们在 2008 年总统选举当中关注使两党候选人采取支持反对气候危机行动的立场。两党的被提名人巴拉克·奥巴马和约翰·麦凯恩都赞同采取新的全国性法律来控制并减少温室气体的排放。

我们应该从二氧化碳污染企业挟持全球变暖立法政治程序的做法中吸取教训，认识到草根行动主义对于建立强大的群众基础、战胜资金来源充裕的反对集团的根本性意义。这是任何想要参与解决气候危机行动的人所面临的政治任务。让那些自私自利的全球变暖公司否定论者对其一贯的故意破坏科学的诚实性（这是全世界解决气候危机所必须仰仗的）的做法付出代价。此外，新闻媒体的主管必须采取更高的标准来使其报道的诚实性不受主要污染企业的顽固的一贯做法影响，以此击败他们。

2006 年 5 月抗议者聚集在埃克森美孚股东大会的门外。

加快行动

GOING FAR QUICKLY

第十七章

信息的力量

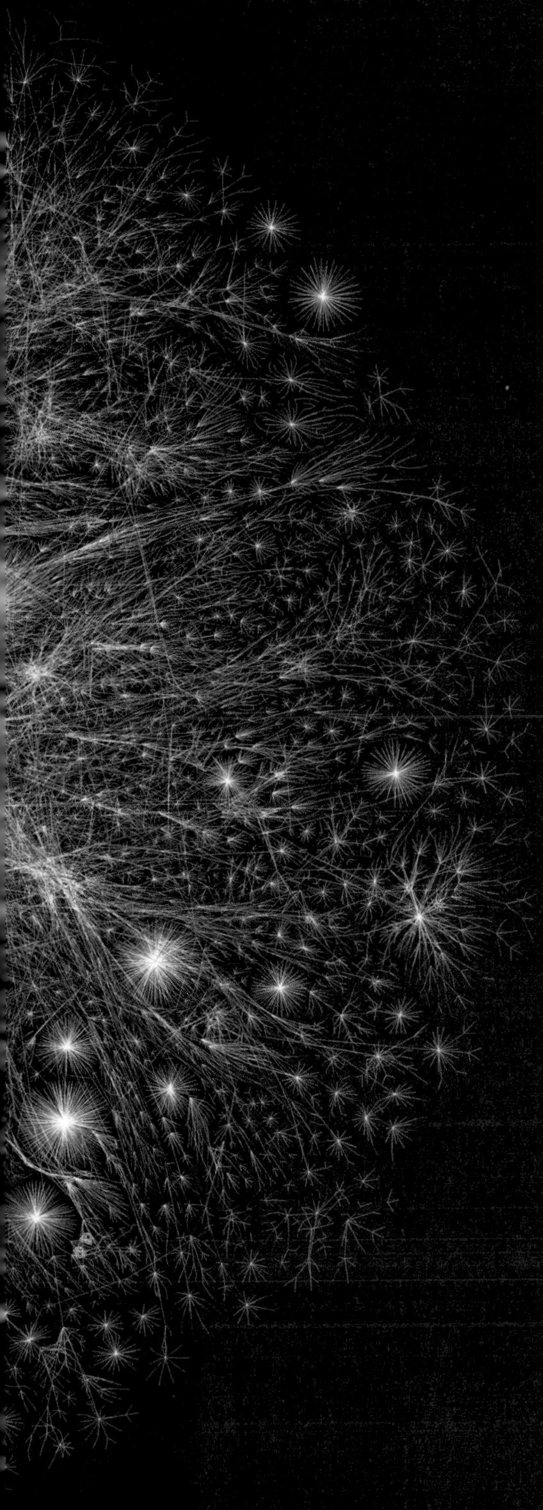

这张因特网分布的视觉图表现了数以百万计的网络之间的位置及其联结，这些网络组成了全球的数字基础设施。

20 世纪下半叶现代电脑、集成电路、因特网的问世为信息技术带来深刻的变革奠定了基础，几乎人类文明的各个方面都受到了影响。信息革命和信息技术威力不断迅速增强给我们带来了解决气候危机的新的可能性和工具。

我们作为人类利用信息来对周围的世界进行复杂建模的能力有可能是人类区别于其他生物的最重要禀赋。现在我们必须迅速提高对地球生态系统以及人类在其中的地位的认识，这是史无前例的挑战。现在已经时候了，我们必须关注如何最充分地以最具有创造性的方式来利用信息技术协助我们。

- **将气候危机的真实特点视觉化。**
- **为当前及未来经济活动对气候的影响建模。**
- **评估可能的解决方案。**
- **重新设计工艺、技术、系统来减少、消除造成全球变暖的污染。**
- **广泛动员对转变文明形态的支持。**
- **支持决策者提出的新政策、法律和条约。**
- **监督我们解决方案的执行情况。**

首先，将气候危机的真实特点视觉化的能力对广泛分享对我们目前任务的理解至关重要。

因为人脑的工作机制，我们只有连续地一点一点吸收数据的有限能力。用计算机术语来说，我们只能“低位速率编码”。在 20 世纪 40 年代，经过多次研究之后，美国的电话行业认定 7 位数是普通人最易记的。（后来又加上了 4 位。）但是几个礼拜大的婴儿同近几年开发的最强大的电脑相比，更能准确地识别人脸。再次用计算机术语来说，我们拥有“高分辨率”。幸运的是，高级计算机拥有将大量的数据整合成可以辨识的视觉图案的无与伦比的能力，人脑通过这些图案能够同步理解几十亿字节信息的含义。

我们第一次得以一览地球的全貌还是要感谢在 1968 年 12 月 24 日阿波罗 8 号行动中由宇航员比尔·安德斯拍下的照片。当时阿波罗 8 号在人类历史上第一次离开地球轨道沿着月球飞行。人类居住的地球的身影从月亮的地平线上出现了，这张著名的照片被称为“地出”（earthrise），给人类的认知带来了强烈的冲击，我们认识到我们居住在一颗美丽脆弱、被黑色的巨大虚空包围的天体上。这张图片的力量促成了地球日、重要的环境法、第一次生态系统全球会议、现代环保运动的诞生。自阿波罗 17 号（阿波罗系列行动中最后的一次飞行）远距拍摄的最后一张地球全貌以来已经将近 40 年了。

想象一下地球 24 小时旋转在太空中的实时高质量彩色电视图像。想象一下携带电视摄像机的卫星在地球 100 万英里处盘亘在地球和太阳之间，地球的全貌总是可以一览无遗。

想象一下假如科学家可以在此卫星上安装特殊装备，首次测量地球吸收自太阳的精确能量，并将其同地球辐射回太空的能量作一个实时的对比。

“地出”摄于 1968 年 12 月 24 日的阿波罗 8 号行动。

想象一下地球 24 小时旋转在太空中的实时高质量彩色电视图像。

这两个测量数据很关键的理由就是它们之间的差异等于是对全球变暖的一种精确量度。地球大气层的升温只是一种实质性问题的一种间接测量，因为来自太阳的能量大部分都被海洋吸收了，只有少数才慢慢地被释放到大气中。研究全球变暖的科学家长期以来感觉只有地球大气层吸收的能量和辐射的能量之间的差值才是提高我们对于全球危机认识的最重要信息来源。

想象一下假如那同一架卫星可以校准、协调在地球低轨道中快速飞行的其他卫星所得到的其他很多数据，并帮助我们用新方法整合所有的这些数据。

10 年前，美国国家科学院（NAS）得出结论说我们应该建造并发射这样的卫星进入特定的太阳轨道，定位在拉格朗日 1 号点，那里的地球引力和太阳引力正好平衡，这意味着发射到那里的

外层空间气候观测站观测地球

当前地球观测卫星受到空间和时效的限制。例如，地球低轨道卫星受到白昼的时效限制，只能以高分辨率拍摄地球的条带状照片（左下）。外层空间气候观测站（DSCOVR）卫星使用的三种测量设备，可以将自身获取的资料和其他卫星获取的资料整合在一起，创造出地球唯一的 24 小时高分辨率全息影像，来提供关于地球能量平衡的数据，这是没有先例的。右下的合成图像显示的是整个地球臭氧层分布情况，依赖外层空间气候观测站就可以做到这一点。

地球低轨道卫星获得的地球正午时刻的数据片断

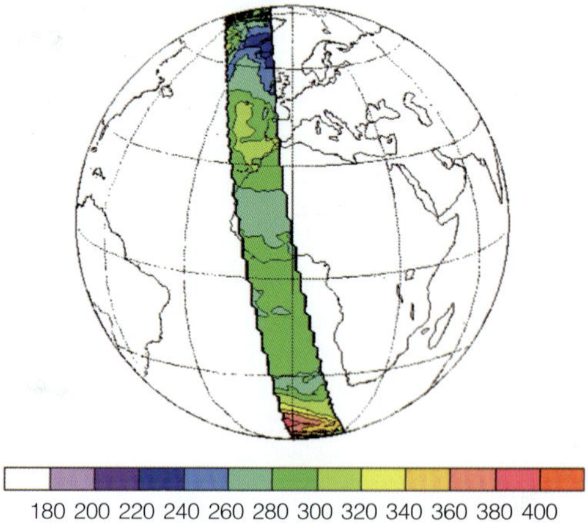

外层空间气候观测站获得的地球从日出到日落之间的高分辨率数据

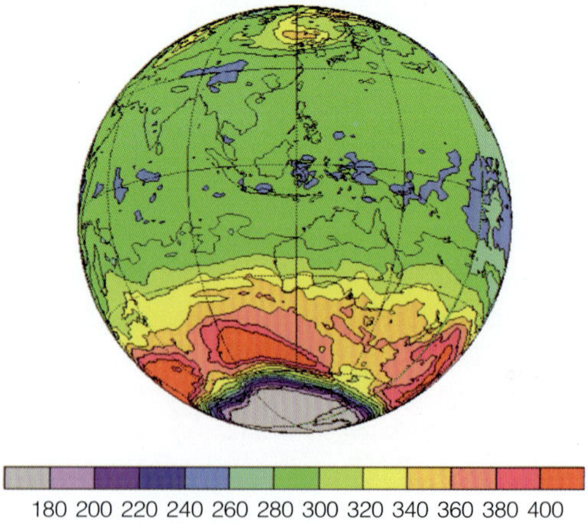

臭氧层（多布森单位）

（Dobson units，用来度量大气中臭氧柱尺度的单位，千分之一厘米厚度的臭氧层为一个多布森单位，译者注）

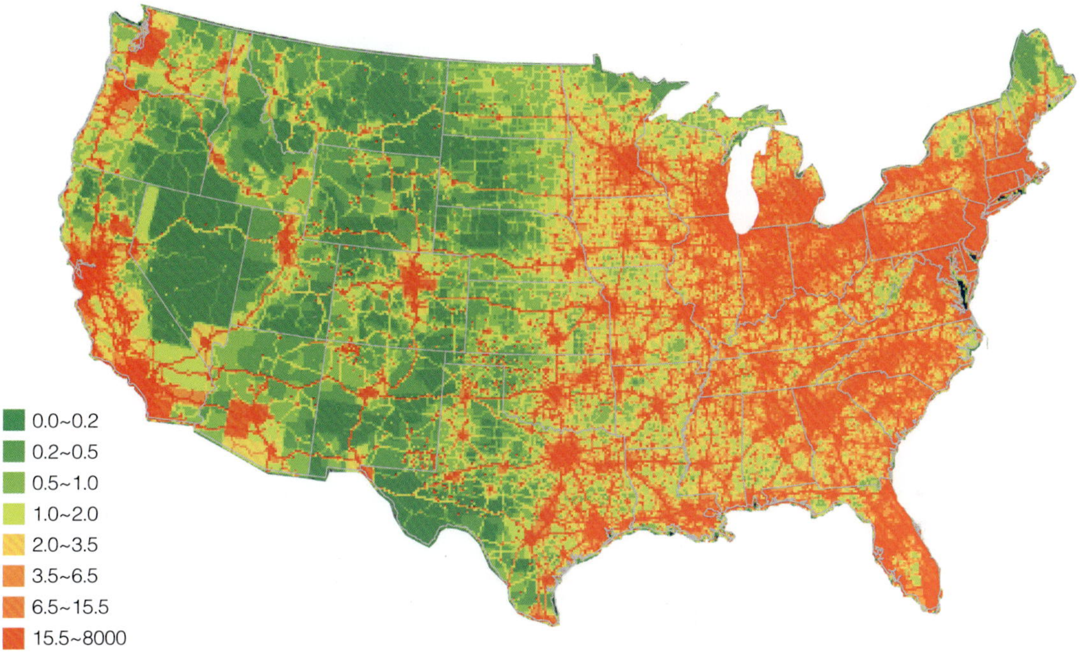

变化中的二氧化碳排放直观图

伍尔坎计划提供的新的美国二氧化碳排放细节图，为研究者带来了高分辨率的各地二氧化碳排放量的直观感受，该计划正在扩大采样范围至所有的国家。

卫星可以永久性地停留在地球和太阳之间，作为持续观察地球全貌的稳定平台而存在。美国国家科学院研究的结果之一就是，美国国会同意并批准拨款 2.5 亿元来制造这样的卫星并在 2001 年将其发射升空。

在建造该卫星时，美国国家海洋大气管理局（NOAA）的专家想办法如何替换原来被发射到拉格朗日 1 号点的那颗旧卫星，这颗卫星的作用就是为工程师发出太阳风暴大规模爆发的预警，手机通讯设备、配电设备及其他对强太阳耀斑的电子产品会受到太阳风的干扰。在拉格朗日 1 号点，来自太阳耀斑的光线在太阳风等离子气体冲击地球前 90 分钟就可以被捕捉到。这段充裕的预警时间内可以加固敏感的电子设备，避免受到惨重的损失。

因为那颗预警用旧卫星（同位素成分高级探测器, Advanced Composition Explorer）快用坏了，美国国家海洋和大气管理局决定用那颗打算用来测量全球变暖并提供地球间歇性全彩色照片的卫星来替换它。

我们还没有看过地球的实时电视图像。旧卫星还没有被更换，因为布什 – 切尼政府在 2001 年 1 月 20 号就职后不久就取消了发射计划，并迫使美国航空航天局将此卫星库存起来。9 年之

“特里亚纳”或“外层空间气候观测站”（DSCOVR）

1998 年，美国航空航天局计划将特里亚纳号卫星发射到太空中，将全球 24 小时的高分辨率照片送回地球。2000 年，国会批准并计划将在 2001 年将此航天器发射上天。来自新政府的政治阻力和拖延战术使该卫星（在 2003 年改名为“外层空间气候观测站”）一直被闲置，而纳税人早已支付了该卫星的费用。

将该卫星发射到地球轨道和太阳之间的一个独一无二的点，即拉格朗日点上，该卫星就会一劳永逸地永远定位在该处，不断地提供地球被阳光照耀的那一面从南极到北极的图像，这个观测点是地球低轨道或者地球轨道同步卫星所无法企及的。

外层空间气候观测站配备有电视摄像机和 3 种设备：地球彩色摄像机（EPIC）、能够提供彩色图片的 10 波段分光辐射度计（10-channel spectroradiometer）；3 波段的用来测量反照率和臭氧层的辐射计；用来测量磁场和太阳风的等离子磁力仪。来自这 3 种装置的信息将同来自其他卫星的数据整合在一起，以提供一个反映地球全貌（同步从地球上方观察）的视角。这些图像对于遥感和气候建模来说是无价的资料。

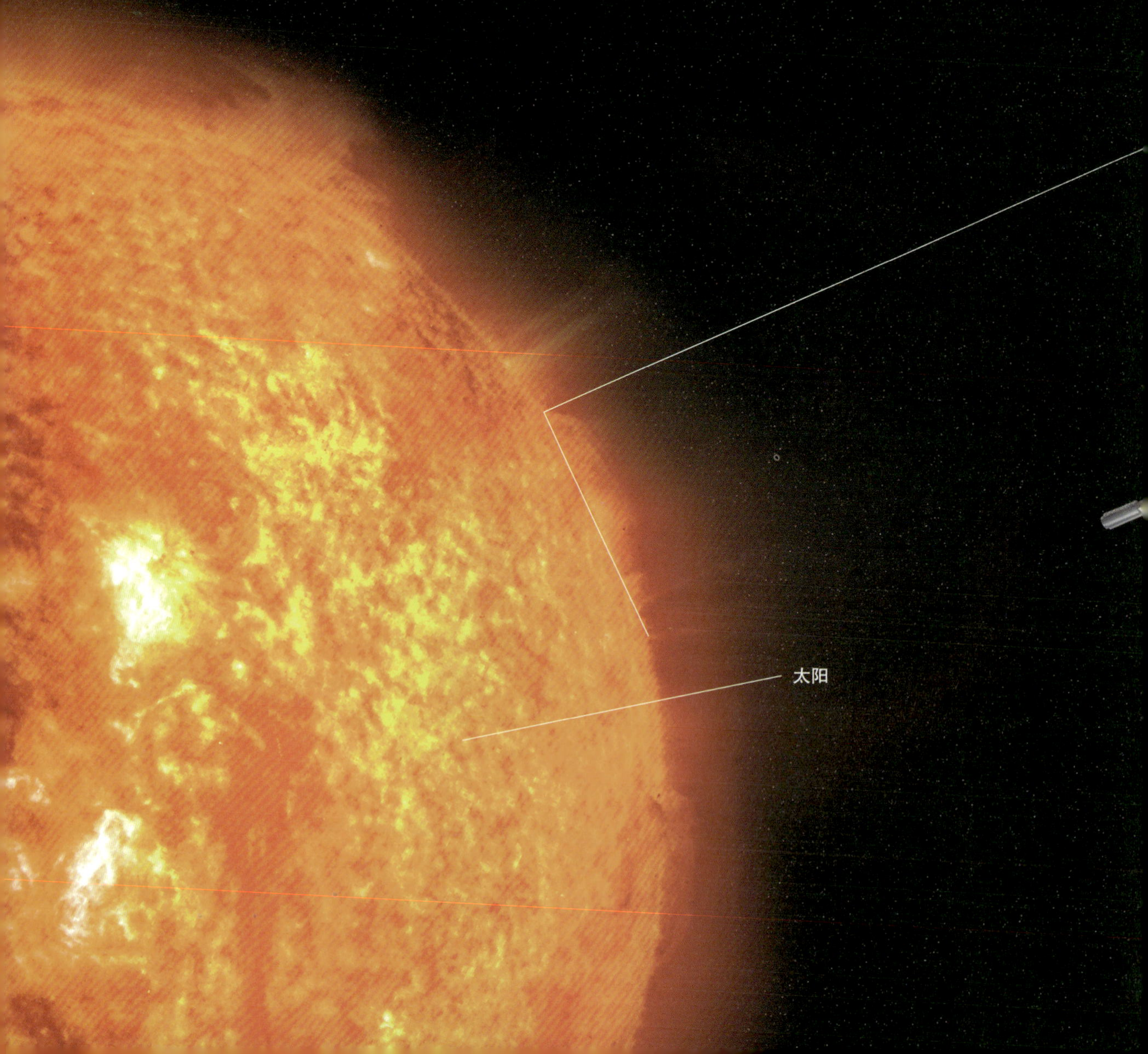

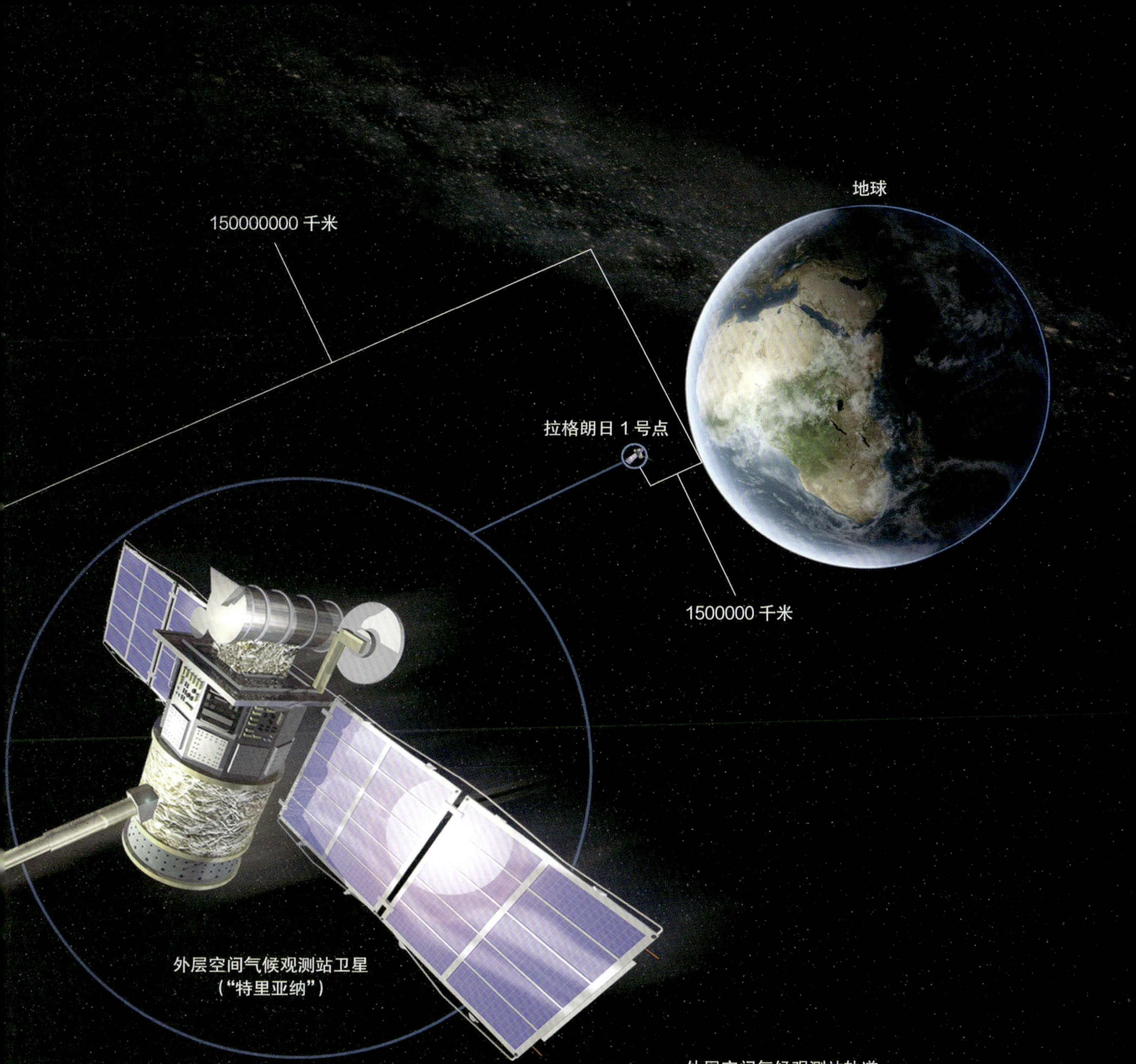
地球
150000000 千米
拉格朗日 1 号点
1500000 千米
外层空间气候观测站卫星
（“特里亚纳”）

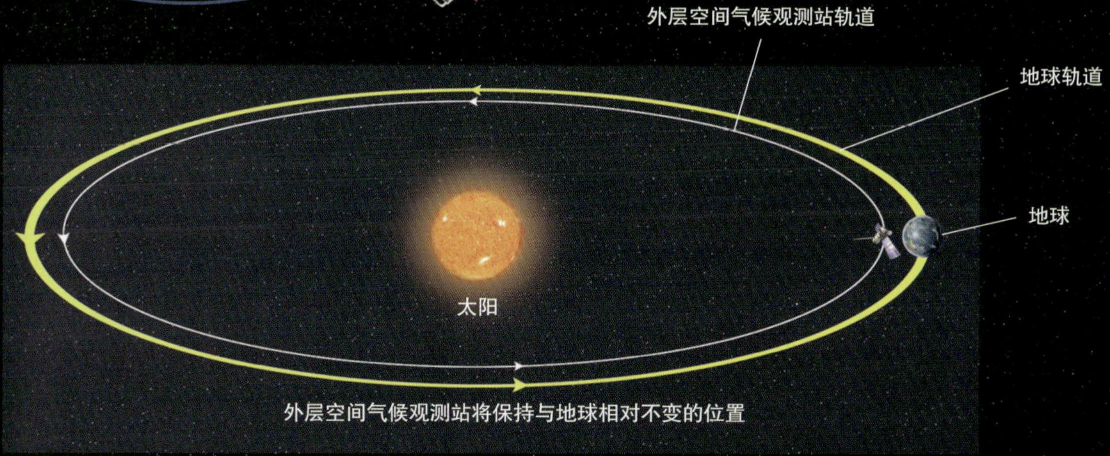
外层空间气候观测站轨道
地球轨道
地球
太阳
外层空间气候观测站将保持与地球相对不变的位置

同科学家公开收集的信息量相比，秘密采集的地球数据的信息量要大得多。

后，那颗卫星还在那里，等待发射。因此，那颗旧的预警卫星还在那里，随时可能停止运转；它的预期寿命已经过去两年了。

这颗卫星的关键部件之一早已失效；另外一个关键零件又常常在太阳耀斑高发期罢工。因此，几家重要的全球企业处于受到太阳耀斑影响而蒙受重大损失的风险当中。

奥巴马总统和国会领袖，尤其是芭芭拉·米库尔斯基参议员和比尔·尼尔森参议员，宣布他们支持发射该卫星，这个卫星过去名为“特里亚纳”（以罗德里格·德·特里亚纳的名字命名，他是哥伦布船上的瞭望员，在 1492 年 10 月 12 日是他首先看到了新大陆）。在布什政府执政期间改名为“外层空间气候观测站”，提出改名的人希望这个新名字能够让布什政府好对这个项目有当家人的感觉。国会中的反对者和美国航空航天局里面想将这笔钱挪作他用的官僚就这样击败了总统和国会中领袖人物坚持到底的努力。

这颗卫星早已建好，纳税人也付过了钱。所有的仪器都运转正常。这支科学团队在布什政府取消了发射的 10 年前就组织起来了，现在依然在待命，在来自斯克里普斯海洋学研究所的精明强干的弗兰西斯科·法拉罗博士的带领下志愿奉献他们的时间。正如美国航空航天局说的那样，所有的系统都成了前度刘郎，只有政治体制依旧笑春风。反对采取任何行动解决气候危机的人对阻止发射也起到了作用，部分原因就是他们知道全球电视或者电脑屏幕上实时转动的美丽地球形象有多么强大，将成为气候危机解决方案迫切性的注脚。

当然，电脑可以帮助我们将气候危机的一些方面视觉化，甚至还不需要利用位于拉格朗日 1 号点的那颗尖端卫星的科技优势。例如谷歌地球，可以将大量的数据以地理空间的方式组织起来，使复杂的地理学、植物学、动物学、道路网、人口、工业、农业等与地球表面的每个位置具有特殊相关性的信息易于查找。

由普渡大学的凯文·格尼博士领导的团队开发了一个项目，这个项目叫伍尔坎（以罗马火神为名），现在成功地实现了北美各处二氧化碳排放量的视觉化，很快也将推广到世界各地。另外一个由这个普渡大学的团队研发的名为赫斯提的新计算机软件（以希腊女灶神为名）使人们能够看到一张建筑物辐射的热量地图，通过这张地图，各社区可以获取关于能效最低的建筑物位于何处的明确信息。实际上，类似的例子成千上万。

先进电脑整合、运算、展示复杂资料的能力戏剧性地改变了我们的禀赋，使我们能理解过去从来没有希望能够认识的现象。运算最快的最强大的电脑可以筛选大量的资料，以堪比寻找掉落在干草堆中的针的方式搜索与我们感兴趣的问题直接相关的线索。他们可以将这些资料组成我们大脑更容易理解的图形，而非乱糟糟纠缠在一起没完没了的字节。他们可以人工改变地球的比例

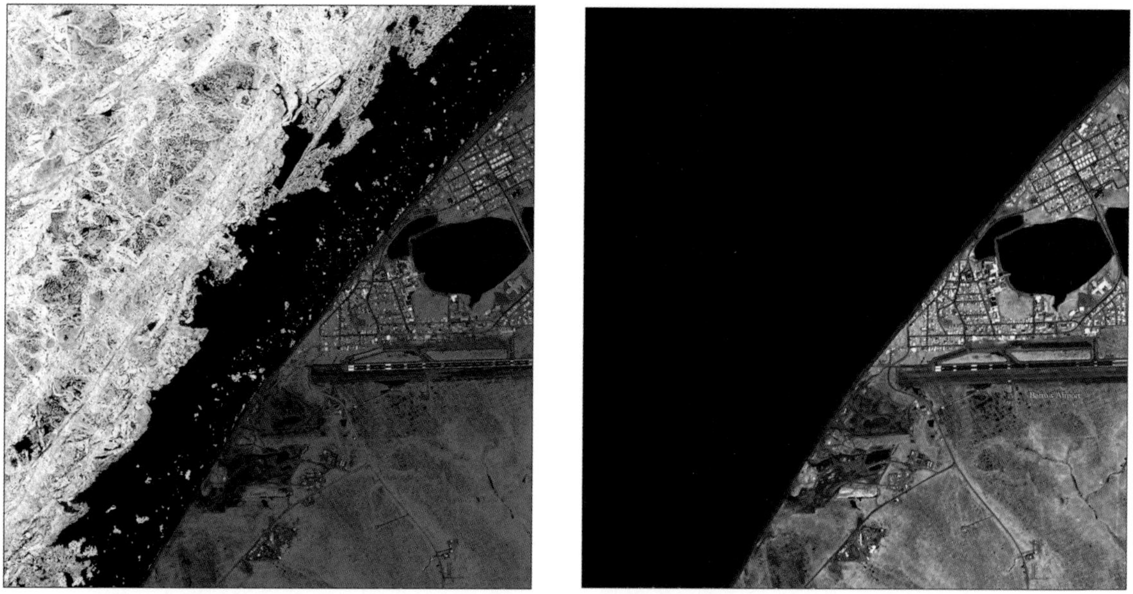

2009 年 7 月，美国通过“美狄亚”（MEDEA）项目公布了 1000 多张之前保密的北极卫星照片。这些图片的分辨率高达 1 米，比起之前的图片分辨率提高了 15 倍，为气候研究者提供了无价的新资讯。这两张图片揭示了阿拉斯加靠近巴罗角（Point Barrow）的冰壳急剧融化的情况，左图摄于 2006 年 7 月，右图摄于 2007 年 7 月。

尺和运转速率，使那些过大或过小而无法为人类理解的图像变得尺寸恰好而可以被看懂。那些过慢的过程可以被加速以适合我们的检查，那些发生在一瞬间的过程又可以被放慢以适合我们方便分析的需要。

超级电脑被用于研发新的可再生能源技术和高水平能效的设备。例如，计算机生物学现在对研究纤维素加工中有用的新类型的酶的开发起到了核心作用；新的能效更高的发光二极管；稀奇的固态冷却装置；新种类的高效藻类和其他的用于生产生物燃料的有机体；新一代光伏电池和相关的光学部件。

这些机器中最大、最强者带来了全新的知识形态。在演绎逻辑（形成一种理论，然后在真实世界中检验这种理论看它是否适用）和归纳逻辑（收集经验事实，然后将这些经验事实并入一个解释框架中）之外，我们现在有一种新方法，可以将这两种逻辑的前两个部分结合起来的。计算机科学可以模拟现实，或者称“建模”，在模拟现实内可以进行实验。虽然一些科学纯粹主义者指出计算机科学有些时候无法满足传统科学的严格要求，但是这种新的获取知识的工具已经让人印象非常深刻。

美国中央情报局在老布什任期内是由罗伯特·盖茨领导的，那时通过了一个被称为“美狄亚”的计划，使环境科学家能够在严格管理下接触到与环境相关的绝密级信息，这些信息都是由间谍卫星和其他情报部门管理下的秘密情报搜集系统收集的，目的在于更好地认识气候危机。这些信息特别有用，因为它们的量很大。同科学家公开收集的信息量相比，秘密采集的地球数据的信息量要大得多。

关于美狄亚计划是如何革命性地改变了众多领域内的科学认知，有很多的例子。当环境科学家首次获准利用这些之前被视为秘密的珍贵信息时，他们被这些浩繁的数据震撼了。例如，北极冰壳的首次冰层测量数据就来自于美狄亚计划。当研究鲸类的科学家首次接触到之前秘密铺设在大西洋底用于监测前苏联潜艇的扩音器时，他们一天内收集的蓝鲸声音资料比之前发表的科学文献所含的信息加起来还要丰富。有一位科学家克里斯·克拉克把这套系统称为“声学的哈勃望远镜”。

布什－切尼政府也取消了这个计划，但是奥巴马政府又再次启动了该计划，这次是由中央情报局局长利奥·帕尼塔和参议院情报委员会主席戴安娜·费恩斯坦领导的。

美狄亚计划收集、加工的非凡信息对于情报界监测、校验全球气候共识弥足珍贵。之前曾被认为是无法收集的信息——例如关于全球的树林覆盖率和土壤含碳量的资料，以及这些比率在特定地点上升或下降的信息——现在通过同卫星相连的新型信息传感器和自动数据发射器就可以收集了。

计算机还可以帮助我们利用那些混在一起影响理解的、稀松平常但是依然相关的大量数据。例如，谷歌电表（Google PowerMeter）可以帮助居民和企业主实时监测用电量。当配电网安装了智能电表后，就可以监测每一台设备、电视机、热水器和电灯器具的用电量。无数的类似应用和项目正在开发中。所有这些都以一句旧格言为己任：“评估好，管理好”。

也许信息技术在实际减少温室气体排放方面得到最强大的应用的那一天会随着廉价半导体和机器、优化能效减少能源浪费的工艺的各个环节使用“嵌入系统”而到来。例如，各型号的工业用发动机在负载波动时也以固定的功率运行；根据实时的负载情况来调整发动机转速就可以节约大量的能量。工业用泵和相关的管道系统之间的交互作用可以自动通过传感器管理，以实现流量控制优化和耗能最小化。

工艺自动化现在当然不是什么新事物。数控

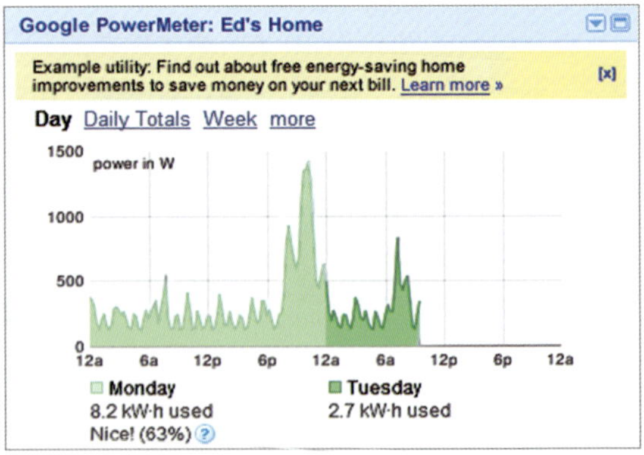

美国和其他国家安装的新一代智能电表可以实时显示用电量。如谷歌电表（右）这样的软件可以让用户看到用电量；研究表明当眼见为实时人们就想办法减少用电量。

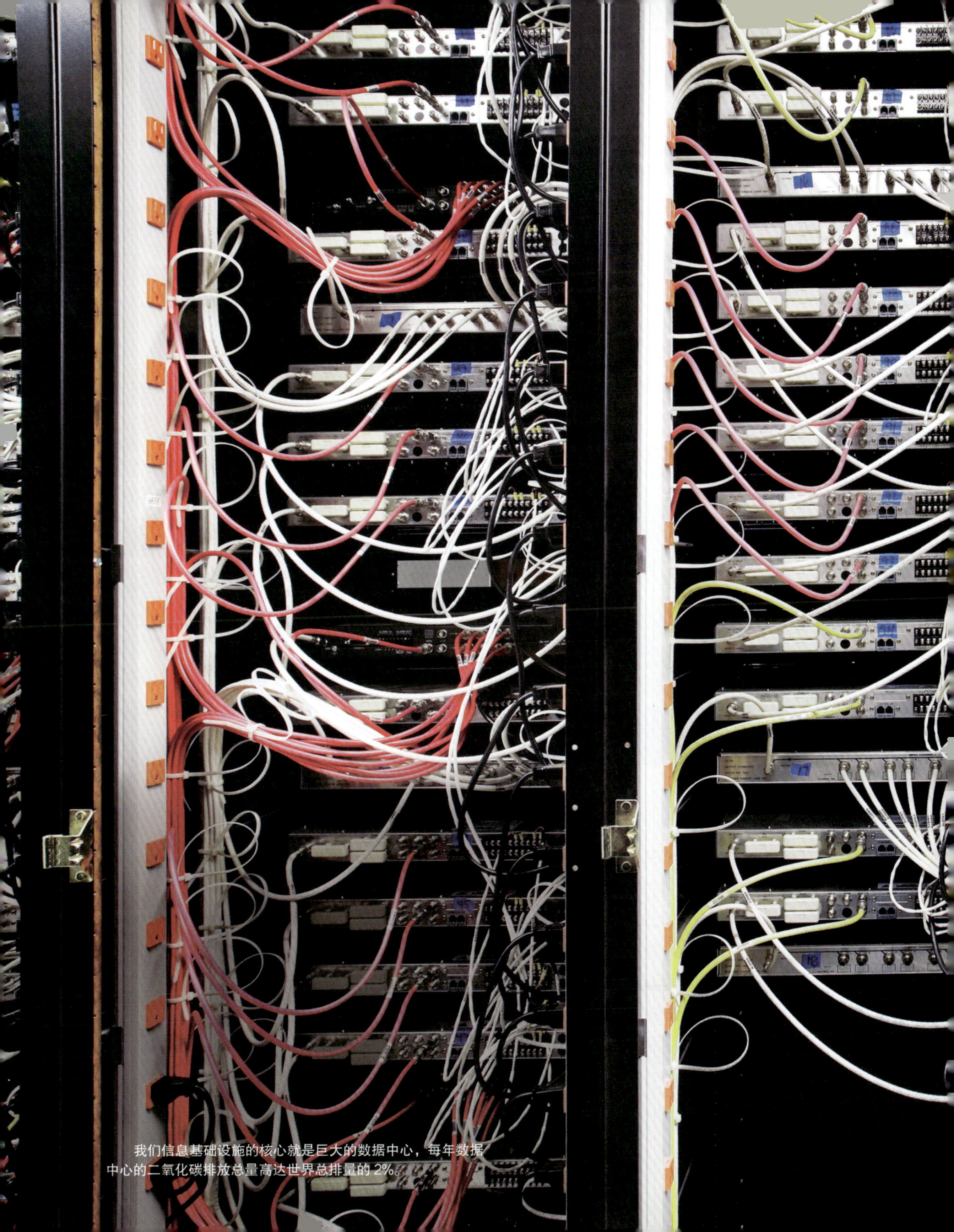

我们信息基础设施的核心就是巨大的数据中心，每年数据中心的二氧化碳排放总量高达世界总排量的 2%。

很多收费公路都安装了无线电频率识别系统，可以实现驾驶员自动付费。汽车等待和空转的时间减少了也就减少了行程时间、油耗和尾气排放。

机器早在 20 世纪 50 年代就得到了应用，那时候还是通过固定间隔打孔的窄纸带来编程的。然后到了 1962 年，麻省理工学院宣布在名为自动编程工具的技术方面取得了突破。APT——一种"通用数字控制编程语言"——赋予编程更大的灵活性以及不同机器、制造工艺各环节间的更大关联性。CAD/CAM 软件（计算机辅助设计 / 计算机辅助制造）强化了用于产品设计的程序和控制机器生产（计算机所设计的产品）的计算机之间的有效关联。现在大部分新型机床都包含了设计和制造之间的某种无缝整合。

当一代又一代的软件变得更加强大，市场领头羊正在将能效和他们所使用的信息技术结合起来。凭借一些措施，因特网上在机器和嵌入系统之间流动的信息量现在已经超过了人际之间的信息交换量。

使用信息技术消除能源浪费和不必要的温室气体污染正在逐渐普及到工业加工和商务的各个环节，将供应链和产品配送管理都包括在内。例如，2007 年美国所有企业的卡车中将近 25%都是空载行驶。通过使用信息技术，一些公司调整了卡车的发车，以协作的方式来避免空载以节约能源、减少开支、减少二氧化碳排放。联合包裹运输公司（UPS）通过调整运货卡车行驶路线来尽量避免左转以节约燃油成本。减少左转可以减少司机在等待交通信号灯时（与此同时司机在对面车流开过来时伺机猛地转向）所浪费的时间。

同样，在不需要电灯光很明亮或者根本不需要开灯的情况下，自动光线感应器可以测量实时的自然光亮度来调整电灯的灯光强度以节约电力。供暖、通风、空调系统都可以同廉价的传感器相连，在一天中室外温度使自然通风更合适、更有效的时候，就可以通过开窗来实现室内外的自然通风，以最大化利用自然的室外空气。传感器还可以在房屋绝缘层出现裂缝和墙体内管道系统泄漏时为业主发出警报。公司利用计算机辅助分析来对大型整体工艺进行重新设计可以节约更多的成本。“整体系统”重新设计会在减少不必要的污染、能源浪费和时间浪费方面带来重大突破。我最喜欢谈的一个例子就是北方电信的领导人，在 80 年代承诺要成为第一家放弃使用有害的氯氟碳化合物的公司时所发生的事情。作为一家加拿大公司，北方电信意识到了 1987 年的蒙特利尔议定书的重要性，该议定书要求分阶段停止使用这些化合物。自北方电信使用三氟三氯乙烷作为溶剂来清洗电路板以来，该公司的工程师和科学家一直在寻找合适的替代品。当他们发现没有任何产品可以满足他们的要求时，他们当中有位工程师最终有了这样一个问题：“这些电路板一开始是怎么弄脏的呢?”

这个概念的突破带来了整个生产工艺的改革，新制造出来的电路板不再暴露在污染物之下，这样也就省却了最后的清洗环节。由此而来的“免洗”工艺生产的电路板质量更高、成本更低，同时也不再使用那些破坏大气臭氧层、加剧了全球变暖的有害化学物质。这样，北方电信又前进了一步，并将此技术突破与同行分享，加速了这些化学物质在整个行业的淘汰命运。

这家公司在彻底淘汰期限到来前 9 年就完成了使命，同时也挣到了钱。它在研发新工艺上投入的 100 万美元为它在头 3 年里就带来了将近 400 万美元的收益。每年额外的利润越滚越大，这都是因为省去了一个成本不菲的工艺环节，节省了制造成本。此外，我亲眼看到了北方电信的员工的自豪感，他们齐心合力朝着比单纯增加公司利润更大的目标前进，我也看到了当他们要做正确的事情并成为行业模范的承诺反过来也增加了他们的收入时他们所感到的快乐。

现在已经有新的服务供应商提供工艺设计改造的商业软件方案来帮助他们省钱并减排。哈拉就是这样一家公司，它使用了“有机体新陈代谢”的暗喻，这个暗喻包括了如何通过提高企业每一个职能部门的效率来将能源用量和废物排放量最小化的全系统性分析，在这个暗喻中，原材料、能源、劳动力在公司的有机体内通过新陈代谢变成产品或服务、废物、工资、利润。

在很多情况下，系统、工艺、产品的改造因为利用新型材料而能够减少原材料的消耗量。就美国经济整体而言，上半个世纪以制造并销售的产品总价值计算的总产量就翻了三番，但是其总吨位却没有上升。这种效应被称为“非物质化”，造成该效应的部分原因是信息在商品中的重要性在提高，另外一个重要因素就是产品的智能化和节能性设计特点在提高产品质量的同时还减少了物质性原材料的用量。

即使信息技术公司开始用解决气候危机的新工具来武装企业和机构，他们自身也面临着减少温室气体排放的任务。目前，信息技术产生的温室气体排放量，其中主要是二氧化碳，已经上升到了全球排放总量的将近 2%。在今后的 10 年里，IT 业的排放量预期将几近翻番。因此，企业领导人正在采取措施对系统进行改造，以此来大力提高效率并减少污染。例如数据中心就是用电大户。因特网服务增长很快，导致了严重的低效率，很多公司正在系统处理该问题。计算机、打印机以及其他的 IT 设备正面临更严格的节能减排质量标准。网络流量尤其是视频流量的增长同来自数据储存和灾难恢复的需求一起，正在与其他因素相结合进一步使数据中心规模扩大和设备添加的速度更快。例如，美国网络服务器在过去 10 年里数目翻了三番。通过安装更多的节能设备、资产合并与合理化整改、利用更多的“虚拟服务器”、优化用电方案和降温标准，IT 业正在开始为减少自身的温室气体排放而承担责任。

利用日益先进的信息技术来减少工商业的温室气体污染，让人们对过时的法律和规章制度造成的低效更加清楚了。例如，牛奶生产销售的联邦管理制度使牛奶公司将牛奶和奶制品运输到千里之外的分销商那里所能获得的盈利比在产地销售的盈利更高。这种荒谬、昂贵并且浪费的模式之所以能继续存在就是因为牛奶生产销售的联邦管理制度命令牛奶公司要浪费。

其他农业生产方面，地埋式传感器和卫星系统使农民能够采取更有效的被称为“精耕细作”的农业方法，这种方法根据土壤情况在同一块土地的不同部分优化肥料的搭配和使用。

很多公司开始分析并减少二氧化碳排放量，他们早就发现雇员往返于城市之间开会是他们最大的二氧化碳排放源，而这是可以避免的。因此，远程通讯和更尖端的工具如思科的“网真”(telepresence，可以逼真地模拟面对面的交流而免除了不必要的出行）的研发都有了大幅的增长。

在这个广阔的世界里，全球有一些城市的交通成本正在下降，其中的原因有：使用了电子收费系统，电子收费系统可以减少在收费站不必要的排队等待时间；动态道路信号系统，可以减少道路拥堵和车辆空转；以及更准确分配道路使用的堵车收费制度。类似的，无线电频率识别技术越来越多地用于批发和零售链中的产品，可以大大提高商品存货清单管理的效率。

提倡隐私的人对不恰当地使用无处不在的物品跟踪来确定个人实时方位的做法及无意造成的后果提出了警告，因为这些被定位的个人可能并不想到哪里都被跟踪。经济活动中大量利用信息新技术可能会造成侵犯隐私的后果，这值得深思。

此外，信息技术在经济活动中重要性的增长进一步突出了低收入个人和家庭能够平等利用电脑和其他重要信息工具的重要性。这正如电话一开始被当做非必要的工具，而后来成了全面、平等地参与现代社会活动的必要条件，电脑现在也快成为人们不可或缺的工具了。

信息技术在经济活动各个领域普及，必定会有人得利有人失意，这已是大势所趋。在往日不同的信息环境中诞生的旧商业模式也许不再具有竞争力。例如，现在世界大部分地区的报纸和杂志正在为生存而挣扎，因为数字电子通讯方式效率高得多。当信息革命如火如荼之时，在工商业的众多部门，变革也正在进行当中。

数字演示软件让我关于全球变暖的演讲变得更精彩、更容易更新，也更有效。

报纸的例子揭示了变革带来好处的同时也伴随着风险。在令人生畏的电子竞争到来之前，报纸获得的收入来源可以让资深记者花大量时间去调查、分析，并将复杂的故事深刻地报道出来，人们定期地通过这些报道了解关于政府活动和社会机构职能的有价值的信息。

的确，在基于因特网的新闻业发展的早期阶段，高质量的新闻报道大部分依然来自于报纸。随着报纸收入大失血，电子新闻业是否还能依赖自身去发现新的标准典范，创造足够的收入来建立一支相当资深的新闻记者骨干队伍，给予其充裕的时间和充足的资源，完成以前报纸所作的工作，这点尚不明确。我和乔尔·海特在 2002 年共同创建的潮流电视（Current TV）这一有线电视及卫星电视组成的新闻信息网和与其配套的网站 Current.com，正在为支持建立一支不断扩大的新闻记者队伍提供可观的资源。这支团队名为先锋，在世界范围内报道有深度的新闻，这些新闻随后会以电子形式在潮流电视和 Current.com 上发布。

即使调查性的新闻在这新媒体环境中还属罕见，但是基于因特网的信息新技术正在将人们互相联结起来、同与人们感兴趣的社会问题相关的浩瀚信息库联结起来。最终气候危机的解决方案

实时看到能量消耗

能量消耗实时监测器有多种形状和类型，包括发光的安边特球（左）和信息更丰富的“智能电表”——可以显示具体的成本和使用数据。这两种监测器通过颜色变化指示如何减少能耗。

很多的专家总结说能源只有在我们看到它的消耗量的时候，才会想到去节约它。这个概念很快将以实时能耗监测的形式应用于我们家中。

谷歌电表，在本书写作的时候，该软件正在正式投放市场前的测试中。用户利用智能电表就可以看到自己的峰时用电量和谷时用电量，然后让电表来相应地调整他们的用电习惯。实时用电量可以通过网页表现出来；关闭一样电器，用电量的下降很快就能看到。微软和其他公司正在测试类似的网络程序。

家中可见的智能电表，从便携式的（如上图）到安装在墙上的再到网络软件，都在迅速演变中。这类电表可以指示用电量和燃气用量，在英国已经被规定成为2020年前家家必备装置。

安边特球能够提供类似的反馈，虽然它是一个比较物理化的设计。这个置于桌上的球体会随着其监测的用电量变化而变化颜色。

一开始，这个装置的设计意图是使其对如股票市场指数这样的输入作出反应，南加州爱迪生公司的一位经理将其作了一番改动，使其能够对电力输入作出反应。这位经理随后将120个安边特球卖给了爱迪生公司的客户，告诉他们这些球在峰时用电生效或者失效时会改变颜色起到警示作用。有了这些球的提示，电力用户们很快就大量减少了峰时用电——这个比例达到了40%。南加州爱迪生公司估计它的客户在安装了智能电力监测系统后，将每年至少减少365000公吨的温室气体排放量。

类似“普锐斯效应”——当驾驶员看到油表的指针下掉时就会减轻踩油门的力度——智能电表也能改变使用习惯。然而到目前为止，智能电表的试用结果表明真正的触发因素是成本刺激。在加州的一个智能电表试验项目中，用户减少了5%的总用电量。爱尔兰和伊利诺伊州的类似测试表明节能比例可高达12%。

会要求更多的人参与政治程序，这是社会网络和其他因特网工具可以帮助实现的。

这本书就是一个例子，本书将与其配套的网站 ourchoicethebook.com 同步推出，该网站带有一个叫 Solutions Wiki 的小型论坛，用于不断改进、阐述本书提出的气候危机解决方案。很多参加解决方案峰会的专业评论员对我辨别什么才是解决气候危机的最佳方法帮助很大，他们同意主持继续讨论与解决方案相关的新想法、新技术、新工艺、新改革，对于加快减少全球温室气体排放、加快固定大气中的污染物、重新设计系统和工艺以加快实现全球低碳文明，这些讨论将发挥其作用。

基于因特网的工具对于振兴民主自治、动员想参与解决气候危机这一紧迫任务的草根民众，具有很大的潜力。以我个人经验而言，我还记得用电脑图片来替代柯达旋转式放映机的胶片幻灯片所取得的成功。将新的图片和新的科学发现整合在一起，变得轻而易举，在这次转变之后，我开始注意到演讲的质量和效果有了很大变化。

现在我已经在几十个国家培训了 3000 多人，他们可以在他们生活的地方不断播放这些更新过的幻灯片。詹妮·克拉德主持的“气候计划”与这些世界各地的讲演者保持着交流，主要媒介就是因特网，他们可以经常性地分享带有合适的说明和警示的新幻灯片。

麦琪·福克斯管理的气候保护同盟每周都会同 120 万成员在因特网上联系，发布关于气候危机演变、敦促政策制定者采取相关行动所必要的政治措施的高质量信息。

《有福的动荡》的作者保罗·豪肯发现全世界已经形成了超过“100 万甚至 200 万以生态可持续性和社会正义为己任的组织”，这些组织正致力于解决地球生态系统面临的多种多样的问题。豪肯说这些组织代表了他所谓的“人类历史上最大的社会运动”。很难想象，离开这些组织所依赖的基于因特网的工具，这场运动如何得以实现。

有时信息自身可以带来变化，即使在法律和管理规定缺位的情况下也是如此。例如，（美国和其他一些国家）要求食品标签上注明食品的营养成分这个相对较晚出台的法律要求，已经对食品制造商施加了压力，要求他们改良食品营养成分、消除不健康成分（如反式脂肪）。

同样，美国修改后的法律要求公开工业设施排放的有毒空气污染物，每个城市的报纸和电子媒体随后开始排列污染最严重的企业名单。因为信息公开而产生舆论压力促使很多公司开始改变做法，以期能够从这个黑名单上被移除。即使没有新的法律强制规定，有毒的尾气排放实际上也有了明显的下降。信息本身一旦公开，就是减排的强制力量。但是必须对公开的信息给予足够的重视，才能引起公众的注意。

同样的原则也可以用于公开住宅和公司浪费能源的信息。加利福尼亚改革了法律激励公用事业减少能源消费（允许公用事业与电力用户一起分享节电的成果），南加州爱迪生公司向其用户推介一种简单但是很抓眼球的、可以安装在室内的信息显示装置——由安边特设备公司（Ambient Device）研发的一个发光的玻璃球，这个玻璃球会根据用电量的变化而改变颜色；当它呈现鲜红色的时候，就是用电量水平非常高的信号。这是给业主和企业主随时提示用电水平的非常有效的方式，也能实时提示他们可以调整用电水平以节约费用。

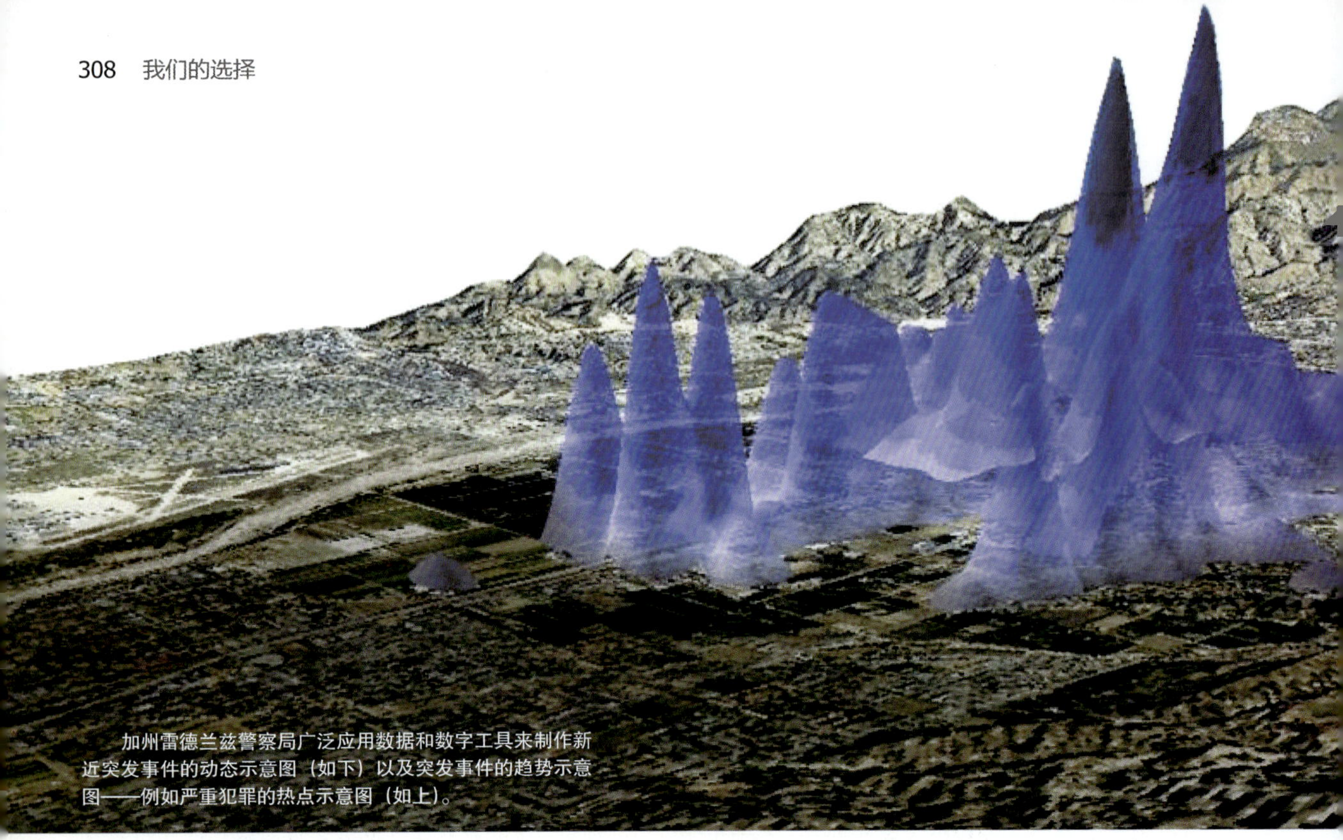

加州雷德兰兹警察局广泛应用数据和数字工具来制作新近突发事件的动态示意图（如下）以及突发事件的趋势示意图——例如严重犯罪的热点示意图（如上）。

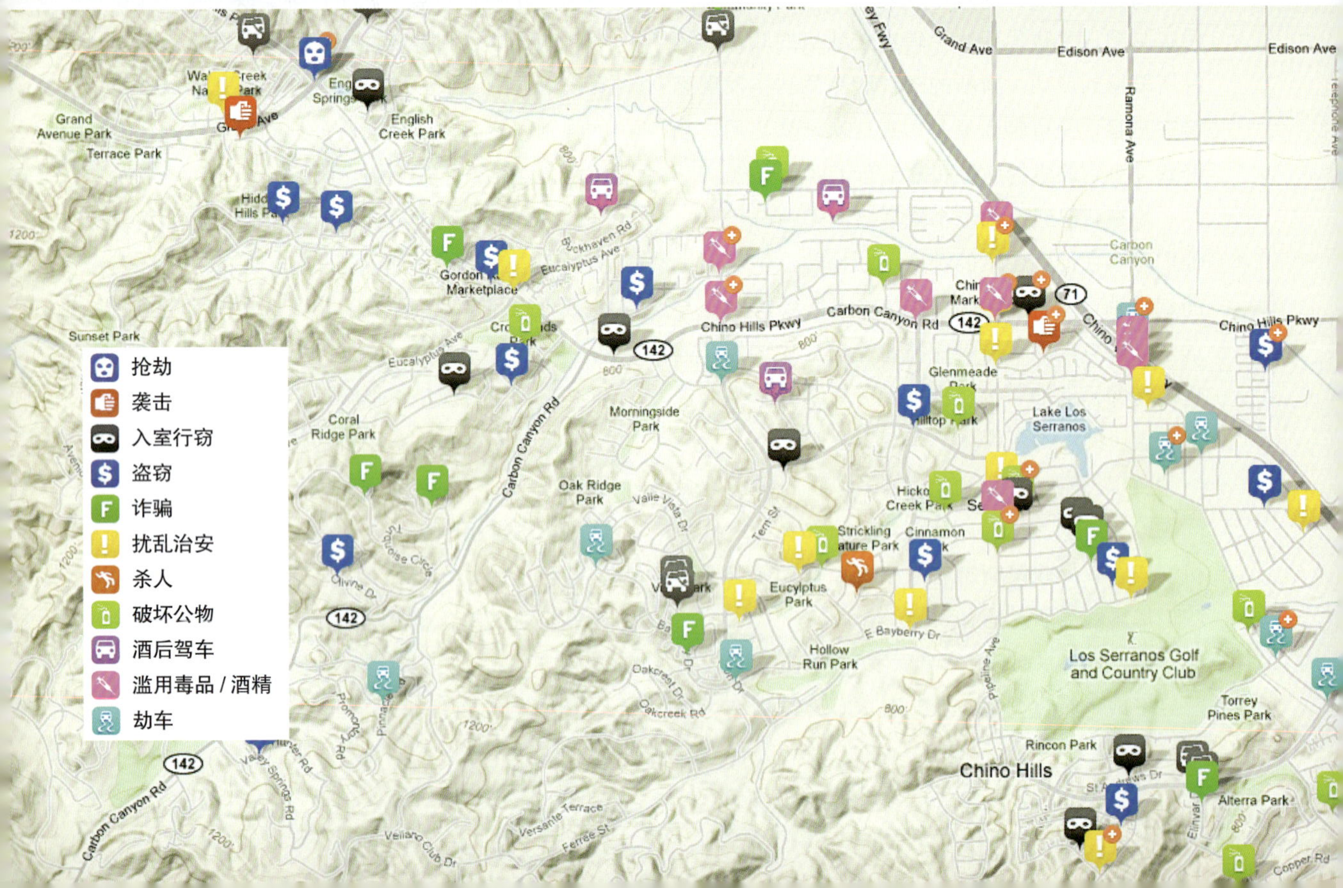

最后，可以创造性地应用信息技术来支持政府、公司、民间社团以及其他致力于危机解决方案的团体中的决策者，提高他们的决策能力。在副总统任上的时候，我接受了一项具有挑战性的任务，这项任务名为“再造政府”，以改造美国政府部门、机构、程序，提高其效率为目标。我从私人企业和有过类似成功经验的州、地方政府的改革者那里学到了不少知识。

让我印象最深刻的地方政府项目之一就是由杰克·麦泼尔这位退休交通运输警提出的纽约市警务创新。麦泼尔发现了在团体背景中用计算机统计数据的价值，在这个背景中所有相关的决策者都能够很容易地将数据图形化。这些数据分辖区按照地理空间形式组织起来，在场的所有参与者都可以同时在大屏幕上看到这些信息。这些参与者有义务快速对揭示的问题采取应对行动。当威廉·布拉顿被任命为纽约市警察局局长后他将该方法进行了制度化，极大降低了几乎所有犯罪的发案率。从那时起，这种警务模式——人们口头称它为 CompStat（即“计算机统计”的缩写，译者注）在多个城市被采用。

最先进的警务系统之一是由加州雷德兰兹警察局局长吉姆·比尔曼开发的。他现在将 CompStat 技术用于将住宅区、娱乐休闲和高级服务场所并入警察局的监控并用不断进行的社会学研究来丰富这个过程，以使该城市能为孩子、老人、家庭提供一个更加安全的环境。“我们要学会理解风险因素的本质和来源——家庭、社区、学校、同年龄人群——然后制定策略来解决并预防社区治安问题。我们拿工资去抓犯罪分子，但是我们也看重通过长远的方法来保证社区更加安全，”比尔曼如是说，又补充道，“将风险性和安全性因素制成地图，有助于我们将纳税人的钱和警察资源用于犯罪率较高的地方，并战略性地将社会投资通过杠杆作用向保障公共安全和犯罪预防倾斜。”

我相信这是合理使用信息技术能够帮助决策者解决气候危机的最佳例子之一。

各个州的领导、州长、地方领导、市长和镇长都能够从建设重要问题的计算机统计数据库中获益。他们可以整合这些数据、用视觉化的形式将其呈现在人群面前，这些人群包括了那些部门领导和股票持有人，他们正在为发现可行方案而共同努力。政策制定者面对着解决气候危机的历史性挑战，他们必须创造性地利用每一个可用的新工具。

加快行动

GOING FAR QUICKLY

第十八章

我们的选择

哥斯达黎加的丛林：两股溪流汇聚在一起。

与所有人一样，我有时也希望我能够回到从前，改变我年轻时候犯下的一些错误。尽管日居月诸，错误的后果益发明显，但是没有人能够让时光倒流，回归犯错之前。

可是，我们每一个人，利用我们的道德想象力，可以常常瞥见孕育在我们今天共同决断当中的未来，即使这个未来还没有降临我们的生活，我们将生活在当前作为或不作为的后果当中。

不用多少年，新一代人回首我们的抉择时刻，将提出如下两个问题中的一个。也许他们会问，"你们当时在想什么？难道你们没有看到整个北极的冰壳都在你们眼前融化了吗？难道你们没有听到科学家发出的警告吗？你们心不在焉吗？你们漠不关心吗？"

或者他们会这样问，"对这么多人都说没办法解决的一个危机，你们是怎么有勇气挺身而出来面对的呢？"

我们必须选择一个问题来回答，我们现在就必须给出答案——不是用语言，而是用行动。

你们当时在想什么？——这第一个问题的答案，让人痛苦得几乎无法写下来：

"我们彼此争论。我们不想相信事情的真相。我们等待得太久了。我们无法想象人类有可能在全球范围内造成如此深刻的变化。我们无法理解为什么这么多事情这么快就变得这么糟糕。"

"逐渐地，我们对自己的能力失去了信心，不相信在我们最优秀的科学家提供的最佳证据的基础上我们可以一起运用我们的理智来分析判断。即使当事实早已明了的时候，我们也觉得无法突破由那些强烈认为我们什么也不该做的人部分导致的政治瘫痪局面。"

"变革终究是困难的。请理解要在全球范围内作出巨大的改变是几乎不可能的。"

"我们还有很多其他的问题急需处理。我们不明白那些问题的解决方法同我们为了拯救地球生态系统的完整性而本来必须作出的变革之间有什么关联。我知道这么说不能给人多少安慰，但是我们确实已经努力了。对不起。"

第二个问题——你们怎么解决气候危机的？——是我很想要我们回答的问题，这里就是我希望我们能够给出的答案：

"转折点是在 2009 年到来的。这年开头很顺当，美国的新总统就职了，这位总统马上将重点转向了为新的低碳经济基础建设。对这些变革的抗拒——尤其那些通过煤炭、石油、天然气的生产、销售、利用而获得大量利润的公司——非常猛烈。有时候我担心我们也许无法在短期内完成这么多任务。"

"有阵子我们的辩论对大多数人而言都是困惑难解的。在因特网发展的早期阶段，电视是主流的通讯媒体，只有拥有大量钱财的人才能够通过电视反反复复宣扬自己的观点，我们的政治文化因为这个事实而受到扭曲。提倡公益的人——以及提倡保护你们的未来的人——处于不利地位。"

2009 年 5 月，奥巴马总统在内里斯空军基地（Nellis Air Force）的演讲中将新能源科技称为我们未来经济的支柱之一。

“但是最终全球危机的真相得到了普及。科学家提供的证据增多了，一开始事情进展比较慢，但之后发生的事情难以形容。一些反对变革的人改变了立场。其中有一个人对我说他的女儿问了他一些传统思维难以回答的问题。”

“不管发生什么，当那些之前反对变革的人变得热情主张朝新方向前进时，这就是一个巨大的成功。时势开始转变。一个接着一个，其他人加入了这个强有力的共识：我们必须勇敢地迅速行动起来。到了 2009 年末，发生了两件事情，这两件事情决定性地改变了历史潮流。第一件事情是美国通过了法律，立法改变了公司和民间领袖为未来制订计划的方式。”

“美国对之前被忽视的污染开始征税，为结束烧煤而不捕集、封存煤炭所含二氧化碳的历史建立了激励机制。新的激励机制鼓励能源生产不再使用化石燃料，而转向太阳能、风能、地热能，这导致了一波无污染技术的革命浪潮。”

“我们有点喜出望外，居然有这么多的技术革新不仅成本低廉，而且实际上还有利可图。很多企业发现了改变浪费行为的办法，提高了能效。农场主、牧场主和大地主开始成百万地种植树木并改变种植庄稼、饲养动物的方法。”

“新的政策促使业主和企业主为建筑物安装绝缘层并换掉屋顶、照明系统、窗户。建筑师、开发商、建筑公司开始设计并建造零碳建筑物。

我们有点喜出望外，
居然有这么多的技术革新。
不仅成本低廉，
而且实际上还有利可图。

这些小山丘和天窗是旧金山加州科学博物馆的绿植屋顶，该博物馆是第一家获得里德白金认证的建筑。

这成了让人自豪的事情。我们考虑的是你们，但是我们以我们正在为自己所做的事情感到自豪。先缓和后强烈，为了同一个目标的想法在我们当中开始形成。这种感觉升华了我们，鼓励我们在工业、农业、运输业甚至城市设计方面迈出更大的步伐。”

“美国开始行动后不久，到了 12 月，世界各国汇聚在丹麦的哥本哈根商谈一个即使在那时候还被很多人认为是不可能实现的全球议定书。但是有些事情确实发生了。这只是全球性变革的肇端，而且在那个时候，很多人觉得落实的事情太少——这正如美国很多人觉得在议定书谈判那夜通过的法律落实的东西太少。但是议定书中确立的新的基本规则最终表现出来力量超过了当时我们的判断。这些规则改变了人们的期待、计划、思维，然后从慢到快地又一次改变了我们的行为。”

“中国，原来一直在悄悄地改变自身。印度的变革来得更迟一些，但是在 2009 年，美国和中国（当时全球最大的两个温室气体排放国）联手，局面开始有了重大转变。欧洲，当时正在统一的初级阶段，同日本一起支持美中广泛限制二氧化碳和其他 5 种导致全球变暖的温室气体排放的提议。实际上，当美国在 21 世纪初放弃了自己责任的时候，日本和欧洲充当了关键的全球领导角色。”

“巴西和印尼——这两个滥伐森林最严重的国家——号召发展中国家加入一份协议，这份协议首次将贫困国家扭转滥伐森林局面的义务同富裕国家大幅减少工业尾气排放的义务联系在一起。”

“在全世界，随着气候危机意识的增长，关心你们的人们发现了施压于他们领导人的办法。成千上万的继而成百万的草根网络开始涌现。这些组织主要通过网络互相联系，形成了强大的非政府组织（NGO）‘伟大同盟’，该同盟同意支持一个公共论坛，议题就是系统性地转变农业、制造业、商业。减少碳排放的激励机制释放出大量资源，来资助植树、有机农业、恢复土壤肥力、教育改革（既针对男孩也针对女孩）、新的医疗举措（尤其要关注提高婴儿存活率并加速全球向控制生育转向的母婴健康保健。”

“当时有人批评《哥本哈根协议》就其批准的有限条款而言是怯懦的表现，但是最终证明《哥本哈根议定书》是我们迈出的第一步。自那以后不久，条约就得到了加强。之后又再次得到加强。我想我们应该知道这是事情发展的规律性。回首 1987 年，当时也发生了同样的事情：南极上空的同温层突然出现臭氧层空洞，世界因此警醒，开始意识到这是全球大气首次危机的肇始。在蒙特利尔签订的首份议定书，也曾被指责太软弱。但是之后不久《蒙特利尔议定书》在伦敦得到了修改和加强。具有讽刺性的是，2 年后在哥本哈根又有了大的变化。最终，议定书生效了！众所周知，同温层臭氧空洞几乎消失了。我们行动的结果就是虽然各国都争做领袖，但是美国一旦最终意识到了自己的责任，就重新确立了二战之后 40 年内全球期待的道德权威地位。

你不需要比担心全球变暖更担心臭氧层空洞了。”

“在 2009 年末事情还不明朗。即使变化已经开始出现，人们还是在继续争论。”

“虽然各国都争做领袖，但是美国一旦最终意识到了自己的责任，就重新确立了二战之后 40 年内全球期待的道德权威地位。我们有必要记住，当时没有人能够想象始于 1947 年的马歇尔计划会取得成功，奠定了曾经饱受战争创伤、数千年分裂之苦的欧洲高度繁荣、持续和平的基础。”

“我们也应当知道，我们一旦全力投入，就会在新技术开发方面取得辉煌成果，这些新技术将会带来超过 2009 年任何人的想象的更快进展。毕竟美国只用了 8 年 2 个月就实现了登月并让宇航员安全返回——这是 1961 年我们一朝下定了决心的结果。”

“我们美国人忘记了我们是如何擅长制定政策来鼓励层出不穷的技术创新，我们曾经多次这么做过。从一条海岸线到另外一条海岸线的铁路、全国电网、跨州的公路网、曼哈顿计划以及因特网，这些经验是我们的无价之宝，帮助我们建设全国超级电网，来提供几乎用之不竭的太阳能、风能、地热能电力。”

“汽车行业——在 2009 年早期的美国看来已成夕阳产业——在政府的帮助下进行了行业改造，将生产重心历史性地转向了用新开发的可再生零碳电力驱动的电动车。”

“一旦确立了新方向，国家之间就展开了研发更好更廉价的技术，这些技术加快了向低碳排放的转向。实际上很多你认为理所当然的新技术，在始于 2009 年的‘大转变’所释放的这一波强大的技术革新浪潮中都有其开端。”

“创业的活力和创新意识在部分发展中国家开始萌发，而这些国家之前被认为是没有希望的，现在却随着转变的开始而发生了超乎所有人想象的巨大变化。”

“促成这种转变的最重要变化很难用语言形容。我们的思考方式发生了转变。地球自身开始占据我们的思维。在某种程度上，参与那些破坏地球生态完整性的活动不再为人接受。”

“全球的年轻人领导了转变思维的过程。那些落后的公司开始失去客户和雇员，到了最后他们自己也开始转变了。”

“我们在 2010 年获得的从太空实时看地球的能力在激发我们只有一个共同的家园这个坚定的意识方面也扮演了一个微妙但是强大的角色。关于气候危机是否真实的争论结束之后，我们提高挡位，奔驰的势头无法阻挡。”

“又一次，我们应当明确知道我们有能力作出这样的改变。但是我们忘了我们的上代人在改变了人类对奴隶制的看法之后才终结了奴隶制。我们忘了美国和前苏联曾经将几万颗核弹头装载

西班牙一家集光型太阳能热力发电厂的工人正在将太阳能槽式集热器安装就位。

在洲际弹道导弹上，准备随时朝对方发射过去。这些恐怖的核武器库得到裁减也是因为我们对核战争未来的看法有了同样重大的转变。”

“我知道我们等待得太久了。我希望我们当初能行动得更快一点就好了。但我们遗留给你们的问题，虽然是难题，却远不如‘大转变’一旦失败的后果来得严重。现在你们的未来是明朗的。我们给地球的大气层和生态系统造成的伤口正在愈合。过几个世纪，你们的子孙会感谢你们，当地球气候已经恢复了健康的平衡时，你们还在继续走在这条正确的道路上。事情本来可能不是这样的。”

“成功的关键之一就是在因特网上建立持续的全球对话机制，将重点放在转变所需解决的每一个问题的更加有效的解决方案上。用来评价、合作研发和完善最有效解决方案的新工具对进展的推动之大，超出了任何人的想象。每一个人看起来都突然开始在尽自己的一份力。在这点上，我们也应该早知道我们能够齐心协力支持这样一个紧迫的事业。在二战期间，我们的父母也有同样的经历，战时菜圃、回收利用、其他许许多多日常习惯的改变在战前他们自己也是无法想象的。凝聚力和共同目标在二战后给了他们建立联合国和全球贸易体系（这个全球体制虽然存在很多缺点，但是却避免了出现 20 世纪下半叶前常见的那种经济萧条）的信心。”

“在 2009 年初的几个月里，我们实际上担心我们面临另外一场全球经济危机。我们担心中东的战事，部分原因是我们对石油依赖很大，而大部分容易开采的石油都集中在波斯湾。争夺早已减少的石油供应控制权导致了矛盾冲突，这些矛盾很可能一触即发，演变成又一场大战。”

“看来有点讽刺的是，我们在‘大转变’中提出的低碳经济承诺，恢复了经济的繁荣并消除了那些可能会引起战争担忧的矛盾因素。一旦世界各国踏上了治疗我们世界并拯救你们未来的征程，成千万的工作机会——包括全新职业的工作机会——开始涌现。因为人们不再使用煤和石油，中东的紧张局势得到了缓解。发展中国家恢复森林、恢复土壤碳含量的新政策创造了百万计的新工作。由于光伏电池板和小型风车的普及，贫穷国家的经济活动转型也开始了。”

“气候危机解决方案最大的部分就是在能效方面令人难以置信的改变。我们刚确定对二氧化碳及其他温室气体排放征税的全球协议，所有的公司对未来的分析就开始变了。”

“当《哥本哈根议定书》之后签署的协议书加强了原先的条款时，每个人都了解我们前进的方向并看到了比竞争者行动更迅速带来的优势。因为提高效率是最简便、最具有成本效益、最容易获得的选择，所以企业活动会全面地、一视同仁地再次关注这三个方面。”

“全球反腐败的公民运动扮演了重要角色。我们之前没有事先关注有多少我们犯下的错误实际上是由腐败的决策程序决定的。一旦公民活动家揭发腐败行为成了惯例，新的公务员道德准则就会应运而生。”

“最终表明政治体制同气候系统有共同之处，那就是政治体制也具有科学家所言的非线性特征。政治体制改革看来是以蜗牛的速度前行的，但是变化可以跨越一个临界点，过了这个点之后政治体制改革就是以光速前进了。那就是 2010 年后的 10 年间的情况。变化一旦开始，就获得了加速度。当动量增大时，变化就势不可挡。所以，一旦我们开始在全球文明的角度思考问题，我们解决其他问题的效率就更高多了。”

“年轻人用难以置信的激情和奉献来迎接挑战。很多学生受到我们决心行动的鼓舞，更改了他们所学的课程，准备在今后的职业生涯中为确保我们的成功做一点有意义的事情。他们的理想主义和似乎无穷无尽的精力是我们无法忘怀的可再生资源。”

“这让我回想起人类在 1969 年首次登月时的情形，当时休斯敦航天任务控制中心的系统工程师都扬起了胳膊高兴地欢呼。当时他们的平均年龄是 26 岁，毫无疑问这意味着当他们首次听到约翰·F·肯尼迪总统在 1961 年提出的登月挑战时，他们的平均年龄只有 18 岁。”

“在 2010 年，世界各地，富于理想主义精神的年轻一代处于先锋的位置。他们既有新的理念，又富于激情，并愿意分享新的理念和激情。他们改变了一个国家又一个国家的政治、文化氛围。他们用新的眼光来看待这个世界。对他们而言，假如我们失败的后果是无法想象的。因为有了他们，所以我们不会失败。”

“上帝作证，我们犯过错误。但是之后，当希望似乎日渐惨淡时，我们仰视苍天，看到了我们的义务所在。”

伦敦的欧洲气候交易所门外，英国的活动家在表达他们的心声（上图）；英国布莱克希斯，倡议采取气候行动的活动家在集会。

“我只要求一样回报，来报答我们为你们所做的一切：将勇气传承给你们的孩子，并在未来发生危机时下定决心大胆并且明智地行动起来！我们从前人那里受到了勇气和英雄主义的鼓舞。现在，把坚定不移的信心传承给那些依赖你们决定的人：集体的意志和集体的远见是永远不会失败的强大力量。你像我们一样会遇到挑战。但是我知道你们永远不会让后来人失望，正如我们没有让你们失望。”

“要小心，因为我们在解决气候危机时获得的新知识带来了强大的新工具，你们在使用的时候必须谨慎，学会自我控制，并保持明智的心态。”

“《圣经》、《摩西五经》、《古兰经》中对亚当和夏娃禁不住诱惑偷吃禁果的描述就是对知识毁灭性力量的一个警告。”

“从太空优越的观察点来看，我们美丽的星球就是全人类的伊甸园，活着的人和未出生的人的伊甸园。在我们的时代，在我们一开始没有意识到的情况下，我们就获得了毁灭地球的知识和力量。对当时的我们而言，也对现在的你们而言——正如古老的经书中描述的那样——问题在于我们是否拥有避免灾难性后果的智慧和自制，在于是否会使用这样的智慧和自制。”

“这个选择是令人敬畏的，也可能是永恒的。这个选择在目前这代人的手中：这是一个我们无法回避的抉择，是一个令我们身后的世世代代忧伤悲痛或者欢欣鼓舞的选择。”